Ethik-Cafés im Sozial- und Gesundheitswesen

Manfred Baumann · Carola Fromm

Ethik-Cafés im Sozial- und Gesundheitswesen

Sich über aktuelle Lebensfragen ethisch verständigen und austauschen

J.B. METZLER

Manfred Baumann
Remshalden, Deutschland

Carola Fromm
Oberriexingen, Deutschland

ISBN 978-3-662-66177-2   ISBN 978-3-662-66178-9   (eBook)
https://doi.org/10.1007/978-3-662-66178-9

Die Deutsche Nationalbibliothek verzeichnet diese Publikation in der Deutschen Nationalbibliografie; detaillierte bibliografische Daten sind im Internet über http://dnb.d-nb.de abrufbar.

Umschlagabbildung: © matis75/stock.adobe.com
Abbildung Autor: J.Schenten_raumzeit3

Planung/Lektorat: Frank Schindler
J.B. Metzler ist ein Imprint der eingetragenen Gesellschaft Springer-Verlag GmbH, DE und ist ein Teil von Springer Nature.
Die Anschrift der Gesellschaft ist: Heidelberger Platz 3, 14197 Berlin, Germany

Vorwort

Man „redet nicht, um die anderen zum Schweigen zu bringen, sondern um mit ihnen nachzudenken; man spricht nicht von sich, um von sich selbst zu erzählen, sondern um eine Meinung zu vertreten und sie allen zur Prüfung vorzulegen." (Sautet 1999, S. 36)

Im Umgang mit Menschen, die aufgrund schwerer Krankheit auf Pflege, auf medizinische und therapeutische Interventionen angewiesen sind, die am Anfang ihres Lebens oder am Ende ihres Lebens stehen, die unter Einsamkeit leiden oder die um die Möglichkeit von Selbstbestimmung und Selbstwirksamkeit ringen, sind wir mit Fragen des rechten Handelns und Entscheidens konfrontiert, auf die es keine eindeutigen und einfachen Antworten gibt. Es geht beispielsweise um Fragen der Sicherung eigener Wünsche für das Lebensende sowie Fragen der bestmöglichen Behandlung in schweren Lebenslagen. Es geht um Situationen, die Betroffene als bedrängend erleben, seien es Patient*innen, An- und Zugehörige, Ehrenamtliche, Pflegende, Ärzt*innen, Therapeut*innen und weitere Mitarbeiter*innen im Sozial- und Gesundheitswesen als auch ethisch Interessierte. Es handelt sich außerdem um Situationen, die nicht nur individualethisch, sondern immer auch sozialethisch zu betrachten sind, da sie in institutionellen und gesellschaftlichen Kontexten eingebettet sind: wenn es beispielsweise um den Umgang mit Menschen mit Wunsch nach einem vorzeitigen Tod (durch assistierten Suizid etc.), um Fragestellungen im Zusammenhang mit einer Pandemie oder um die Entwicklung einer ethischen Kultur in Einrichtungen des Sozial- und Gesundheitswesens geht.

Die es betrifft, wünschen sich einen Austausch über die unterschiedlichen Perspektiven und Wahrnehmungen.

Vor über 10 Jahren haben wir das Format „Ethik-Café im Sozial- und Gesundheitswesen" entwickelt, um Menschen aus unterschiedlichen Berufen und Disziplinen und auch Patient*innen, An- und Zugehörigen sowie ethisch Interessierten einen Raum anzubieten, damit sie aus ihrer persönlichen und beruflichen Perspektive ethische Fragestellungen unter Anleitung eines Moderator*innentandems diskutieren können, die für ihren Alltag relevant sind. Zur konzeptionellen Absicherung und Weiter-entwicklung haben wir in den ersten beiden Jahren zehn Ethik-Cafés an zwei Standorten evaluiert.[1] Insgesamt haben 100 Teilnehmer*innen diese Ethik-Cafés besucht und es konnten 79 Fragebögen ausgewertet werden. Zusätzlich waren Teilnehmer*innenlisten geführt worden, um die Besucher*innenzahlen insgesamt und ihre Verteilung über Berufs- bzw. Personengruppen zu ermitteln. (Fromm 2012a, S. 35 f.) Die Ergebnisse dieser Evaluation sind thematisch den entsprechenden Kapiteln im Buch zugeordnet.

In den Ethik-Cafés üben sich die Teilnehmer*innen darin, ethisch zu sprechen und zu argumentieren und sich für das womöglich ganz andere des Gegenübers zu öffnen. Die ungezwungene Atmosphäre eines Cafés hilft, in entspannter Weise auch über anspruchsvolle Themen zu diskutieren. Die Art der Moderation unterstützt den Prozess der Öffnung und der ethischen Reflexion, der in unseren Ethik-Cafés in vier Phasen verläuft. Die Phasen werden aus Teilnehmer*innensicht beschrieben.

- **Impulse aufnehmen** (Phase 1): Mit einem ersten Impuls wird das Thema z. B. mit einer These, Geschichte oder Frage geöffnet. Die Teil-nehmer*innen nehmen diese Impulse auf.
- **Ideen einbringen** (Phase 2): Die Teilnehmer*innen bringen dazu ihre Ideen und Erfahrungen ein – zustimmend, widersprechend, klärend, weiterführend, mit einer Erfahrung verbindend etc.
- **Ethisch reflektieren – abstrakt denken** (Phase 3): Die Moderator*innen identifizieren und visualisieren anhand des Brainstormings verschiedene ethische Perspektiven auf das Thema. Dies dient der begrifflichen und thematischen Schärfung. In dieser Phase bilden die Beiträge der Teil-nehmer*innen die Grundlage für die weiterführende ethische Reflexion.

---

[1] Anlage A1.

- **Erkenntnisse gewinnen** (Phase 4): In der letzten Phase werden die Relevanz und Umsetzbarkeit des Diskutierten für den eigenen Alltag und neu gewonnene Erkenntnisse diskutiert. In Einrichtungen des Sozial- und Gesundheitswesens kann das Ethik-Café die Herausbildung einer ethischen Kultur unterstützen.

Ethik-Cafés haben sich inzwischen in verschiedenen Formaten und Kontexten in vielen Städten und Einrichtungen etabliert. Immer wieder wurden wir nach Literatur zu Ethik-Cafés gefragt. Mit diesem Buch entsprechen wir dem Wunsch nach einem Grundlagenwerk zu Konzeption, Moderation und Umsetzung von Ethik-Cafés im Sozial- und Gesundheitswesen. Im ersten Teil beschreiben wir die Konzeption von Ethik-Cafés, deren Ziele und Nutzen. Im zweiten Teil geben wir einen Überblick über die theoretischen und methodischen Anforderungen. Im letzten Teil stellen wir eine Auswahl durchgeführter Ethik-Cafés vor – als Impuls, wie Ethik-Cafés geplant und wie ethisch relevante Themen in diesem Format für die multiprofessionelle und interdisziplinäre Diskussion vorbereitet werden können. Im Anschluss an jedes besprochene Ethik-Café finden sich Literaturhinweise zum Thema. Das Buch richtet sich an Mitarbeiter*innen und Führungskräfte im Sozial- und Gesundheitswesen, Lehrer*innen, Lernbegleiter*innen und Auszubildende in der generalistischen Pflegeausbildung, an Fort- und Weiterbildungsreferent*innen, Student*innen, Ehrenamtliche sowie alle ethisch Interessierten.

Remshalden/Oberriexingen Januar 2023   Manfred Baumann
                                              Carola Fromm

Inhaltsverzeichnis

Über die Autor*innen

Manfred Baumann, Ev. Dipl.-Theologe, M.A. Pflegewissenschaft, Ethik-berater im Gesundheitswesen, Gesundheits- und Krankenpfleger, Palliative Care-Fachkraft. Hospizleitung. Er arbeitet freiberuflich in der Erwachsenen-bildung mit Schwerpunkt Ethik im Gesundheitswesen und Palliative Care.

Carola Fromm, M.A. Angewandte Ethik im Sozial- und Gesundheits-wesen, Dipl.-Pflegepädagogin (FH), Gesundheits- und Krankenpflegerin. Weiterbildungsleitung Pflege in der Onkologie und Palliative Care im Irm-gard-Bosch-Bildungszentrum des Robert-Bosch-Krankenhauses in Stuttgart. Sie arbeitet freiberuflich in der Erwachsenenbildung mit den Schwer-punkten Ethik im Gesundheitswesen und Methodik/Didaktik.

1

Ethik-Café

In diesem Kapitel geben wir Hinweise zur Konzeption von Ethik-Cafés. In Anlehnung an die beschriebenen konzeptionellen Wurzeln entwickelten wir das Format „Ethik-Café im Sozial- und Gesundheitswesen". Wir nennen Ziele, mögliche Zielgruppen und Orte für Ethik-Cafés. Wir beschreiben das Vier-Phasen-Modell des ethischen Prozesses im Ethik-Café. Wir stellen dar, woran wir uns in der Planung und in der Moderation orientieren: an der Offenheit ethischen Reflektierens, am systematischen Perspektivenwechsel und am Modell einer mehrdimensionalen Ethik. Mit Hilfe dieser Orientierungen versuchen wir uns im ethischen Gespräch mit den Teilnehmer*innen der Komplexität eines jeden Themas zu nähern und diese Komplexität in Zusammenfassungen der Ergebnisse der Diskussionen zu visualisieren. Nach konzeptionellen Hinweisen und Abgrenzung des Formats von der ethischen Fallbesprechung folgt ein Blick auf die Wirkung von Ethik-Cafés auf die Teilnehmer*innen in Beantwortung der Frage, welche Kompetenzen in Ethik-Cafés angebahnt werden können. Die Ergebnisse der Evaluation unserer Ethik-Cafés während der ersten beiden Jahre, die zur Anpassung des Formats geführt haben, stellen wir themenbezogen in den einzelnen Kapiteln dar.

M. Baumann und C. Fromm, *Ethik-Cafés im Sozial- und Gesundheitswesen,*
https://doi.org/10.1007/978-3-662-66178-9_1

1.1 Konzeptionelle Wurzeln

Das Format des Ethik-Cafés kann konzeptionell auf verschiedene Vorbilder zurückgreifen. Es orientiert sich an dem Konzept von Marc Sautets Café Philosophiques von 1992. In Paris trafen sich an dem Place de la Bastille philosophisch interessierte Bürger*innen und diskutierten über Freiheit, Menschenrechte oder Menschenpflichten, meist unter der Moderation von fachlich versierten Moderator*innen. Das Ambiente erinnerte an die Salonkultur des 18. und 19. Jahrhunderts. Seit ihren Anfängen in Paris zu Beginn der 90er Jahre haben sich diese Foren in Europa etabliert. (Sautet 1999, S. 19) Lutz von Werder ist ein bekannter Vertreter in Deutschland und moderiert z. B. im Literaturhaus und in der Urania in Berlin seit über 30 Jahren philosophische Cafés im Sinne Sautets, allerdings in einer abgewandelten Form. Sowohl das Ethik-Café als auch das philosophische Café gehen davon aus, dass es sich leichter bei einem Kaffee oder Tee und Gebäck über komplexe philosophisch-ethische Fragen sprechen lässt, vor allem wenn es sich bei den Teilnehmer*innen um Laien handelt, die es nicht gewohnt sind, sich mit philosophischen oder ethischen Problemen auf analytische Weise auseinanderzusetzen (Martin 2004). Ein wesentlicher Unterschied zwischen einem philosophischen und einem Ethik-Café ist der äußere Rahmen. Während philosophische Cafés üblicherweise in öffentlichen Cafés angeboten werden, finden unsere Ethik-Cafés bisher meist in Langzeitpflegeeinrichtungen, Krankenhäusern, Hospizen oder Hochschulen statt. Die Zielgruppe ist demzufolge eine andere. Ethik-Cafés richten sich nicht an allgemein philosophisch Interessierte, sondern speziell an Personen, die im Sozial- und Gesundheitswesen tätig sind oder sich als Patient*innen, Bewohner*innen oder An- und Zugehörige in einer Einrichtung aufhalten oder dort Erfahrungen gesammelt haben. Zudem werden ausschließlich ethische Fragestellungen thematisiert, die in diesen Kontexten von Bedeutung sind. Diese werden bereits im Vorfeld und nicht erst, wie bei Sautet üblich, zu Beginn der Veranstaltung festgelegt und den Teilnehmer*innen bekannt gegeben. So ist es möglich, sich auf die Diskussion vorzubereiten. (Bachmann und Rippe 2004, S. 868)

Es folgt ein kurzer Überblick über philosophische Cafés, die als Vorbilder für die Entwicklung unseres Ethik-Cafés im Sozial- und Gesundheitswesen angesehen werden können.

1.1.1 Philosophisches Café von Marc Sautet

Marc Sautet gründete 1992 an der Pariser Place de la Bastille ein philosophisches Café und begründete damit eine neue Idee. Eine neue Lust am Denken und Diskutieren erfasste nicht nur die Menschen in Frankreich, sondern in ganz Europa. Sautet will wie einst Sokrates den Menschen dazu anregen, seine Gedanken in der Öffentlichkeit im Dialog zu entwickeln (Sautet 1999, S. 24 f.) Und so treffen sich Woche für Woche Menschen aller Altersstufen und Bevölkerungsschichten im Café des Phares in Paris, um zu debattieren. Die Öffentlichkeit stößt sozusagen zufällig dazu, die Treffen etablierten sich. Seitdem ist das philosophische Café, welches stets ein gesellschaftliches Ereignis und keinen Ort bezeichnet, über die Pariser Stadtgrenzen hinausgewachsen. Marc Sautets Treffen verlaufen mit wenig Struktur. Die Teilnehmer*innen treffen sich und daraufhin wird spontan ein Thema ausgewählt. Bei mehreren Themenvorschlägen wird demokratisch entschieden. Die Moderator*innen haben somit nicht die Möglichkeit, sich inhaltlich auf das Treffen vorzubereiten. Es besteht also durchaus die Möglichkeit, dass sie selbst nicht viel mehr an gesichertem Wissen zu bieten haben als die Teilnehmer*innen. Das ist so gewollt und stellt das Prinzip des Vorgehens von Sautet dar: ein Dialog als höchste Form der philosophischen Kommunikation ganz im Sinne von Sokrates. Der sokratische Dialog bedingt die Bildung einer ethischen Haltung im theoretischen Dialog, das Entwickeln von Kommunikationsfähigkeit, das Anerkennen von Gleichwertigkeit und das Ernstnehmen der Gesprächspartner*innen. Im argumentativen Zwiegespräch wird eine Meinung bzw. Stellungnahme entwickelt. Sokrates geht davon aus, dass jeder Wissen in sich trägt, welches durch den Dialog zum Vorschein kommen kann. Somit fungiert er (und im übertragenen Sinn Sautet) als Geburtshelfer des neuen Gedankenguts. Der Ausgangspunkt des sokratischen Dialogs ist stets eine „Was ist…"-Frage, also beispielsweise: „Was ist Gott?", „Was ist Liebe?", „Was ist Heimat?" Nicht selten kommen zunächst wenig differenzierte Beiträge, wie z. B. „Gott ist der Erschaffer der Welt" oder „Liebe ist das höchste Gut der Menschheit" oder „meine Heimat ist Griechenland" etc. Sokrates stellt immer weitere Fragen und sucht nach Gründen für diese Behauptung. Am Ende müssen die Gesprächspartner*innen einsehen, dass ihre Annahmen entweder nicht nachvollziehbar oder nicht begründbar sind – und hier öffnet sich der Weg für die Suche nach der Erkenntnis. „Ich weiß, dass ich nichts weiß" ist der ideale Start für die Suche nach „episteme"[1]. Zu Beginn der zwanziger Jahre etablierte Leonard Nelson[2] die sokratischen Gespräche erneut und entwickelte daraus eine Methode für den philosophischen Unterricht. Hauptpunkt des Neo-Sokratismus ist die Aufhebung des klassischen Dialogs durch die Umgestaltung zum Gruppengespräch. Die Rolle des Sokrates erhielten nun die Moderator*innen der Gruppe. Das philosophische Café von Marc Sautet hält sich insofern vollkommen an Sokrates, als dass es sich auch auf die reine Mündlichkeit beschränkt. Wichtig ist hier nicht unbedingt das Weitervermitteln der Inhalte philosophischer Werke, sondern vielmehr das Selbst-Philosophieren der Café-Teilnehmer*innen, das Entwickeln eigener konstruktiver und kritischer Gedanken zum gestellten und gewählten Thema (Sautet 1999, S. 19 ff.; Knapp 2007, S. 1) Sautets Überlegungen zur Moderation eines philosophischen Cafés sind nicht besonders konkret, er gibt den Gesprächsleiter*innen kein Handwerkszeug an die Hand. „Die Gesprächsteilnehmer im Café haben im allgemeinen den Wunsch, einen Standpunkt darzulegen, und sie wollen wissen, was er taugt. Meine Anwesenheit ist für sie eine Gelegenheit, ihre Meinung dem Feuer einer Kritik auszusetzen, die über Hilfsmittel der philosophischen Tradition verfügt. Man traut mir zu, Überzeugungen zu testen, und ich tue mein Möglichstes, meiner Aufgabe gerecht zu werden." (Sautet 1999, S. 53) Laut Sautet sollen sich die Moderator*innen im philosophischen Café zum Anwalt des radikalen Fragens machen, weil es von Weltproblemen nur so wimmelt und er durch Fragen Ordnung in das Durcheinander bringen kann. Diese Debatte trägt dazu bei, die Widersprüche in der öffentlichen Meinung aufzudecken. (ebd.) Von Werder merkt zu Sautets Überlegungen zur Leitung eines philosophischen Cafés kritisch an, dass durch die Spontaneität der Entwicklung von Diskussionsthemen die Moderator*innen leicht mit einer moralischen „Retterfunktion" beladen werden könnten. (Von Werder 1998, S. 91)

1.1.2 Philosophisches Café von Lutz von Werder

Das Konzept von Lutz von Werder, praktische Philosophie zu betreiben, unterscheidet sich von Sautet in besonderer Weise. Von Werder bemängelt,

---

[1] Episteme, griech.: Wissen, Erkenntnis, Einsicht (z. B. bei Platon und Aristoteles) im Unterschied zu der auf der Sinneswahrnehmung beruhenden (bloßen) Meinung (Doxa). (Brockhaus 2004, Version 3.0)
[2] Leonard Nelson (*11.07.1882 in Berlin; †29.10.1927 in Göttingen) war ein pädagogisch und politisch engagierter deutscher Philosoph mit den Arbeitsschwerpunkten Logik und Ethik.

dass das französische Modell von Sautet nicht ausgereift ist. Für ihn reicht reden nicht. Er vertritt die These, dass Philosophie der Schrift, des Schreibens und der Schreibdidaktik bedarf. In seinen elf Thesen zum philosophischen Café fasst er die für ihn wichtigsten Punkte zusammen.

1. „Bisher haben die Menschen fremd gedacht – jetzt können sie selber denken.
2. Jeder Mensch besitzt eine eigene, unbewusste Lebensphilosophie, die durch philosophisches Schreiben bewusst weitergedacht werden kann.
3. Das philosophische Schreiben beginnt mit dem Aufschreiben der inneren Gedanken des eigenen Selbstgesprächs.
4. Die Schreibübungen der großen Philosophen drehen sich um die großen Themen Glück, Gott und Tod, an denen sich das Selbstdenken entzündet.
5. Im Café eröffnet die schriftliche Auseinandersetzung mit Glück, Gott und Tod den Eintritt in die öffentliche Sprache des Denkens.
6. Für die praktische Caféhausphilosophie ist die Philosophiegeschichte eine Geschichte der kreativen Schreib- und Denkmethoden für Selbstdenker/innen.
7. Das philosophische Café ist kein akademischer Philosophenstammtisch, sondern der Ort des philosophischen Selberdenkens für Alle.
8. Die heutige herrschende Philosophie ist lebens- und existenzfern. Im Café ist das Selberdenken einleuchtend und evident.
9. Philosophische Cafés sind das denkende Herz der nachindustriellen Gesellschaft, die alle existentiellen Fragen in einer Kultur des Schweigens versenkt.
10. Das philosophische Café bremst das heute rasende Denken durch die Langsamkeit des Schreibens und Texte-Verstehens.
11. Philosophische Cafés können in Bistros und Konditoreien ebenso entstehen wie in Büros, Chefetagen, Schulen, Universitäten, Volkshochschulen sowie Frauenzentren und Rundfunk- und Fernsehprogrammen." (ebd., S. 30)

Demzufolge hat jeder Mensch eine eigene, unbewusste Lebensphilosophie oder Handlungsgrundlage, welche durch philosophisches Schreiben bewusst weitergedacht werden kann – und auch nur dadurch. Von Werder beruft sich auf die Schriftlichkeit der Philosophie und vertritt die Meinung, dass ohne Schrift keine Philosophie auf hohem Niveau stattfinden kann. Das bedeutet nicht, dass er ein Anhänger der akademischen Philosophie ist. Von Werder lehnt die akademische Philosophie deutlich ab, aber nur für diese

Form. Er bringt seinen Caféhausbesucher*innen die Philosophie durch philosophierende Schreibübungen näher.

So stellt er Epikur beispielsweise mit vier Sätzen vor:

- An den Tod nicht denken.
- Gott nicht fürchten.
- Das Schlechte dauert nicht lange.
- Das Gute ist leicht zu haben.

Anschließend sollen alle Teilnehmer*innen ebenfalls vier Sätze aufschreiben – ihre eigene Lebensphilosophie: einen Satz zum Glück, einen zu Gott und jeweils einen zum Schlechten und zum Guten. Danach kann, wer will, seine vier Sätze vorlesen. Diese Texte bilden die Grundlage für die weiterführende Diskussion. Er teilt den Erkenntnisgewinn durch das Schreiben in sechs Phasen ein:

- Präparation: Auftauchen eines Gedankens, der über die eigene Lebensphilosophie hinausgeht.
- Inkubation: Der Gedanke setzt sich.
- Inspiration: Ideenbruchstücke werden zu einem Gedankengang zusammengefügt.
- Explikation: Schriftliches Ausführen des Gedankens.
- Evaluation: Bewertung des Gedankens.
- Verifikation: Überprüfen des Gedankens auf Tauglichkeit. (ebd., S. 42)

Ohne das Verschriftlichen des Gedankens sieht Von Werder keine Möglichkeit, den Gedankengang festzuhalten und differenziert zu betrachten. (ebd., S. 51; Knapp 2007, S .1) Das Gesprächsklima in seinen Cafés beschreibt Von Werder als entspannt und nicht als akademische Auseinandersetzung. Es äußert sich durch Meinungsvielfalt, in Zustimmungen, Behauptungen, Beispielen, Abschweifungen, Lachen und Zusammenfassungen, Fragen und Missverständnissen. Die Moderator*innen fördern diese gewollte Gesprächsatmosphäre, indem sie nicht bagatellisieren, Ratschläge erteilen oder Werturteile fällen. Sie können Empathie gegenüber den Teilnehmer*innen entwickeln, positive Wertschätzung, Wärme, Echtheit und Selbstkongruenz. (Von Werder 1998, S. 136) Die Moderator*innen sollten in entsprechenden Situationen die Aussagen der Teilnehmer*innen wiederholen, kognitive und emotionale philosophische Erlebnisinhalte verbalisieren und zur Gruppe eine enge Bindung aufbauen. So kann es ihnen gelingen, in die philosophische Welt der Teilnehmer*innen zu gelangen, ohne sich mit ihnen zu identifizieren. Auf keinen Fall dürfen sie dem sogenannten Helfersyndrom[3] nach Schmidbauer (2000) verfallen, denn sie sind weder Erlöser*innen noch Gurus. Narzisstische Unersättlichkeit, hohe moralische Ansprüche, Perfektionismus, endloser Aktivismus und Ackern bis zum Umfallen, so Von Werder, sind für die Moderator*innen völlig fehl am Platz. Die philosophische Gesprächsführung orientiert sich an den Zielen der Klarheit, Folgerichtigkeit, Erforschung der Uneinigkeit, Suche nach Alternativen, Abwehr voreiliger Schlussfolgerungen, Unterstützung der Selbstkorrektur, Konzentration auf das Thema und eine eindrucksvolle Beendigung der Diskussion. (ebd., S. 138)

1.1.3 Philosophisches Café von Peter Vollbrecht

Peter Vollbrecht hat ein weiteres Konzept entwickelt. Auch er vertritt die Meinung, dass Sautets „Café philo" an Strukturmangel leidet und dass der reine Austausch von Meinungen noch lange nicht den Erkenntnisgewinn garantiert. Er baut sein philosophisches Café strukturiert auf: Er legt das Thema im Vorhinein fest und arbeitet Vorträge aus, welche in das Thema und die spezifische Philosophie bzw. das zu behandelnde Problem einführen. Zwischen den Vorträgen liegen die Diskussionsblöcke, in denen es natürlich nicht nur um die Interpretation der Originalstimme, sondern auch um das eigene Philosophieren geht. (Vollbrecht 2005, S. 33) Für die Moderator*innen gilt es, eine Balance zwischen einer dialogischen Offenheit und pädagogischen Zielgerichtetheit zu finden. Vollbrecht betrachtet seine Teilnehmer*innen im philosophischen Café als Gäste – dies ist für ihn der entscheidende Unterschied zu Lehrveranstaltungen oder Ähnlichem. Ein Gast hat ein Recht darauf, als solcher behandelt zu werden, und das bedeutet: Die Moderator*innen müssen den Gästen eine einladende Zugangsweise zur Philosophie eröffnen. (ebd., S. 32 f.) Vollbrecht beschreibt das philosophische Gespräch als Form des öffentlichen Gesprächs. Zwischen Verstand und Gefühl, zwischen Begriff und Metapher, zwischen spröder These und vagem Bild lotet es immer wieder die Mitte aus – eine Mitte, die auch die des Menschen ist. (ebd.)

---

[3] Schmidbauer definiert das Helfer*innensyndrom beim Menschen folgendermaßen: „Das Helfer-Syndrom, die zur Persönlichkeitsstruktur gewordene Unfähigkeit, eigene Gefühle und Bedürfnisse zu äußern, verbunden mit einer scheinbar omnipotenten, unangreifbaren Fassade im Bereich der sozialen Dienstleistungen, ist sehr weit verbreitet." (Schmidbauer 2000, S. 15) Diese Menschen opfern sich vor allem in der Berufswelt für andere Menschen besonders auf und sind fest in ihrer Helfer*innenrolle verankert. Selbst wenn ihre Hilfsbereitschaft bis zur Erschöpfung führt, können sie diese nicht reduzieren.

1.1.4 Züricher Ethik-Café von Andreas Bachmann und Klaus Peter Rippe

Das Züricher Konzept ist in der Pflegelandschaft, insbesondere in Schweizer Altenpflegeheimen, schon seit Jahren etabliert und kann auf gute Erfahrungen zurückblicken. (Bachmann und Rippe 2004, S. 869 f.) Das Besondere an diesem Ethik-Café ist, dass neben der/dem ethisch versierten Moderator*in die Installierung eines „Ethik-Referees" vorgesehen ist. Man kann sie/ihn auch als Schiedsrichter*in, bisweilen aber auch „advocatus diaboli" bezeichnen. Sie/er versucht durch nachfragende Interventionen eine vorschnelle Einigung zu verhindern. Ihr/ihm obliegt es, durch gezielte Rückfragen und Anmerkungen zum Gesprächsverlauf eine angestrebte sachliche und offene Diskussion sicherzustellen. Der/die Moderator*in und der Referee haben in erster Linie die Funktion von „Hebammen" – auch „Mäeutik" genannt. Durch geschicktes Fragen erzeugen sie Zweifel an vorherrschenden Ansichten und Lehrmeinungen. Diese Zweifel werden aufgegriffen und durch gemeinsame Reflexion in konstruktive und praktisch nützliche Einsichten überführt. In den etwa 90 Min. findet ein Wechsel zwischen Plenum und Kleingruppenarbeit statt. Die Diskussionen setzen an konkreten Alltagssituationen an und gehen Schritt für Schritt zu allgemeineren Fragen über. Es hat sich nach ersten Erfahrungen von Bachmann und Rippe gezeigt, dass der Nutzen von Ethik-Cafés für die Praxis am größten ist, wenn der Alltagsbezug nicht zu sehr aus den Augen verloren geht. Zudem scheint es wichtig zu sein, dass die Themen ethische Fragen aufwerfen, deren Lösung für die Teilnehmer*innen unklar ist. Zusätzlich zu den institutionalisierten Ethik-Cafés werden in unregelmäßigen Abständen auch Grand Cafés angeboten. Diese sollen die Diskussion über die eigene Einrichtung hinaus öffnen. In den Grand Cafés werden unter Einbezug von Expert*innen ethische Fragen diskutiert, die nicht nur die eigenen Mitarbeiter*innen beschäftigen, sondern auch die Öffentlichkeit. (ebd.)

1.2 Konzeption von Ethik-Cafés im Sozial- und Gesundheitswesen

„Das Café ist ein idealer Ort, um die verbreitetsten und verschiedenartigsten Meinungen dem Urteil der Vernunft zu unterziehen." (Sautet 1999, S. 46)

Ethik-Cafés sind keine Plauderrunden, Supervisionsrunden oder spezielle informelle Beschwerdeforen, sondern als offen moderierte Gesprächsrunden zu verstehen. Unter Anleitung eines ethisch versierten Moderator*innen-teams werden die in etwa 90–120 Minuten dauernden Diskussionen mit ca. 6–18 Teilnehmer*innen professionell moderiert. Ein Ethik-Café ist als ein Gesprächsforum zu verstehen, in dem die Teilnehmer*innen in ungezwungener Atmosphäre über ethische Fragen aus dem Sozial- und Gesundheitswesen nachdenken und sich austauschen können. Darüber hinaus können Ethik-Cafés Orientierung sein, indem sie konkrete Hinweise geben, wie die gestellten ethischen Fragen auf praxisrelevante Weise beantwortet werden können. Hierfür können sich z. B. ethische Leitlinien als hilfreich und unterstützend erweisen. (Bachmann und Rippe 2004, S. 869) In Ethik-Cafés soll das Urteilsvermögen geschult werden, indem Begriffen, Grundannahmen und gewohnten Denkweisen fragend nachgegangen wird. Das Ethik-Café versteht sich als transparenter Verständigungsprozess über Themen, die beispielsweise das Leben kranker und sterbender Menschen im Allgemeinen und im Zusammenhang mit dem Krankenhausaufenthalt betreffen. Reflektierend können neue Perspektiven erschlossen werden, die zu unterschiedlichen Denk- und Sichtweisen führen. Das Ethik-Café lebt durch das Mit- und Nachdenken seiner Teilnehmer*innen.

1.2.1 Ziele von Ethik-Cafés

Mit dem Angebot eines Ethik-Cafés wird das Ziel verfolgt, ethischen Fragestellungen ein niederschwelliges Forum zu bieten. Es soll außerdem dazu beitragen, das Heranwachsen einer ethischen Kultur in Einrichtungen des Sozial- und Gesundheitswesens zu forcieren. Die Herangehensweise, ethisch-philosophische Themen oder Fragestellungen in einem „Café" mit interessierten Menschen zu diskutieren, hat die Autor*innen von Anfang an überzeugt, da hier nicht die Wissensvermittlung im Vordergrund steht, sondern der offene Austausch untereinander und die ethische Reflexion, die in der alltäglichen Praxis häufig zu kurz kommt. Wenn ethische Reflexion im Alltag dennoch stattfindet, dann meist wenig multiprofessionell und interdisziplinär, sondern berufsgruppenbezogen.

Das Ethik-Café ist mehr als nur eine Methode, sondern als ein Ereignis zu verstehen. Das Café ist ein idealer Ort, um die verbreitetsten und verschiedenartigsten Meinungen dem Urteil der Vernunft zu unterziehen. (Sautet 1999, S. 46) Indem ethische Reflexion auf verschiedenen Ebenen (Gesellschaft, Organisation/System, Profession, Individuum) und in unterschiedlichen Foren (Fortbildungen, Seminare, Fallbesprechungen, in Praxissituationen, Teambesprechungen, Ethik-Cafés etc.) einen Ort erhält und zur Sprache gebracht wird, kann Sie dazu beitragen, das Verständnis füreinander und das Miteinander und den Umgang untereinander wertschätzend zu gestalten. Das Ethik-Café als Ereignis leistet damit ethische Basisarbeit. Es werden allgemeine ethische Fragestellungen aus der Gesellschaft als auch aus dem Alltag und Berufsalltag mit Personen, überwiegend aus und im Sozial- und Gesundheitswesen diskutiert.

In Einrichtungen des Sozial- und Gesundheitswesens hat ein solches niederschwelliges Angebot bisher wenig Bedeutung. Die Teilnehmer*innen können ohne Anmeldung spontan kommen, müssen sich nicht anmelden oder auf das Ethik-Café vorbereiten. Durch diese niederschwelligen Bedingungen kommen die Gäste in der Regel entspannt in das Ethik-Café und sind interessiert an der Sache. Sie spüren keinen Handlungsdruck, wie beispielsweise in ethischen Fallbesprechungen. Ein Ethik-Café ist weder ein Seminar noch eine klassische Fortbildung mit Zertifikat, es herrscht kein Leistungsdruck. Die Rollen im Ethik-Café sind klar definiert, die Moderator*rinnen leiten die Diskussion anhand des Vier-Phasen-Modells des ethischen Prozesses. Die Teilnehmer*innen haben den Status des Gastes, das heißt sie sind gerngesehene, willkommene eingeladene Personen. Diese Rollenzuweisungen ermöglichen einen Austausch auf Augenhöhe, es geht nicht um Bewertungen in Form von Noten oder Punkten. anders als im klassischen Unterrichtsgeschehen zwischen Lehrer*innen und Schüler*innen. Die Moderator*innen sehen sich eher als Lern- bzw. Reflexionsbegleiter*innen ähnlich wie beim problemorientierten Ansatz des Lernens. Das Ethik-Café lebt von seiner Gastfreundschaft und seiner offenen, zwanglosen multiprofessionellen Atmosphäre. Das Reichen von Kaffee, Tee und Gebäck unterstreicht dieses Anliegen.

Die Evaluation der ersten Ethik-Cafés (Fromm 2012a, b) bestätigt grundsätzlich die Konzeption des Ethik-Cafés. Die folgende Abbildung veranschaulicht die Aspekte, die den Teilnehmer*innen am Format besonders gut gefallen haben: die Interdisziplinarität (19 Antworten), die Verfahrensqualität (18 Antworten), also die Moderation und die angenehme Atmosphäre (12 Antworten) im Ethik-Café. Die Offenheit (8 Antworten) und das Erlebnis, an einer neuartigen ethischen Diskussionsmethode (7 Antworten) teilzunehmen, runden die positiven Rückmeldungen zum Ethik-Café ab (Abb. 1.1).

Um die Konzeption der Methode Ethik-Café zu verbessern, wurden Tipps und Wünsche von den Teilnehmer*innen abgefragt. Hierzu gab es 19 Rückmeldungen, die in der folgenden Abbildung darstellt werden. Der Wunsch nach einer Fortführung der Veranstaltungsreihe ist vermutlich darauf zurückzuführen, dass das Ethik-Café zunächst als Projektreihe mit

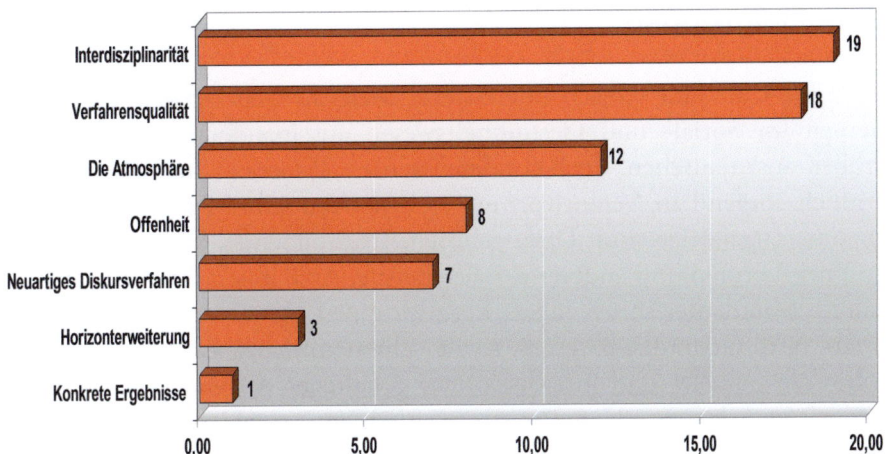

Abb. 1.1 Evaluation: Positive Aspekte des Ethik-Cafés (Mehrfachantworten möglich, offene Fragen). (Quelle: Fromm 2012a, S. 47)

nur drei Veranstaltungen angelegt war. Mittlerweile ist es zum Regelangebot geworden. Der Wunsch nach mehr Interdisziplinarität ist wahrscheinlich auf die Veranstaltungen zurückzuführen, an denen nur wenige unterschiedliche Berufs- und Personengruppen teilgenommen haben (Abb. 1.2).

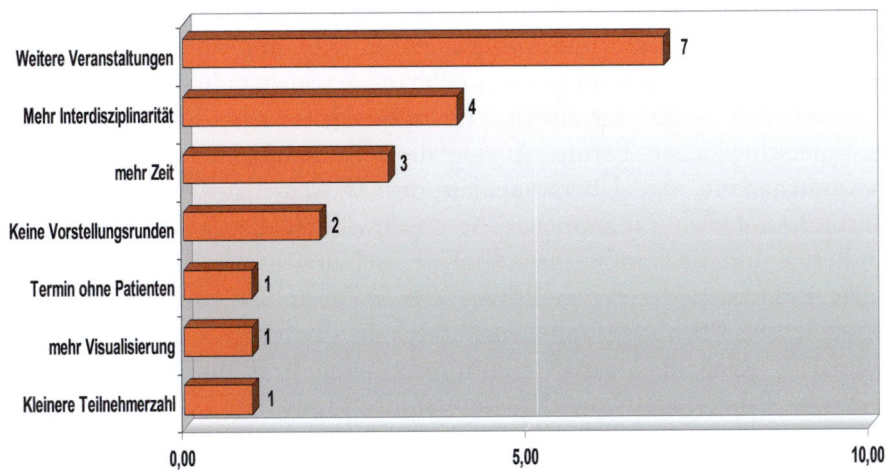

Abb. 1.2 Evaluation: Tipps und Wünsche (Mehrfachantworten möglich, offene Fragen). (Quelle: Fromm 2012a, S. 48)

1.2.2 Zielgruppen

Das Ethik-Café lädt ethisch interessierte Menschen ein, sich mit ethischen Themen im Sozial- und Gesundheitswesen auseinanderzusetzen und sich darüber auszutauschen. Insbesondere werden Personen angesprochen, die beruflich sorgend in Verantwortung stehen oder selbst Patient*innen oder An- und Zugehörige sind. Dazu gehören Auszubildende, Student*innen aus den Pflegeberufen und anderer sozialer Berufe, Ärzt*innen, Therapeut*innen, weitere Mitarbeiter*innen aller Berufsgruppen in einer Institution des Sozial- und Gesundheitswesens sowie Ehrenamtliche. Es ist ein bewusst multiprofessionelles und interdisziplinär gehaltenes Angebot, um die Inter-aktionen und das ethische Gespräch zwischen den verschiedenen Berufs- und Personengruppen zu fordern und zu fördern.

Förderlich für eine große Perspektivenvielfalt in ethischen Diskussionen ist eine multiprofessionelle und interdisziplinäre Zusammensetzung der Gruppe. Interdisziplinär bedeutet in einem engen Verständnis, „dass Forscher unter-schiedlicher wissenschaftlicher Disziplinen zusammenarbeiten." (Mahler et al. 2014, S. 2) In einem weiteren Verständnis bedeutet es im klinischen Kontext die Zusammenarbeit verschiedener medizinischer Fachdisziplinen: Onkologie, Chirurgie, Radiologie etc. Multiprofessionell bedeutet die Zusammensetzung einer Gruppe aus verschiedenen Berufsgruppen: Ärzt*innen, Pflegende, Seel-sorger*innen etc. Die Vorsilben „multi", „inter" und „trans" beziehen sich auf die Art und die Intensität der Zusammenarbeit der Berufsgruppen oder der Disziplinen. Eine „multiprofessionelle" Zusammenarbeit der Berufe geschieht neben- und weitgehend unabhängig voneinander. „Bei der ‚inter-professionellen Zusammenarbeit' überschneiden sich die Kompetenzen der unterschiedlichen Berufe. Analog dazu beschreibt die ‚interdisziplinäre Zusammenarbeit' das Überschneiden der Wissenschaftsbereiche. Bei der transprofessionellen Zusammenarbeit verschwinden die Grenzen der einzel-nen Berufe und die Kompetenzen sind wechselseitig austauschbar." (ebd.)

Die Evaluation der ersten Ethik-Cafés sollte anhand der Erhebung der Berufs- bzw. Personengruppenzugehörigkeit (Teilnehmer*innenliste) auf-zeigen, in welchem Ausmaß multiprofessionell und interdisziplinär aus-gerichtete Ethik-Cafés von den Teilnehmer*innen angenommen wurden. Die Teilnehmer*innen der ersten Ethik-Cafés an den Standorten A und B (100 Personen) ließen sich neun verschiedenen Berufs- bzw. Personen-gruppen zuordnen, wobei die Teilnahme von Pflegenden mit 58 % mit Abstand am höchsten war. Die Teilnahme von Patient*innen, An- und Zugehörigen und auch Ehrenamtlichen war mit 3 % bzw. 2 % sehr niedrig. Die Teilnahme von Angestellten aus der Verwaltung/EDV mit 7 % brachte

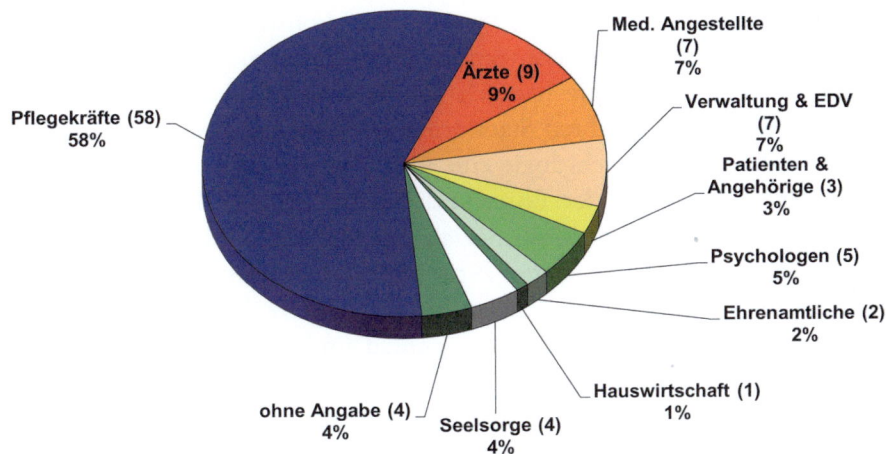

Abb. 1.3 Evaluation: Feinstruktur der Teilnehmer*innen (n = 100). (Quelle: Fromm 2012a, S. 37)

durch eine gewisse „Patient*innenferne" ganz eigene Perspektiven und Denkweisen mit in die Diskussion ein (Abb. 1.3).

Im ersten Ethik-Café zum Thema „Entscheidungen" äußerte sich eine Teilnehmer*in zu der Frage, was ihr an dem Ethik-Café besonders gefallen hatte: „Interdisziplinär und Patienten an einem Tisch hat mir sehr gut gefallen – horizonterweiternd! Gleichzeitig wünsche ich mir auch Termine, wo nur medizinisches Personal zusammen kommt, damit noch andere Themen angesprochen werden können, damit ich von ärztlicher Seite an Schwäche eingestehen kann." (Fromm 2012a, S. 36) Diese Antwort weist auf zwei mögliche Seiten der Offenheit der Ethik-Cafés hin: einerseits eine große Bereicherung durch multiprofessionelle und interdisziplinäre Perspektiven sowie durch die Perspektiven von Patient*innen und An- und Zugehörigen. Andererseits kann das offene Gespräch zwischen Professionen und Disziplinen und die Anwesenheit Betroffener, denen üblicherweise in einer anderen Rolle begegnet wird, die eigene Öffnung im ethischen Gespräch hemmen – es werden persönliche, berufliche und institutionelle Werte offengelegt. Es besteht die Furcht, im Gespräch mit Betroffenen aus einer fürsorglichen und schützenden Haltung ihnen gegenüber, aber auch der eigenen Person, der Berufsgruppe oder der Institution gegenüber sich nicht öffnen zu dürfen, zu können oder zu wollen. Das kann ein Hinweis sein, dass es auch berufsgruppeninterner Foren bedarf, um sich in der Diskussion über ethisch relevante Themen öffnen zu können.

Insgesamt zeigen die Ergebnisse, dass die multiprofessionelle und interdisziplinäre Ausrichtung des Ethik-Cafés von den Teilnehmer*innen

angenommen und befürwortet wurde. Die konstante Vielfalt der teil-
nehmenden Menschen aus neun verschiedenen Berufsgruppen bestätigt diese
Aussage. Im Laufe der Jahre hat sich die Teilnehmer*innenstruktur bezogen
auf unsere vier meistbesuchten Standorte allerdings verändert. An den Standorten A und B gab es durchgängig eine hohe Durchmischung der Berufe und
Disziplinen. Die Anzahl der Ehrenamtlichen nahm zu, die der Pflegenden
reduzierte sich, dafür kamen Sozialarbeiter*innen, Pflegepädagog*innen
und externe ethisch interessierte Personen zu bestimmten Themen hinzu.
Wir durften außerdem an der Methode interessierte Personen aus anderen
Kliniken, von Universitäten/Fachhochschulen und von der Presse begrüßen.
Während sich am Standort A eine Art feste „Ethik-Café-Community"
etablierte, finden die Teilnehmer*innen am Standort B in sehr unterschiedlicher Besetzung zu bestimmten Themen zusammen. Am Standort C führen
vor allem Ehrenamtliche und Pflegende ein ethisches Gespräch miteinander.
Am Standort D sind es fast ausschließlich Pflegende, die das ethische Gespräch
über ihre Arbeit suchen. Seelsorger*innen und Psycholog*innen ergänzen die
Runde zu bestimmten Themen, für die Ärzt*innen wird inzwischen zu einer
anderen Zeit ein eigenes Format angeboten. Gute Erfahrungen konnten wir
auch mit monoprofessionellen Angeboten im Rahmen von Fort- und Weiterbildungen sowie an Universitäten/Fachhochschulen gewinnen.

1.2.3 Orte für Ethik-Cafés

Der Charakter eines Ethik-Cafés wird bestimmt vom Ort, an dem das
Ethik-Café stattfindet – in einer Klinik, in einer Bildungseinrichtung für
Pflegende, an einer Universität, in einem Café, in einem Hospiz, digital
oder in Präsenz. Der Ort kann die Auswahl des Publikums beeinflussen.
Soll das Café offener gehalten werden oder geschlossener? Bekommt das
Café durch seinen Ort einen schulischen oder universitären Charakter oder
ist das sogar beabsichtigt? Legen die Moderator*innen Wert auf einen Café-
Charakter oder bleibt der Kontext einer Bildungseinrichtung oder einer
Institution dominant? Aufgrund der Corona-Pandemie hatten wir Ethik-
Cafés erstmals auch digital angeboten. Dieses Format hat Auswirkungen auf
die Moderation und die Interaktionen im Ethik-Café und erfordert bei den
Teilnehmer*innen und Veranstaltern eine entsprechend gut funktionierende
technische Grundausstattung, eine gute Verbindungsqualität, um störungs-
frei kommunizieren zu können sowie entsprechende digitale Fähigkeiten
und Fertigkeiten der Teilnehmer*innen, um an einem solchen Format überhaupt teilnehmen zu können.

Das Ethik-Café kann über die Teilnehmer*innen Einfluss auf den Ort haben, an dem das Café stattfindet – auf die Ethik der Organisation und auf die Organisation der Ethik. So kann sich das Nachdenken über aktuelle Fragestellungen, die ethische Fragen der klinischen Praxis sind, auf die eigene Praxis auswirken. Diese Praxis kann Mitgliedern des Teams erläutert und begründet und eine Auseinandersetzung im Team angeregt werden. Das Nachdenken kann top down über Leitungspersonen oder bottom up durch engagierte Mitarbeiter*innen oder auch durch Mitglieder eines Ethikkomitees zu einer Reflexion und eventuell Veränderung der institutionellen Praxis anregen oder aber auch zum Verfassen von ethischen Leitlinien für die klinische Praxis führen. In einem Ethik-Café über assistierten Suizid und was eine solche Praxis für die eigene Einrichtung bedeutet, meinte eine Teilnehmerin, dass sie gar nicht wisse, wie sich die eigene Einrichtung zu einer solchen Praxis positioniere und was das für sie als Mitarbeiterin bedeute. Hieraus kann der Auftrag entstehen, einen Dialog in der eigenen Einrichtung anzustoßen.

Ethik-Cafés fördern die ethische Organisationsentwicklung. Sie können gezielt im Rahmen der und zum Zwecke der Organisationsentwicklung eingesetzt werden. Das in diesem Buch beschriebene Format findet im Rahmen einer **organisationsethischen Fortbildung** verschiedener Professionen und Fachdisziplinen statt. Förderlich für eine innere Beteiligung an den Diskussionen im Ethik-Café ist die Freiwilligkeit der Teilnahme. Bewährt hat sich das Format auch im Rahmen von beruflichen Weiterbildungen – wie zum Beispiel in onkologischen oder anästhesie-intensivpflegerischen Fachweiterbildungen etc. Entscheidend ist, ob das Thema des Ethik-Cafés ein Thema der Praxis der Betreffenden ist oder nicht. Im Folgenden skizzieren wir das Besondere von Ethik-Cafés an bestimmten Orten.

Ethik-Cafés im klinischen Kontext
Ethik-Cafés hatten wir zunächst für den klinischen Kontext konzipiert – und zwar in einer multiprofessionellen und interdisziplinären Ausrichtung. Als Zielgruppen hatten wir sowohl Mitarbeiter*innen als auch Patient*innen sowie An- und Zugehörige im Blick. Da wir ein offenes Format anboten, kamen weitere Personengruppen hinzu: am Thema interessierte Bürger*innen, Ehrenamtliche anderer Institutionen, Studierende der Gerontologie sowie Journalist*innen, außerdem an der Methode interessierte Personen mit dem Ziel, ein ähnliches Format in ihrer Institution zu initiieren. Dass sie für den klinischen Kontext konzipiert waren, hatte Einfluss auf die Themenauswahl, die sich aufgrund der Ideen der Moderator*innen, der Wünsche der Teilnehmer*innen, aber auch der Auftraggeber*innen an aktuellen Themen aus dem klinischen

Bereich orientierte – wie z. B. Fragen der Möglichkeiten der Medizin, der Hirntoddebatte und Organtransplantation etc. Die Richtung der Diskussion folgte meist den anwesenden Personen- und Berufsgruppen, deren Erfahrungen und Interessen. Wenn Patient*innen anwesend waren, veränderte das die Diskussion eindrücklich, da sie sich meist an der Verletzlichkeit der Anwesenden orientierte. Es machte einen Unterschied, ob eine große Vielfalt an Multiprofessionalität und Interdisziplinarität vorhanden war. Dann wurden Themen multiperspektivischer durchdrungen. War v. a. eine Berufsgruppe dominant vertreten, war die Diskussion von vornherein eher auf die Themen dieser Gruppe fokussiert. Es ist dann Aufgabe der Moderator*innen, den Perspektivenwechsel gezielter einzufordern. Zum klinischen Kontext zählen mit spezifischen Fokussierungen auch Ethik-Cafés in Pflegeeinrichtungen oder Hospizdiensten. (Maier und Kälin 2015)

Die Evaluation der ersten Ethik-Cafés (per Fragebogen: n = 79) konnte die Varianz der Teilnehmer*innen nach Personen bzw. Berufsgruppen in Abhängigkeit vom klinischen Standort A oder B aufzeigen. Es wird deutlich, dass der Ort einer Veranstaltung Einfluss auf die Teilnehmer*innenstruktur hat. Dies zeigt sich auch heute noch in den angebotenen Veranstaltungen an unterschiedlichen Standorten. Auffällig war, dass am Standort A (KSH) die Teilnehmer*innengruppe „medizinisches Personal" (die Autorin fasst hierunter Ärzt*innen, Psycholog*innen und Therapeut*innen zusammen) mit 27 % deutlich höher war als am Standort B (RBK) mit nur 4 % (Abb. 1.4).

In der Evaluation der ersten Ethik-Cafés wurde außerdem der Frage nachgegangen, ob sich Unterschiede in der Bewertung der Ethik-Cafés bzgl.

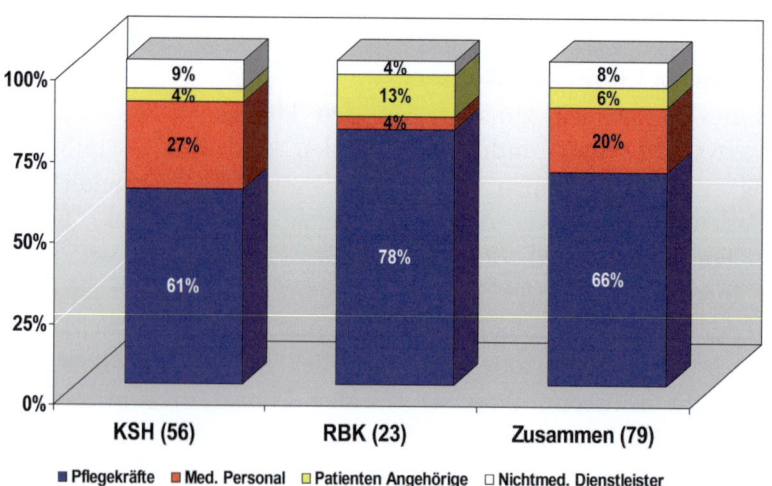

Abb. 1.4 Evaluation: Struktur der Teilnehmer*innen nach Standorten. (Quelle: Fromm 2012a, S. 46)

Standort	Merkmal (Noten 1 ... 5)				N
	Ertrag	Diskurs	Rahmenbe-dingungen	Gesamt-urteil	
KSH	1,6	1,2	1,5	1,5	48
RBK	1,3	1,2	1,6	1,4	21
Zusammen	1,5	1,2	1,5	1,5	69
eta	0,29	0,05	0,04	0,16	

Abb. 1.5 Evaluation: Bewertung der Ethik-Cafés nach Standorten. (Quelle: Fromm 2012a, S. 46)

des Standortes zeigen. Die Ergebnisse deuten bei der Variable „Ertrag" und „Standort" einen Zusammenhang an. Im Standort A (KSH) wird der Ertrag mit 1,3 besser bewertet als im Standort B (RBK) mit 1,6 (Abb. 1.5).

Ethik-Cafés im Rahmen von Unterricht, Fort- und Weiterbildungen
Ein großer Unterschied zum vorher beschriebenen klinischen Kontext ist, dass im Rahmen von „Unterricht" meist die Freiwilligkeit der Teilnahme fehlt. Das kann dazu führen, dass nur einzelne Personen die Diskussion dominieren, während andere aktiv eingeladen werden müssen zur Beteiligung am gegenseitigen Austausch. Interessant ist auch die thematische Fokussierung durch die Monoprofessionalität und Monodisziplinarität. Dennoch: auch hier funktionieren Ethik-Cafés als Methode zur Öffnung der eigenen Perspektive und für den ethischen Kompetenzzuwachs. So haben die Angehörigen verschiedener Berufsgruppen die Möglichkeit, sich über Nöte ihrer Arbeit auszutauschen, aber auch über spezifische Themen der Bereiche, in denen sie arbeiten. Intensivpflegende beispielsweise berichteten darüber, wie belastend es für sie sei, nicht die erforderliche Zeit für die Begleitung von An- und Zugehörigen zu haben verbunden mit dem Gefühl, sie allein lassen zu müssen. Sie berichteten außerdem darüber, selbst allein gelassen zu werden mit Belastungen ihrer Arbeit. Studienergebnisse bestätigen diese Aussagen. (Barandun Schäfer et al. 2015, S. 323)

Das Format Ethik-Café kann also im Setting „Unterricht" im Rahmen von Aus-, Fort- und Weiterbildungen gewinnbringend genutzt werden. Wenn allerdings das Setting „Unterricht" in eine offen angelegte Veranstaltung hineingeschoben wird, kann das durchaus zu Irritationen bei den anderen Teilnehmer*innen führen. So war zu einem offenen Ethik-Café zum Thema „Wohin mit den Dementen? Die Frage von Inklusion und Exklusion am Beispiel von Demenzdörfern" beispielsweise eine gesamte Schulklasse aus einer Altenpflegeschule mit 26 Personen sowie Lehrerin zu Besuch gekommen. Die anderen Gäste des Ethik-Cafés wirkten durch diese große homogene Gruppe gehemmt und es ließ sich die Atmosphäre eines Unterrichts kaum durchbrechen.

Ethik-Cafés an der Universität

Ethik-Cafés können auch im Rahmen der universitären oder fachhochschulischen Bildung angeboten werden. Auch hier haben wir Erfahrungen mit einer thematischen Fokussierung gemacht, da es meist um Themen des Fachbereichs geht, in dem die Ethik-Cafés angeboten werden. Ein besonders interessantes Beispiel ist die Beschreibung der Methode des Ethik-Cafés in der Sozialen Arbeit, wie Carine Moch das in ihrer Bachelor-Arbeit darstellt. Mit ihrer Arbeit versucht sie, „die grundsätzliche Relevanz professionsethischer und ganzheitlicher Bildung im Rahmen des Studiums der Sozialen Arbeit aufzuzeigen. Im Speziellen geht es um die Herausarbeitung der Fähigkeiten (auch im Sinne von Fertigkeiten und Sachverstand), die für moralisches Handeln in der Praxis der Sozialen Arbeit von Bedeutung sind. Im Anschluss daran wird die Methode des Ethik-Cafés vorgestellt und hypothetisch hergeleitet, ob sie das Potenzial hat die Entfaltung der herausgearbeiteten Fähigkeiten zu unterstützen." (Moch 2022, S. 2) In einem strukturierten Ablauf über drei Zeitstunden werden philosophische Aspekte und das Erfahrungswissen der Teilnehmer*innen zu ausgewählten Grundbegriffen des Lebens, wie z. B. Lust, Endlichkeit, Zorn oder Freiheit, miteinander ausgetauscht. Zentral ist dabei die gemeinsame Suche nach Erkenntnissen in Bezug auf den Umgang mit diesen Themen und eine Reflexion der eigenen Haltung. Es geht um verinnerlichtes, selbstgeneriertes ethisches Wissen und die Erweiterung des eigenen Horizonts. Moch beschreibt außerdem fiktive Ethik-Cafés, welche strukturell als Wahlpflichtseminar im Hochschulkontext eingebunden werden könnten. (ebd., S. 46)

1.2.4   Vier-Phasen-Modell des ethischen Prozesses

Der Prozess der ethischen Auseinandersetzung in unseren Ethik-Cafés wird in vier Phasen gegliedert, die nahtlos ineinander übergehen und sich auch wiederholen können. Die Phasen werden im Folgenden aus Sicht der Teilnehmer*innen erläutert. In Anlehnung an Von Werder gibt es gezielte Fragestellungen, um die einzelnen Phasen im Ethik-Café zu forcieren. (Von Werder 1998, S. 138 f.) Wenn die Moderator*innen Fragen stellen, sollen sie begründen, warum sie dies tun und was die Frage für sie bedeutet. Interview-Fragen sollen vermieden werden. „Echte Fragen verlangen

Informationen, die nötig sind, um etwas zu verstehen oder Prozesse weiter-
zuführen. Authentische Informationsfragen werden durch die Gründe für
die Informationswünsche persönlicher und klarer. Fragen, die kein Verlangen nach Information ausdrücken, sind unecht." (Cohn 1997, S. 120)

Phase 1 – Impulse aufnehmen
Mit einer These, einem Text aus dem aktuellen Geschehen, Gedanken zur Thematik oder einer Frage führen die Moderator*innen kurz in das Ethik-Café ein. Dadurch erhalten die Teilnehmer*innen einen oder mehrere Impulse, um sich der Thematik zu öffnen.
Ziel: Klarheit, Orientierung, Folgerichtigkeit.
Fragen zur Förderung der Klarheit, Orientierung und Folgerichtigkeit: ▪ Welche Erfahrungen haben Sie zu diesem Thema? ▪ Wie zeigt sich …. in Ihrem beruflichen Handlungsfeld? ▪ Verstehe ich Sie richtig, dass…? ▪ Folgt aus dem, was Sie sagen, dass…? ▪ Wollen Sie das gleiche sagen wie… oder meinen Sie etwas anderes? ▪ Vorhin habe ich Sie so verstanden, dass Sie … Jetzt sagen Sie… Stimmt das? (Von Werder 1998, S. 138)

Phase 2 – Ideen einbringen
Die Teilnehmer*innen werden dazu aufgefordert, sich zum Thema zu äußern, z. B. mit einer konkre-ten Fragestellung, indem sie ihre eigenen Erfahrungen, Ideen und Gedanken in die Gruppe einbringen. Die Moderator*innen achten darauf, dass alle Meinungen gehört und stehen gelassen werden, ein Perspektivenwechsel wird angestrebt. Alle Gedanken zum Thema sind erlaubt, es gibt kein richtig oder falsch. Es ist auch möglich, unterschiedliche Fragestellungen in die Gruppe zu geben. Die Teil-nehmer*innen fassen ihre Beiträge selbst zusammen und bringen sie ins Plenum. Hier können unter-schiedliche Moderationstechniken angewendet werden.
Ziel: Erforschung der Uneinigkeit, Suche nach Alternativen, Entwicklung von Unterscheidungen.
Fragen zur Erforschung von Uneinigkeit: ▪ Wie können Sie Ihre Meinung noch besser begründen? ▪ Warum, glauben Sie, haben Sie Recht/Unrecht? ▪ Warum glauben Sie, dass das kein guter Grund ist? ▪ Warum ist das ein schlechter und das ein guter Grund? **Fragen zur Suche nach Alternativen:** ▪ Haben Sie noch eine andere Idee? ▪ Wie könnte man das noch sehen? ▪ Welche Perspektive ist im Sozial- und Gesundheitswesen noch von Bedeutung? **Fragen zur Entwicklung von Unterscheidungen:** ▪ Sind Sie sicher, dass die Antworten alle gleich sind? ▪ Wenn die Antworten in vielen Punkten gleich sind, wo sind sie zugleich unterschiedlich? ▪ Welche Prinzipien oder Werte verbergen sich hinter Ihrer Antwort? ▪ Welche theoretische Denkweise verbirgt sich hinter dieser Antwort? (ebd.)

Phase 3 – Ethisch reflektieren – abstrakt denken
Die Beiträge der Teilnehmer*innen bilden die Grundlage für die weiterführende ethische Reflexion. Auf einer Metaplan®-Wand strukturieren die Moderator*innen beispielsweise gemeinsam mit den Teilnehmer*innen die Beiträge nach ethischen Gesichtspunkten oder Denkweisen. Dadurch wird die ethische Betrachtungsweise, das Denken auf der Metaebene forciert. Durch das Arbeiten mit den Beiträgen aus der Gruppe wird ein Alltagsbezug zu der Lebenswelt der Teilnehmer*innen hergestellt und der angestrebte Abstraktionsschritt in die ethische Reflexion gelingt leichter.

Ziel: Abwehr voreiliger Schlussfolgerungen, Konzentration auf das ethische Thema.

Fragen zur Abwehr voreiliger Schlussfolgerungen:
- Wenn die Ursache … so ist, können Sie sicher sein, dass die Wirkungen … die sind?
- Können Sie sich ein Beispiel vorstellen, das der besagten These widerspricht?
- Lässt sich die These auch in eine Gegenthese verwandeln?

Fragen zur Förderung der Konzentration auf das ethische Thema:
- Können Sie das, was Sie sagen, auch noch in Zusammenhang mit unserem Thema bringen?
- Ist diese Aussage für unser Thema wichtig?
- Können wir von der Vielfalt des Speziellen wieder zum Allgemeinen kommen?
- Können wir vom Allgemeinen noch einmal spezielle Beispiele aus dem Gesundheitswesen zur Klärung unseres Themas finden? (ebd., S. 139)

Phase 4 – Erkenntnisse gewinnen
In Phase 4 liegt der Fokus auf dem Erkenntnisgewinn. Durch geschicktes Fragen erzeugen die Moderator*innen Zweifel an vorherrschenden Ansichten, Meinungen und Gedanken. Diese Zweifel werden aufgegriffen und durch gemeinsame Reflexion in konstruktive und praktisch nützliche Einsichten überführt. Diese Phase dient dazu, eine Erkenntnis, ein Ergebnis mit nach Hause zu nehmen und Ethik im Alltag spürbar zu machen.

Ziel: Unterstützung der Selbstkorrektur bzw. Selbstüberprüfung, eindrucksvolle Beendigung der Diskussion.

Fragen zur Selbstüberprüfung und Beendigung der Diskussion:
- Was ist das Resultat der Diskussion?
- Welche Aspekte sind heute für uns gesichert?
- Welche Aspekte sind noch offengeblieben?
- Wer kann seinen wichtigsten Gedanken, den er aus der heutigen Diskussion gewonnen hat, noch einmal vorstellen?
- Welche Erkenntnis nehmen Sie für Ihren praktischen Alltag im Gesundheitswesen mit? (ebd.)

1.2.5 Ethisches Reflektieren und Argumentieren – es könnte alles auch völlig anders sein

Ziel eines Ethik-Cafés ist es, die individuellen Einstellungen und Vorstellungen der Teilnehmer*innen ethisch zu reflektieren, das heißt sich die ihnen zugrunde liegenden eigenen Wertvorstellungen bewusst zu machen und einer Prüfung zuzuführen. Ethik ist die Reflexion der gelebten Moral – der eigenen, einer Institution oder der Gesellschaft, deren Vertreter*innen wir sind. Welche Wertvorstellungen spielen in aktuellen ethisch geführten Debatten eine Rolle – in der Debatte um den assistierten Suizid, in den Diskussionen über die Notwendigkeit und die begründeten Regeln im Rahmen einer Triage bei knappen Ressourcen, in der Frage der Zustimmung zu einer Organentnahme etc.? Welche Wertvorstellungen spielen in den Debatten eine Rolle oder stehen auf dem Spiel? Wie können bzw. sollen Praktiken in Institutionen begründet werden, in denen der assistierte Suizid künftig durchgeführt werden soll, in denen aufgrund knapper Intensivkapazitäten möglicherweise triagiert werden muss oder in denen Hirntoddiagnostik, die Konditionierung der Spender*innen und die Organentnahmen und -verpflanzungen durchgeführt werden etc.? Welche Wertvorstellungen leiten eine Institution oder sollen sie leiten und welche Wertvorstellungen sind für die betroffenen Berufsgruppen aufgrund welcher beruflichen Normen relevant? Welche Werte sind für uns und unser Handeln leitend? Sind wir mit institutionell gelebten Werten einverstanden? Wie gehen wir damit um? Welche gesellschaftspolitischen Veränderungen und Entwicklungen nehmen wir wahr? Nehmen wir sie überhaupt noch wahr oder sind wir bereits Teil eines gesellschaftlich dominanten Diskurses und haben gesellschaftlich dominante Werte also bereits internalisiert und hinterfragen sie nicht mehr? Diskurs meint an dieser Stelle gesellschaftlich akzeptierte Auffassungen, die unser Handeln bestimmen. Hierzu zählt beispielsweise die Furcht vor der Normalisierung der Praxis des assistierten Suizids, wenn er erst einmal legalisiert ist. Mit Normalisierung ist gemeint, dass die Praxis zur gesellschaftlich akzeptierten Praxis werden könnte, die als solche nicht mehr hinterfragt wird und die sich aufgrund einer Gewöhnung zur normalen Dienstleistung am Lebensende entwickeln könnte. Ein weiteres Beispiel ist die Akzeptanz der Praxis des sehr selbstverständlichen Angebots von Pränataldiagnostik, ohne deren Zweck zu hinterfragen oder auch zu hinterfragen, warum diese zur selbstverständlichen Praxis geworden ist und warum deren Ablehnung erklärungs- und rechtfertigungsbedürftig geworden ist. Der Diskurs ist damit eine gesellschaftlich akzeptierte Denkweise, die kaum mehr hinterfragt wird – es sei denn von Vertreter*innen einer kritischen Soziologie oder kritischen Bereichsethik etc. Im Ethik-Café sollen auch selbstverständliche Werthaltungen hinterfragt werden dürfen.

Wenn Werte bewusst benannt werden können, können sie im Rahmen ethischen Argumentierens den eigenen Standpunkt begründen helfen. Nachdem wir uns über den Gegenstand verständigt haben und uns auf eine

Definition einigen konnten, die alle teilen und verstehen (was zum Beispiel
verstehen verschiedene Menschen unter Würde, wenn sie vom würdelosen
Sterben sprechen?), können Argumente für oder gegen einen Standpunkt
gegeneinander abgewogen werden. Was spricht für die Legalisierung des
assistierten Suizids, was spricht dagegen? Wenn der assistierte Suizid erlaubt
ist und die Hilfe Dritter dafür in Anspruch genommen werden darf, welche
Regeln braucht es dann, um den Risiken, die mit einer Legalisierung möglicherweise verbunden sind, zu begegnen? Wenn wir in einer Einrichtung
des Gesundheitswesens arbeiten – möchten wir, dass der assistierte Suizid
dort durchgeführt werden kann? Unter Zugrundelegung welcher Rahmenbedingungen und Kriterien? Wer soll sich dafür zuständig fühlen etc.? Hier
gilt es, gut begründete Argumentationen zu entwickeln. Das setzt voraus,
dass die Werte und Interessen der Beteiligten transparent gemacht werden.
Wenn das gelingt und der eigene Standpunkt oder der der Institution
oder der einer gesellschaftlich dominanten Strömung hinterfragt werden
darf und wird, kann es sein, dass alles auf einmal auch völlig anders sein
könnte. Der eigene Standpunkt kann im Ethik-Café verfestigt werden oder
es gehen auf einmal sehr viele Fragezeichen auf. Dann hat eine ethische
Öffnung stattgefunden. Das haben wir häufig in Diskussionen über das
Abfassen von Patientenverfügungen erlebt – was spricht dafür, was spricht
dagegen? Und aus welchen Gründen? Aufgrund welcher Wertvorstellungen
und -entscheidungen? Wir haben erlebt, dass sich die Standpunkte der Teilnehmer*innen durch das Öffnen für die eigenen Werte und für die der
anderen – im Rahmen eines systematischen Perspektivwechsels – entweder
mit guten Gründen verfestigt oder auch im kritischen Hinterfragen ver-
wandelt und verändert haben. Denn – es könnte alles auch völlig anders sein.

1.2.6 Systematischer Perspektivenwechsel

Ein weiteres Ziel im Ethik-Café ist es, dass die Teilnehmer*innen sich
darin üben, sich neue Perspektiven zu einem bestimmten Sachverhalt oder
neue ethische Denkweisen zu erschließen, um in eine gewisse Distanz
zu sich selbst zu treten und auch die emotionalen Konsequenzen eigener
Handlungen für andere zu bedenken. Im Kontext von ethischen Fallbesprechungen, insbesondere wenn es um Entscheidungsfindungen geht,
beschreibt Stella Reiter-Theil (2005) den systematischen Perspektivenwechsel als eine Möglichkeit, sich den moralischen Orientierungen und
Vorstellungen der anderen anzunähern. Sie beschreibt sechs mögliche
Perspektiven für Behandlungsteams, aus denen Situationen systematisch

betrachtet werden können. Dieses Perspektivenmodell von Reiter-Theil nutzen wir im Ethik-Café, um die Vielfalt der An- und Einsichten, Beziehungen und Verflechtungen unter den Menschen, auch außerhalb von Behandlungsteams, transparent zu machen.

Ich-Perspektive

In der Ich-Perspektive sollen die relevanten Bedürfnisse, Werte, Rechte und Pflichten der beteiligten Personen beleuchtet werden. Hierzu gehört z. B. das Verbalisieren des professionellen Selbstverständnisses, die Formulierung der Grenzen der Belastbarkeit ebenso wie die Sicht von Patient*innen, Zu- und Angehörigen. Diese Perspektive gibt den Teilnehmer*innen im Ethik-Café die Möglichkeit, aus ihrer persönlichen Perspektive, aus der persönlichen Erfahrungswelt eine Situation oder ein Thema zu betrachten. Am Beispiel der Debatte um den assistierten Suizid geht es um die persönlichen und beruflichen Wertvorstellungen der betroffenen Personen – der Suizidbereiten selbst, der An- und Zugehörigen, der Mitglieder des begleitenden Teams und schließlich der Suizidassistent*innen, die auch An- oder Zugehörige oder Mitglieder des Teams sein können. Welche Grenzen ziehen wir für uns persönlich, welche Grenzen setzt uns unser Berufsverständnis (Ethos)?

Ich-Du-Perspektive

Mit der Ich-Du-Perspektive ist die Beziehungsebene zwischen Patient*innen und Ärzt*innen, Betreuer*innen bzw. Bezugspersonen, aber auch zwischen den Berufsgruppenangehörigen gemeint. Es geht darum, Erwartungen, Versprechen, Vertrauen, Überforderung u. a. auf der beruflichen Beziehungsebene zu klären. Am Beispiel des assistierten Suizids könnte die Frage gestellt werden, welche Herausforderungen für die einzelnen Personen, die in einer Beziehung zueinanderstehen oder auch in Abhängigkeit voneinander sind, entstehen können. Es geht hier um Interaktion und Kommunikation der beteiligten Personen. Wie spricht die Ehefrau mit ihrem Mann über seinen Wunsch, vorzeitig zu sterben? Wie können Ärzt*innen und Pflegende mit einem Menschen umgehen und sprechen, der/die diesen Wunsch äußert etc.?

Persönliche Wir-Perspektive

Unter der persönlichen Wir-Perspektive ist der Beziehungskontext von Patient*innen, vor allem im Kontext der Familie/der Zu- und Angehörigen gemeint. Außerdem geht es um den Beziehungskontext von Ärzt*innen/Betreuer*innen – in ihren jeweiligen Teams. Die persönliche Wir-Perspektive ist im Ethik-Café von Bedeutung, wenn wir von care-ethischen Haltungen im pflegerischen und medizinischen Kontext sprechen oder wenn es um die systemische Betrachtung von ethischen Situationen geht: was hängt wie und mit wem zusammen? Welche Bedeutung hat der Todeswunsch für die Familie – wie wird darüber in der Familie gesprochen, mit welcher Unterstützung dürfen die Sterbewilligen rechnen, mit welcher nicht? Wie wird darüber im Team gesprochen etc.?

Institutionelle Perspektive

Die institutionelle Perspektive nimmt Werte, Hierarchien, Entscheidungs- und Handlungsspielräume, Handlungsrichtlinien/Standards, rechtliche Rahmenbedingungen in den Blick. Aus dieser Perspektive werden im Ethik-Café z. B. gängige Handlungsrichtlinien diskutiert und/oder hinterfragt, z. B. der Umgang mit Patientenverfügungen in Kliniken oder Langzeitpflegeeinrichtungen. Eine care-ethische Perspektive fragt nach Machtverhältnissen und Beziehungen zwischen den Berufsgruppen. Die institutionelle Perspektive fragt nach der ethischen Grundhaltung der Einrichtung zu Fragen des assistierten Suizids. Welche Haltung vertritt der Träger? Welche Haltung vertritt eine Einrichtung? Welche Orientierung bietet das Leitbild der Einrichtung, welche die ethischen Leitlinien des Hauses? Wie kann eine Einrichtung ihre Haltung begründen?

Professionelle Perspektive

Die professionelle Perspektive umfasst die Orientierung an Handlungsrichtlinien, Standards sowie rechtlichen Rahmenbedingungen. Hierzu gehören beispielsweise die Musterberufsordnung für die in Deutschland tätigen Ärzt*innen oder der ICN (International Council of Nurses)-Kodex für Pflegende. Ebenso die Leitlinien der AWMF (Arbeitsgemeinschaft der Wissenschaftlichen Medizinischen Fachgesellschaften) oder die Empfehlungen des Deutschen Ethikrats z. B. zu Fragestellungen im Kontext einer Pandemie: „Vulnerabilität und Resilienz in der Krise – Ethische Kriterien für Entscheidungen in einer Pandemie". Im Kapitel „Ethische Leitlinien" stellen wir eine Auswahl von Leitlinien der unterschiedlichen Professionen vor.

Kollektive Perspektive

Die kollektive Perspektive befasst sich mit gesellschaftlichen/religiösen/weltanschaulichen Wertehorizonten, die z. B. durch eine Mitgliedschaft in einer religiösen oder politischen Gemeinschaft entstehen. Es geht um die persönliche Verantwortung als Mitglied der Gesellschaft. Eine Frage hierzu könnte z. B. lauten: Welche Medizin und welche Gesellschaft wollen wir? Im Ethik-Café ist diese Perspektive von besonderer Bedeutung, da wir hier ethisch relevante Fragestellungen thematisieren, die aus der Gesellschaft heraus entstehen. In der Frage des Umgangs mit Sterbewünschen geht es um politische Debatten und um rechtliche Rahmenbedingungen. Was tut eine Gesellschaft zur Prävention von Suiziden? Welche Kriterien sollen gelten im Umgang mit Menschen mit einem Wunsch nach assistiertem Suizid? Welche Werte werden riskiert mit der Legalisierung des assistierten Suizids etc.?

Der systematische Perspektivenwechsel mit seinen methodischen Schritten unterstützt den Einzelnen dabei, aus seiner eigenen Sichtweise herauszutreten und so zu einer umfassenderen Einschätzung einer Situation zu gelangen. (Reiter-Theil 2005, S. 349) Dieser Aspekt ist insbesondere auch in ethischen Fallbesprechungen von Bedeutung, um mit und für Patient*innen zu einer möglichst guten Entscheidung zu gelangen, die alle mittragen können. Im Ethik-Café geht es i. d. R. nicht um Einzelfälle, sondern um gesamtgesellschaftlich relevante ethische Fragestellungen, die sich in Einzelfällen im Sozial- und Gesundheitswesen immer wieder spiegeln oder neu entstehen, wie z. B. in Pandemiezeiten. Wir nutzen den systematischen Perspektivenwechsel in unseren Ethik-Cafés, damit wir den interdisziplinären, multiprofessionellen Austausch forcieren und darüber hinaus ohne Entscheidungsdruck ethisch diskutieren können – ohne Entscheidungsdruck gelingt dies leichter und kontroverser.

1.2.7 Mehrdimensionale Ethik

Eine weitere Möglichkeit, sich ethischen Themen im Ethik-Café auf unterschiedlichen Ebenen zu nähern, stellt das Mehr-Ebenen-Modell von Erika Heusler und Ulrike Kostka (2006) dar. Das Modell macht deutlich, dass ethische Fragen und Konflikte meist auf mehreren unterschiedlichen Ebenen angesiedelt sind. Sie können den einzelnen Menschen betreffen (individualethische Ebene), die Ebene der Profession (professionsethische Ebene), den institutionellen Kontext einer Organisation (organisationsethische Ebene) oder die systemische Ebene, z. B. das Gesundheitswesen, sowie die Ebene der Gesellschaft (sozialethische Ebene) – im globalen Kontext und generationenübergreifend. Dieses an eine Zwiebel erinnernde Modell macht es uns möglich, über die einzelnen Ebenen hinaus zu denken und zu reflektieren. Nicht selten sind ethische Fragestellungen sehr komplex und nicht auf einer Ebene zu beantworten. Wer auf welcher Ebene welche Kompetenzen braucht und wer für welche Fragestellungen und auch Entscheidungen die Verantwortung trägt, kann dieses Modell klären helfen. Gleichzeitig ist jeder Einzelne auch Teil der anderen Ebenen eines bestimmten Handlungsfeldes, eines Systems, der Gesellschaft, der internationalen Gemeinschaft und der Generationenfolge.

- In der Mitte der Zwiebel findet sich die **individualethische Ebene**. Hier geht es um die einzelne Person, die Würde des einzelnen Menschen. Diese Ebene ist gekennzeichnet durch interaktionelle Beziehungen, z. B. zwischen Pflegenden, Patient*innen, An- und Zugehörigen, Ärzt*innen, Therapeut*innen etc. Genau wie im Modell des Systematischen Perspektivenwechsels geht es hier darum, eigene Wertvorstellungen, Normen, Prinzipien und die eigenen Vorstellungen eines guten Lebens und Sterbens im Gespräch mit den anderen transparent zu machen und sich durch Transparenz einer möglichen Lösung zu nähern.
- Auf der **professionsethischen Ebene** geht es darum, den Werten und Normen der unterschiedlichen Berufsgruppen Gehör zu verschaffen – es geht um das berufliche Selbstverständnis der Einzelnen und der Gruppe (Ethos). Das Ziel ist ein multiprofessioneller und interdisziplinärer Austausch zwischen den einzelnen Akteur*innen. Welche professionsethischen Prinzipien gelten für eine ethisch problematische Situation? Was ist die Verantwortung der Pflegenden und was die der Ärzt*innen Patient*innen gegenüber und was nicht? Berufskodizes, ethische Leitlinien und Standards können handlungsleitend sein.
- Auf der **organisationsethischen Ebene** kann die Frage gestellt werden, wie das Krankenhaus oder die Pflegeeinrichtung als Organisationen ihrer Verantwortung gerecht werden. Wie geht die Organisation beispielsweise mit der Spannung zwischen der Notwendigkeit effizienter Leistungserbringung, Patient*innenorientierung und Mitarbeiter*innenwohl um?
- Auf der **systemethischen Ebene** ist die Ebene des Gesundheitswesens verankert. Wie sind die Rahmenbedingungen für die stationäre Versorgung gestaltet? Akteur*innen dieser Ebene sind u. a. die Kostenträger, die ärztlichen Standesorganisationen, Pflegekammern oder staatliche Institutionen verbunden mit der Gesetzgebung.
- Die äußere Schale des Zwiebelmodells beschreibt die Werte der Gesellschaft, die **sozialethische Ebene**, die weitere entscheidende Fragen mit sich bringt: Wie viel wird von der Gesellschaft in die Sicherstellung des Gutes „Gesundheit" investiert? Trifft die Gesellschaft Entscheidungen, wie im Gesundheitswesen knappe Ressourcen verteilt bzw. vorenthalten werden? Wie gehen wir mit geflüchteten Menschen um und wie gestalten

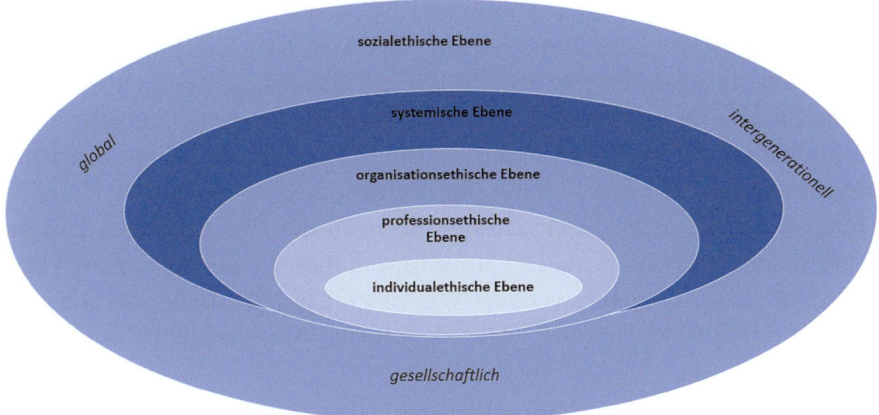

sozialethische Ebene

systemische Ebene

global

intergenerationell

organisationsethische Ebene

professionsethische
Ebene

individualethische Ebene

gesellschaftlich

Abb. 1.6   Mehr-Ebenen-Modell (Darstellung in Anlehnung an Kostka 2008)

wir den Zusammenhalt einer multikulturellen Gesellschaft? Ethische Fragen zur Nachhaltigkeit, Klimawandel, Digitalisierung, Fragen einer guten Zukunft für nachfolgende Generationen sind gesamtgesellschaftliche Fragestellungen. Auf dieser Ebene spiegeln sich Einstellungen und Werthaltungen, die in einer Kultur gelebt werden, wider.

In der ethischen Reflexion, egal zu welchem Thema, kann dieses Modell deutlich machen, wie komplex die eine oder andere Fragestellung sich darstellt und mehrere Ebenen zugleich betrifft (Abb. 1.6). Es hilft den Blick zu schärfen und Zuständigkeiten zu identifizieren, Lösungswege aufzuzeigen oder neue Fragestellungen aufzudecken, die systemimmanent sind und oft nicht einfach zu klären sind, da die unterschiedlichen Ebenen sich nicht nur ergänzen, sondern auch widersprechen können. (Adam und Bohlen 2019, S. 310)

1.2.8 Abgrenzung zur ethischen Fallbesprechung

Das Ethik-Café ist von seinem Format her weder mit einer ethischen Fallbesprechung, einer Fortbildung, einem Vortrag/Seminar und erst recht nicht mit Unterricht im herkömmlichen Sinn zu vergleichen. Das Ethik-Café als Angebot kann als eine neue Methode oder besser noch als ein Ereignis beschrieben werden. Die Teilnehmer*innen sind von ihrer Rolle her als Gäste zu verstehen. Unsere Ethik-Cafés sind sehr niederschwellig organisiert, die Teilnehmer*innen müssen sich nicht anmelden oder auf die Thematik vorbereiten, es besteht kein Handlungsdruck wie z. B. in ethischen Fall-besprechungen. Die Teilnahme beruht auf Interesse an ethischer Reflexion und ist freiwillig. Es besteht im Ethik-Café die Möglichkeit, bisher selbst erlebte Situationen zu verarbeiten und seine Erfahrungen einzubringen. Hierfür bietet die interdisziplinäre multiperspektivische Gruppe im Ethik-Café einen geschützten Rahmen unter professioneller Moderation.

In einer ethischen Fallbesprechung geht es in der Regel um eine konkrete ethisch problematische Situation eines Einzelfalles. Es herrscht meist Hand-lungsdruck. Was soll getan werden? Was ist gut? Reiter-Theil (2005) hat vier mögliche Beratungsanlässe auf unterschiedlichen Ebenen identifiziert:

- Die Unsicherheit in der ethischen Beurteilung einer klinischen/ therapeutischen Frage.
- Die Wahrnehmung eines Konfliktes zwischen ethischen Verpflichtungen, z. B. einerseits die Autonomie der Betroffenen zu respektieren, anderer-seits die bestmögliche Behandlung zu realisieren (welche die Betroffenen ablehnen).
- Schwierigkeiten mit einem Dissens auf Station/Bereich über eine ethisch relevante Frage im Kreise der Behandelnden und Betreuenden.
- Probleme, die sich aus der Haltung bzw. Kooperation der Betroffenen oder der An- und Zugehörigen für das Behandlungsteam ergeben.

Der Sinn und Zweck ethischer Fallarbeit im Sozial- und Gesundheitswesen besteht darin, werteorientierte Entscheidungen im besten Sinne mit den Betroffenen zu reflektieren und zu einer guten Lösung zu kommen. Das gesamte Behandlungsteam wird in Fallbesprechungen für ethische Frage-stellungen sensibilisiert, welche Gegenstand professionellen Handelns sind. Viele Fragen im Behandlungssetting sind nicht individualethisch zu klären. Denn die Bedingungen im Sozial- und Gesundheitswesen sind geprägt durch den demografischen Wandel, die Zunahme von multimorbid erkrankten Menschen, durch den Zuwachs an Wahl-, Handlungs- und Therapiemöglichkeiten, die Zunahme der interprofessionellen Zusammen-arbeit, des ökonomischen Drucks, außerdem durch knappe Ressourcen, eine hohe Arbeitsdichte und zuletzt durch die Corona-Krise in Pandemiezeiten.

In Fallbesprechungen wird zur bewussten Verantwortungsübernahme im Behandlungskontext aufgefordert, um kollektiv, interdisziplinär, multi-perspektivisch, systematisiert werteorientiert begründete Entscheidungen zu treffen. Moralische Grundorientierungen wie Werte, Normen und Prinzipien,

anthropologische Konzepte und gesellschaftliche und institutionelle Rahmenbedingungen werden analysiert und müssen fallbezogen gedeutet werden.

Es gibt zahlreiche Modelle ethischer Reflexion bzw. Entscheidungsfindung. In der Regel sind es zyklische Problemlösungsverfahren, die eine
große Ähnlichkeit mit dem Pflegeprozess zeigen. Je nach Kontext können
unterschiedliche Modelle zur Anwendung kommen. In der Diskussion
über die Methoden der Fallbesprechung gibt es die Unterscheidung
zwischen problemorientierten und haltungsorientierten Methoden. Mithilfe problemorientierter Methoden kann das Gespräch in verschiedene
Phasen und Schritte eingeteilt werden. Dadurch wird eine möglichst große
Klarheit darüber erreicht, welche Aspekte eines Problems mittels welcher
theoretischen und praktischen Annahmen zu analysieren sind. Das Ziel ist
dabei, durch argumentative Klärung den Weg zu einer verantworteten Entscheidung zu ebnen.

- Zu den bekanntesten Modellen gehört das **Njimwegener Modell** von
  Norbert Steinkamp und Bert Gordijn (2010), welches die medizinischen,
  pflegerischen, sozialen und organisatorischen Faktoren analysiert und
  diskutiert. In vier Schritten wird mit Hilfe von Leitfragen der Fall auf-
  gearbeitet.
- Der **Basler Leitfaden** von Reiter-Theil (2005) arbeitet mit den medizinethischen Prinzipien von Beauchamp und Childress (Autonomie, Wohl
  tun, Nicht-Schaden und Gerechtigkeit) und nimmt den Perspektivenwechsel besonders in den Blick.
- Die **Prinzipienorientierte Falldiskussion** nach Georg Marckmann
  (2015) arbeitet ebenfalls mit den medizinethischen Prinzipien von
  Beauchamp und Childress. Die Prinzipien selbst bedürfen keiner tief-
  ergehenden Begründung, da sie nicht angezweifelt, sondern akzeptiert
  werden.
- Die **Klinisch Orientierte Beratungsmethode** nach Gerald Neitzke
  (2018) zeichnet sich dadurch aus, dass die ethische Entscheidungsfindung sich an dem üblichen Prozess der klinischen Entscheidungen
  in der Medizin auf Intensivstationen orientiert: Diagnose, Indikation,
  Therapieziel und Prognose. Bewertungen und Einschätzungen gehen ein
  in die Schritte Indikation, Prognose, Therapieziel, die Nutzen-Schaden-
  Bewertung und die Lebensqualität. Einer künstlichen Trennung dieser
  Ebenen wird so entgegengewirkt.
- Das **SBK-Modell** des Schweizer Berufsverbands der Pflegefachfrauen
  und Pflegefachmänner (2013) verzahnt die ethischen Prinzipien mit
  der berufsethischen Haltung in Ausrichtung auf die Menschenwürde

miteinander. Auf diese Weise werden ethisches Denken und ethisches Handeln in der Pflegepraxis miteinander verbunden und tragen so zu einer Verwirklichung der individuellen, professionellen und gesellschaftlichen Ziele der professionellen Pflege bei. (SBK 2013, S. 29)

- Das **METAP-Modell** von Heidi Albisser Schleger, Marcel Mertz und Barbara Meyer-Zehnder (2012) steht für Module, Ethik, Therapieentscheide, Allokation und Prozess und stellt ein multimodales Modell dar. Es dient der Unterstützung ethisch angemessener Therapieentscheide in schwierigen Situationen, indem es die zur Bearbeitung notwendigen Orientierungs- und Entscheidungshilfen liefert. Dieses beinhaltet neben dem Ethik-Konsil durch eine professionelle Ethikfachperson eine maßgeschneiderte Alltagsethik für interprofessionell tätige klinische Fachpersonen, und zwar entlang eines mehrstufigen Entscheidungsfindungsverfahrens, des sogenannten Eskalationsmodells. Dieses kann je nach Schwere der ethischen Fragestellung mittels eigens dazu entwickelter, methodisch und didaktisch fundierter ethischer Entscheidungshilfen angewendet werden. Zur Unterstützung der ethischen Problemlösung wurde für interprofessionelle Teams ein Handbuch mit medizinischem, ethischem, rechtlichem und entscheidungspsychologischem Grundlagenwissen sowie daraus abgeleiteten Empfehlungen entwickelt.

Das ethische **Reflexionsmodell von Marianne Rabe** (2017) kann den haltungsorientierten Modellen zugeordnet werden. Die drei Hauptschritte Situationsanalyse, ethische Reflexion und Ergebnisse stellen die Grundform der praxisorientierten ethischen Reflexion dar. Ausgehend von der konkreten Situation erfolgen mit der ethischen Reflexion zugleich eine Abstraktion, nämlich die Besinnung auf das Allgemeine, Grundlegende und im letzten Schritt ein Rückblick auf den Diskussionsprozess selbst und zum anderen ein Rückbezug auf die Ausgangssituation. Im Schritt der ethischen Reflexion kann der Unterschied und ggf. die Spannung zwischen den faktisch geltenden Normen und den übergeordneten Prinzipien in einem Fall exemplarisch zum Thema werden und zu einer Kritik der herrschenden Moral führen.

Eine ethische Fallbesprechung ist der systematische Versuch, im Rahmen eines strukturierten, von einem/einer Moderator*in geleiteten Gesprächs mit einem evtl. multiprofessionellen/-disziplinären Team innerhalb eines begrenzten Zeitraums zu der ethisch am besten begründbaren Entscheidung

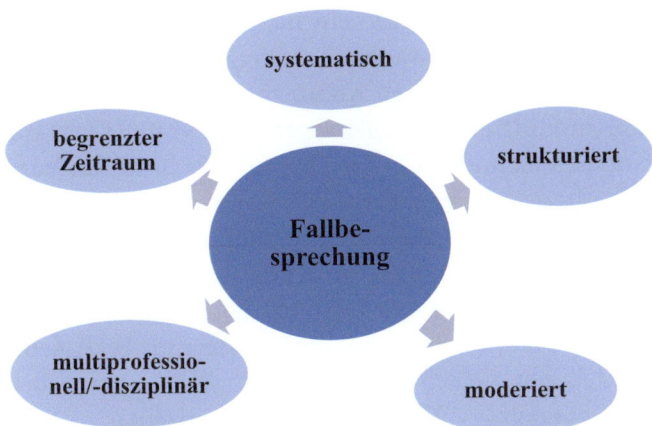

Abb. 1.7   Merkmale ethischer Fallbesprechungen (Eigene Darstellung)

zu gelangen. Eine gut vorbereitete Fallbesprechung dauert ca. 60 Minuten – je nach Komplexität. Das Ziel einer problemorientierten Fallbesprechung ist, eine ethisch verantwortbare Entscheidung zu treffen (Abb. 1.7).

1.3   Kompetenzorientierung im Ethik-Café

Ein Blick in die gängige Fachliteratur führt zur Erkenntnis, dass der Kompetenzbegriff ein viel diskutierter und unterschiedlich definierter Begriff im Bildungswesen darstellt. In Anlehnung an Anita Rösch (2011) verstehen wir Kompetenz als ein System von Fähigkeiten, Können und Fertigkeiten, das notwendig ist, um ein Ziel zu erreichen bzw. um eine Handlung auszuführen oder eine Entscheidung zu treffen. (Rösch 2011, S. 30) Weiterhin bezeichnet Kompetenz die Bereitschaft eines Einzelnen, sich in beruflichen, gesellschaftlichen und privaten Situationen sachgerecht durchdacht sowie individuell und sozial verantwortlich zu fühlen. (Kultus-ministerkonferenz 2005, S. 9) Die Kompetenz eines Menschen wird durch Wissen und Erfahrung fundiert, durch Werte gebildet und getragen, als Fähigkeit angelegt und durch Wissen verwirklicht. (Erpenbeck und Heyse 1999, S. 162) Kompetenzen umfassen demnach keine Listen von Inhalten, sie verstehen sich vielmehr als Grunddimensionen der Lernentwicklung in einem Gegenstandsbereich. (Rösch 2011, S. 31) Der Gegenstands-bereich im Ethik-Café umfasst überwiegend ethische Fragestellungen im

Sozial- und Gesundheitswesen. Es geht nicht um reine Wissensvermittlung, sondern um die Reflexion von ethischen Fragestellungen und um die Entwicklung von ethisch-moralischen Kompetenzen, die sich in den fünf unten beschriebenen (modifizierten) Teilkompetenzen von Rösch konkretisieren. Sie hat ein Kompetenzmodell für den Philosophie- und Ethikunterricht entwickelt. Das Besondere ihrer Arbeit ist die Herangehensweise an die Entwicklung dieses Modells. Sie stellt die Fachdidaktik in den Vordergrund und keine philosophischen Abhandlungen. Somit gelingt es ihr, den Lernprozess der Schüler*innen in den Blick zu nehmen, und setzt an der Alltagswelt der Klientel an – ähnlich wie wir es im Ethik-Café tun. In Anlehnung an das Kompetenzmodell von Rösch werden die fünf Kompetenzbereiche „Sich orientieren und handeln", „Wahrnehmen und verstehen", „Analysieren und reflektieren", „Argumentieren und urteilen" sowie „Interagieren und sich mitteilen" für die Beschreibung der angestrebten Kompetenzentwicklung der Teilnehmer*innen im Ethik-Café herangezogen. (ebd.) Alle fünf Kompetenzbereiche haben in jedem Ethik-Café eine Bedeutung, mal mehr, mal weniger – abhängig von der Fokussierung in der Moderation. In der sogenannten Kompetenzpyramide[4] von Rösch (2011) wird aufgezeigt, dass alle Kompetenzen immer wieder zurück in die Teilkompetenz „Reflektieren" münden. Es wird kein linearer, sondern ein zirkulärer Prozess dargestellt. (ebd., S. 157)

In der Evaluation der ersten Ethik-Cafés wurde die Zufriedenheit der Teilnehmer*innen mit der „Praxisrelevanz", mit dem „Perspektivengewinn", mit dem Fehlen des „Entscheidungsdrucks" und mit dem dadurch möglicherweise höheren „Lernzuwachs und neuen Denkweisen" nach Teilnehmer*innengruppen abgefragt. Anhand dieser Variablen sollte ermittelt werden, ob die Ethik-Cafés einen Rahmen bieten, um ethisch-moralische Kompetenzen zu fördern. Die unterschiedlichen Teilnehmer*innengruppen schätzten die „Praxisrelevanz" ähnlich hoch ein mit Bewertungen zwischen 1,3 und 1,8. Noch homogener fällt das für den „Perspektivengewinn" aus mit Bewertungen zwischen 1,5 und 1,8. Etwas stärker variiert die Beurteilung des „Lernzuwachses und neuen Denkweisen" mit Bewertungen zwischen 1,4 und 2,1 und die Beurteilung, ob neue Denkweisen dadurch ermöglicht wurden, dass ohne Entscheidungsdruck diskutiert werden konnte, mit Bewertungen zwischen 1,2 und 1,9. Pflegende und „nichtmedizinische Dienstleister*innen" schätzten die Variable „ohne Entscheidungsdruck zu diskutieren, ermöglicht neue Denkweisen" mit 1,2

---

[4] Anlage A2.

Teilnehmer-gruppe	Merkmal (Noten 1 ... 5)				N
	Praxisre-levanz	neue Perspek-tiven	Kein Ent-schei-dungsdruck	Lernzu-wachs	
Pflegekräfte	1,3	1,7	1,3	1,7	51
Medizinisches Personal	1,5	1,8	1,9	2,1	15
Patienten und Angehörige	1,8	1,8	1,8	1,4	5
Nichtmedizinische Dienstleister	1,3	1,5	1,2	1,7	6
Zusammen	1,4	1,7	1,4	1,8	69
eta	0,20	0,09	0,46	0,31	

Abb. 1.8 Evaluation: Zufriedenheit mit „Praxisrelevanz", „Perspektivengewinn", „fehlender Entscheidungsdruck" ermöglicht „neue Denkweisen und Lernzuwachs" nach Teilnehmer*innengruppen. (Quelle: Fromm 2012a, S. 42)

besonders gut ein, während das „medizinische Personal", die Patient*innen und An- und Zugehörigen diesen Aspekt mit 1,9 beurteilten (Abb. 1.8).

Sich orientieren, das eigene Handeln hinterfragen und neue Perspektiven erschließen

„'Sich-Orientieren' heißt, nicht zu handeln, ohne etwas zur Kenntnis genommen und es in Überlegungen, wie zu handeln sei, berücksichtigt zu haben." (Ott 1993, S. 73)

Die Teilnehmer*innen setzen sich mit der Pluralität der Lebenswelten kritisch auseinander. Sie reflektieren kulturelle Werte, Leitlinien, Berufskodizes etc. und hinterfragen das eigene Handeln, um sich neue Perspektiven zu erschließen. Sie gewinnen anhand der kritischen Auseinandersetzung mit Antwortversuchen, dem Selbstdenken Orientierung. Diese Orientierung nutzen die Teilnehmer*innen, damit sie auswählen können, was zur Ausrichtung einer Handlung oder Entscheidung sinnvoll ist und was eher hinderlich oder entbehrlich ist. Als Beispiel eignet sich das Ethik-Café „Heiligt der Zweck die Mittel? Die aktuelle Debatte zur Organtransplantation". Die Teilkompetenz „Sich orientieren, das eigene Handeln hinterfragen und neue Perspektiven erschließen" konkretisiert sich z. B. in folgender Verhaltensweise bzw. Entscheidung einer Teilnehmer*in, die als Erkenntnis aus der Diskussion im Ethik-Café mitnahm, dass es zur Thematik Hirntod auch heute noch offene Fragen gibt, die letztendlich noch nicht beantwortet sind, und dass es sich bei der Definition des Hirntodes lediglich um eine Konvention (Übereinkunft einer Gruppe von Expert*innen) handelt. Aufgrund der Diskussion konnte die Teilnehmer*in für sich eine neue Entscheidung treffen, wie sie grundsätzlich zur Organtransplantation steht.

Ethische Probleme, Konflikte und Dilemmata im Gesundheitswesen wahrnehmen und verstehen

„Alles Erkennen ist ein Prozess zwischen dem Individuum, seinem Denkstil, der aus der Zugehörigkeit zu einer sozialen Gruppe folgt, und dem Objekt." (Fleck 1983, S. 168)

Die Teilnehmer*innen nehmen ethische Probleme, Konflikte und Dilemmata im Gesundheitswesen wahr und entwickeln eine ethische Sensibilität. Das Wahrgenommene kann interpretiert werden und ermöglicht eine Perspektivenübernahme. Die Teilnehmer*innen können in eine gewisse Distanz zu sich selbst treten und die emotionalen Konsequenzen eigener Handlungen für andere bedenken. Dies führt zu einer hinreichenden Selbstsicherheit, einer Haltung des Verstehen-Wollens bei extremen Unterschieden oder in einem ethischen Konflikt. Sie zeichnen sich im persönlichen und beruflichen Alltag dadurch aus, sich vermehrt über ethisch problematische Situationen im Sozial- und Gesundheitswesen interdisziplinär und multiprofessionell auszutauschen.

Situationen im Berufsalltag analysieren und reflektieren

„Ist logische Reflexion nicht eher geeignet, den schlafwandlerisch sicher vor sich hin trippelnden Tausendfüßler unseres Denkens durch unnötige Zwischenfragen zum Stolpern zu bringen?" (Bayer 2007, S. 11)

Die Teilnehmer*innen können sich unter Anwendung ethisch-philosophischer Theorien oder Konzepte Situationen im Gesundheitswesen systematisch erschließen: über Gegenstände des alltäglichen und wissenschaftlichen Denkens und Handelns nachdenken, gedankliche Zusammenhänge darstellen und diskutieren. Sie sind dazu bereit, in einen persönlichen Dialog mit Wissensinhalten einzutreten, z.B. in Anwendung des Mehr-Ebenen-Modells oder in Anwendung des systematischen Perspektivenwechsels zur Erkundung ethischer Fragestellungen. Im Ethik-Café „Ist Sterben überhaupt noch legitim?" im Dezember 2021 haben wir den Umgang mit Sterbenden im Gesundheitswesen in den Kontext des Machbaren und des technisch Möglichen gestellt und die Frage aufgeworfen, ob das Sterben-Dürfen vom Ort des tatsächlichen Sterbens abhängt oder das Sterben unabhängig davon in unserer Gesellschaft nicht mehr vorgesehen ist. Hat die Corona-Krise an den Fragen und Antworten etwas verändert?

Ethisch argumentieren und urteilen

„Die Bedingungen und Möglichkeiten des Sprechens, Darstellens, Erkennens, Denkens, Meinens und Handelns sind notwendig interpretativ gestaltet, sind interpretatorisch, interpretationsabhängig." (Lenk und Maring 1997, S. 209)

Die Teilnehmer*innen überprüfen Werte und Normen und differenzieren deren Anwendbarkeit in konkreten persönlichen und beruflichen Situationen. Sie beziehen Interessen und Folgen für Patient*innen/An- und Zugehörige, Berufsgruppen oder die Gesellschaft in ein ethisches Urteil mit ein, das die Pluralität ethischer Einstellungen berücksichtigt. Die Teilnehmer*innen können ethisch argumentieren – z.B. anhand der medizinethischen Prinzipien von Beauchamp und Childress oder der pflegeethischen Prinzipien nach S. T. Fry oder nach care-ethischen Aspekten. Wird beispielsweise der Begriff der Autonomie diskutiert, ist die Auslegung dessen, was Autonomie im Kontext des Principlism bedeutet, deutlich anders als in der Care-Ethik.

In einer interdisziplinären, multiprofessionellen Gruppe interagieren und sich mitteilen
„Menschliche Erkenntnis ist sozial. Sie wäre unmöglich ohne sprachliche Kommunikation und insbesondere ohne den Austausch von Argumenten." (Bayer 2007, S. 48) Die Teilnehmer*innen sind offen und bereit, in den interdisziplinären und multiprofessionellen Austausch mit anderen Menschen zu treten, und gehen in der Diskussion respektvoll und wertschätzend miteinander um. Eigene und fremde Gedankengänge können sachgemäß und adäquat in der Gruppe dargestellt werden – unabhängig vom Thema und der Rolle. Im Ethik-Café ist jeder Gast willkommen, die Teilnehmer*innen wissen in der Regel ebenso wenig wie das Moderator*innenteam, wer kommt, welche Professionen vertreten, welche Erfahrungen und Meinungen sich zum Thema gebildet haben. Als eindrückliche Rückmeldung von einer Teilnehmer*in zum Thema „Assistierter Suizid - wer soll das tun und wo?" war: „Mir war gar nicht klar, wie unterschiedlich die Argumente zum assistierten Suizid sein können, je nachdem welche Rolle ich einnehme, nahe Angehörige oder z.B. Ärzt*in/Pflegende und welche weitreichenden Fragen damit verbunden sind, z.B. wer darf bzw. muss unter welchen Bedingungen die entsprechenden Medikamente verschreiben."

Die Evaluation der ersten Ethik-Cafés konnte veranschaulichen, wie die unterschiedlichen Teilnehmer*innengruppen den Aspekt einschätzten, wie frei sie sich im Ethik-Café fühlten, Fragen, Ansichten und Kommentare einzubringen. Die Pflegenden und „nichtmedizinischen Dienstleister*innen" schätzen diesen Aspekt mit Bewertungen von 1,3 bzw. 1,0 besser ein als das „medizinische Personal" und die Patient*innen und An- und Zugehörigen mit 1,7 bzw. 1,4. Die Freiheit, sich einzubringen, korrespondiert nicht mit der Variable „Perspektivengewinn" (Abb. 1.9).

Teilnehmer-gruppe	Merkmal (Noten 1 ... 5)		N
	Freiheit, sich einzubringen	Neue Perspektiven	
Pflegekräfte	1,3	1,7	52
Medizinisches Personal	1,7	1,8	15
Patienten und Angehörige	1,4	1,8	5
Nichtmedizinische Dienstleister	1,0	1,5	6
Zusammen	1,4	1,7	69
eta	0,25	0,09	

Abb. 1.9 Evaluation: Zufriedenheit mit der Freiheit, sich an der Diskussion zu beteiligen, und dem Perspektivengewinn nach Gruppen. (Quelle: Fromm 2012a, S. 43)

Literatur

Adam, E./Bohlen, S. (Hrsg.) (2019). Autonomie und Gerechtigkeit als Illusion. Hartung-Gorre Verlag: Konstanz.

Albisser Schleger, H./Mertz, M./Meyer-Zehnder, B (2012). Klinische Ethik-METAP. Leitlinien für Entscheidungen am Krankenbett. Springer Verlag: Berlin.

Bachmann, A./Rippe, K. P. (2004). Einladung zum Nachdenken. Ethik-Cafés – Idee, Konzept und Praxis. In: Pflegezeitschrift 12/2004, S. 868–869.

Barandun Schäfer, U. et al. (2015). Ethische Reflexion von Pflegenden im Akutbereich – eine Thematische Analyse. In: Pflege 28(06)/2015, S. 321–327.

Bayer, K. (2007). Argument und Argumentation. Logische Grundlagen der Argumentationsanalyse. Vandenhoeck & Ruprecht: Göttingen.

Brockhaus Verlag (2004). Der Brockhaus in drei Bänden. 1805–2005. CD-ROM. PC Bibliothek. Version 3.0. Brockhaus Verlag: München.

Cohn, R. (1997). Von der Psychoanalyse zur themenzentrierten Interaktion. Klett-Cotta: Stuttgart.

Erpenbeck, J./Heyse, V. (1999). Die Kompetenzbiografie. Strategien der Kompetenzentwicklung durch selbstorganisiertes Lernen und multimediale Kommunikation. Waxmann: Münster u. a.

Fleck, L. (1983). Schauen, sehen, wissen. In: Fleck, L. (1983). Erfahrung und Tatsache. Gesammelte Aufsätze. Suhrkamp Verlag: Frankfurt am Main, S. 147–174.

Fromm, C. (2012a). Konzeption und Moderation von interdisziplinären Ethik-Cafés im Gesundheitswesen. Masterarbeit. Freiburg. (unveröffentlicht)

Fromm, C. (2012b). Mit Patienten, Angehörigen und Mitarbeitern aus dem Gesundheitswesen ethische Fragestellungen diskutieren. Das Ethik-Café als niederschwelliges interdisziplinäres Angebot im Gesundheitswesen. In: Pflegewissenschaft 12/2012, S. 645–657.

Heusler, E./Kostka, U. (2006). Mehrdimensionalität, Interdisziplinarität, Integration – Aktuelle Anforderungen an die Ethik im Gesundheits- und Sozialwesen als Aufgabe für Studium und Weiterbildung. In: Kösler, E. (Hrsg.) (2006). Forschen und Weiterbilden für eine soziale Zukunft. Hartung-Gorre Verlag: Konstanz, S. 22–31.

Knapp, J. (2007). Das philosophische Café. http://feigenblaetter.blogspot.com/2007/05/das-philosophische-caf-julia-knapp.html (Zugriff: 07.01.2022)

Kostka, U. (2008). Gerechtigkeit im Gesundheitswesen und in der Transplantationsmedizin: Mehrdimensionale Handlungsfelder als systematische und normative Herausforderung für die Bioethik und Theologische Ethik. Schwabe Verlagsgruppe: Basel.

Kultusministerkonferenz (Hrsg.) (2005). Handreichungen für die Erarbeitung von Rahmenlehrplänen der Kultusministerkonferenz (KMK) für den berufsbezogenen Unterricht in der Berufsschule und ihre Abstimmung mit Ausbildungsordnungen des Bundes für anerkannte Ausbildungsberufe. http://www. kmk.org/beruf/rpl/lehrplan.htm (Zugriff: 26.02.2005)

Lenk, H./Maring, M. (1997). Welt ist real, aber Welterfassung interpretativ. Zur Reichweite interpretatorischer Erkenntnis. In: Friebertshäuser, B./Prengel, A. (Hrsg.) (1997). Handbuch qualitative Forschungsmethoden in der Erziehungswissenschaft. Juventa: Weinheim, S. 209–220.

Mahler, C. et al. (2014). Begrifflichkeiten für die Zusammenarbeit in den Gesundheitsberufen – Definition und gängige Praxis. In: GMS Zeitschrift für Medizinische Ausbildung 31(04)/2014, S. 1–10.

Maier, M./Kälin, S. (2015). Ethik-Cafés in der geriatrischen Langzeitpflege: halten sie, was sie versprechen? In: Ethik in der Medizin 28/2016, S. 43–55.

Martin, G. (2004). Ethik-Café. Wo heiße Themen in lockerer Atmosphäre zur Sprache kommen. In: Uni Nova (Schweiz) 06/2004, S. 17–19.

Marckmann, G. (Hrsg.) (2015). Praxisbuch Ethik in der Medizin. Medizinisch Wissenschaftliche Verlagsgesellschaft: Berlin.

Moch, C. (2022). Die Methode des Ethik-Cafés und ihr Potenzial für die Lehre der Sozialen Arbeit an der HAW. Bachelor-Thesis. Hochschule für angewandte Wissenschaft Hamburg. Fakultät für Wirtschaft und Soziales. Department Soziale Arbeit. Studiengang Soziale Arbeit. https://reposit.haw-hamburg.de/bitst ream/20.500.12738/12689/1/2022Moch_Carine_BA.pdf (Zugriff: 10.06.2022)

Neitzke, G. (2018). Ethikberatung auf der Intensivstation: Die Klinisch Orientierte Beratungsmethode. In: DMW-Deutsche Medizinische Wochenschrift 143(01)/2018, S. 27–24.

Ott, K. (1993.) Zur Frage, woraufhin Ethik orientieren könne. In: Wils, J. P. (Hrsg.) (1993). Orientierung durch Ethik? Eine Zwischenbilanz. Schöningh: Paderborn.

Rabe, M. (2017). Ethik in der Pflegeausbildung. Beiträge zur Theorie und Didaktik. 2. Aufl. Hogrefe Verlag: Bern.

Reiter-Theil, S. (2005). Klinische Ethikkonsultation – eine methodische Orientierung zur ethischen Beratung am Krankenbett. In: Schweizerische Ärztezeitung 06/2005, S. 346–352.

Rösch, A. (2011). Kompetenzorientierung im Philosophie- und Ethikunterricht. Entwicklung eines Kompetenzmodells für die Fächergruppe Philosophie, Praktische Philosophie, Ethik, Werte und Normen, LER. 2. Aufl. LIT Verlag: Wien.

Sautet, M. (1999). Ein Café für Sokrates. Philosophie für jedermann. Goldmann Verlag: Düsseldorf.

Schmidbauer, W. (2000). Helfen als Beruf. Die Ware Nächstenliebe. Rowohlt Verlag: Reinbek.

Schweizer Berufsverband der Pflegefachfrauen und Pflegefachmänner SBK – ASI (2013). Ethik und Pflegepraxis. https://www.sbk.ch/online-shop/sbk-publikationen (Zugriff: 09.06.2022)

Steinkamp, N./Gordijn, B. (2010). Ethik in Klinik und Pflegeeinrichtung. Ein Arbeitsbuch. 3., überarbeitete Aufl., Luchterhand: Köln.

Vollbrecht, P. (2005). Kant und Cappuccino? Zu Vision und Wirklichkeit Philosophischer Cafés. In: Staude, D. (Hrsg.) (2005). Lebendiges Philosophieren. Philosophische Praxis im Alltag. transcript Verlag: Bielefeld, S. 31–36.

Von Werder, L. (1998). Das philosophische Café. Ein kreativer Weg zur Philosophie. Schibri Verlag: Berlin.

Wild, E. (1980). Inneres Sprechen – äußere Sprache. Klett-Cotta Verlag: Stuttgart.

2

Theoretische und methodische Voraussetzungen von Ethik-Cafés

Im zweiten Kapitel geben wir einen Überblick über die theoretischen und methodischen Anforderungen an Ethik-Cafés. Wir führen in die Grundbegriffe und Begründungsformen der Ethik ein. Es folgt ein Überblick über die Bereiche ethisch-moralischer Konfliktfelder im Sozial- und Gesundheitswesen und die Darstellung ausgewählter ethischer Leitlinien. Des Weiteren stellen wir die ethischen und methodischen Kompetenzprofile vor sowie die wichtigsten Moderationstechniken, die sich für die Gestaltung von Ethik-Cafés bewährt haben.

2.1 Ethik und Formen der Ethik

Ethik ist als Teilbereich der Philosophie (praktische Philosophie) das Nachdenken über unsere Moral, ihre Begründung und ihre Anwendung. Die Aufgabe der Ethik ist also „die Reflexion von Denkmustern und Bewertungskriterien – mit dem Ziel, moralische Bewertungen und Entscheidungen klarer zu machen." (Maio 2017, S. 2) Ethik reflektiert über die Moral des Einzelnen, einer Gruppe, einer Profession, einer Institution, des Gesundheitssystems und der Gesellschaft – welche Werte dieser Ebenen bestimmen unser Handeln und wie kann Handeln aufgrund dieser Wertvorstellungen begründet werden? Ethik sucht gut begründete Antworten auf folgende Fragen: Was sollen wir tun? Wie handeln wir richtig? Wie sollen wir leben? Ethik versucht „dort Orientierung anzubieten, wo unsere moralischen Alltagsüberzeugungen unsicher oder widersprüchlich sind." (Hiemetzberger 2013, S. 29) Wenn wir also nach guten Gründen für eine Argumentation oder eine bestimmte Handlungsmöglichkeit suchen, begeben wir uns auf die Suche nach unserer eigenen Moral, der des anderen, der anderen, einer Berufsgruppe, einer Institution, eines Systems oder der Gesellschaft. Nie entscheiden, urteilen und handeln wir im luftleeren moralfreien Raum, sondern stets im Kontext eigener und fremder Moral. Wertfreiheit kann es nicht geben, da es kein Sein und kein Handeln ohne Werte gibt. Wir können uns den eigenen und fremden Moralvorstellungen reflektierend annähern und sie betrachten, darüber nachdenken und miteinander ins Gespräch bringen – genau das macht Ethik. Ethik ist die Reflexion gelebter Moral. (Rehbock 2000, S. 282) Die gelebte Moral umfasst die oben genannten normativen Grundorientierungen: Werte, Normen, Prinzipien, Tugenden sowie Vorstellungen des guten Lebens (und Sterbens). Die ethische Reflexion macht diese Einstellungen bewusst. Ethik ist die „**methodisch-kritische Reflexion auf das menschliche Handeln**, um zu argumentativ begründeten Aussagen zu gelangen." (Hiemetzberger 2013, S. 27)

Wie beschäftigt sich Ethik mit Moral? Wir kennen drei Formen der Ethik: die deskriptive Ethik, die normative Ethik und die Meta-Ethik (Abb. 2.1).

- Wenn die Ethik die Moral nur beschreibt und darstellt, handelt sie rein deskriptiv (**deskriptive Ethik**). Sie beschreibt moralische Systeme – lat. die „mores" (Moral) oder „Sitten". Sie stellt Wertorientierungen fest, ohne sich selbst dazu zu positionieren. Sie kann die Moral eines Individuums, einer Gruppe, einer Institution oder einer Gesellschaft beschreiben: deren Sitten, Gebräuche und Einstellungen.
- Möchte Ethik aber eigene Moralvorstellungen durchsetzen und begründen, handelt sie normativ (**normative Ethik**). Sie beschäftigt sich mit der Grundfrage, was getan werden soll. Welche Handlungen sind richtig oder falsch? Eine normative Ethik kann sich zu bestimmten Handlungsmöglichkeiten in einer Gesellschaft kritisch positionieren. Darf Todesstrafe erlaubt sein? Darf Tötung auf Verlangen legalisiert werden? etc. Sie versucht, die eigene Position (Wertehaltung) zu begründen

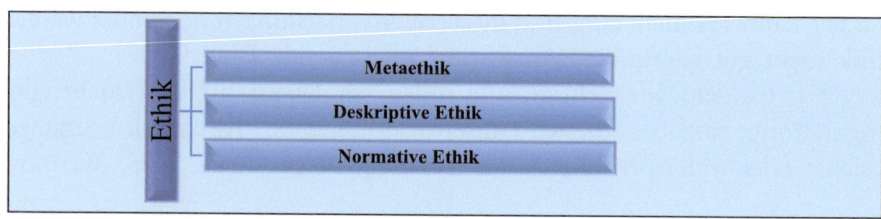

Abb. 2.1 Formen der Ethik (Eigene Darstellung)

und sich zu anderen Positionen ins Verhältnis zu setzen. Sie bewertet bestehende und entwirft eigene Moralsysteme.

- Definiert Ethik schließlich das, worüber sie sich zu sprechen bemüht, handelt es sich um **Metaethik**. Wie kommen die Werturteile eines moralischen Systems zustande? Was bedeuten die Begriffe und Konzepte, mit denen im Rahmen ethischer Gespräche, Fallbesprechungen, Diskussionen und Debatten wie selbstverständlich umgegangen wird?

2.2 Grundbegriffe der Ethik

Im ethischen Gespräch verständigen sich die Beteiligten zunächst über den Gegenstand, über den sie sprechen (Meta-Ethik). Das dient der Klarheit der Argumentationen. Ziele ethischer Gespräche sind die Stärkung der eigenen ethischen Sprachfähigkeit und Kompetenz, die Identifikation eigener Wertorientierungen und damit die Möglichkeit zur kritischen Distanzierung sowie schließlich die Identifikation von Wertorientierungen in ethisch zu reflektierenden Situationen und in ethisch-rechtlichen Debatten und auch hier die Möglichkeit einer kritischen Distanzierung.

Die Begriffe, über die wir uns zunächst zu verständigen haben, sind: Moral, Werte, Normen, Prinzipien, Tugend sowie moralische Konflikte und Dilemmata. (Schweppenhäuser 2006) Soll es darum gehen, Standpunkte zu begründen, ist es wichtig zu unterscheiden, ob wir aufgrund eigener unhinterfragter Wertorientierungen (Moral) urteilen, oder ob wir in ethischer Distanzierung mögliche Argumentationen oder Handlungsmöglichkeiten betrachten und dann die Argumente, die für oder gegen eine Position sprechen, abwägen und zu einem begründeten Urteil gelangen.

2.2.1 Moral

Moral umfasst die Gesamtheit von Werten, Normen, Prinzipien, Tugenden und Vorstellungen eines guten Lebens, die in einer Gesellschaft, Institution, Gruppe oder von einzelnen Personen als gültig angesehen und gelebt wird. Unsere bewussten und unbewussten Urteile und Bewertungen, was wir für gut und richtig halten, sind Ausdruck unserer Moral. „Intuitionen als Bestandteile der Moral zeigen sich [...] als nichtsprachliche, spontane, unmittelbare Reaktionen auf eine Beobachtung. Sie bezeugen individuelle oder sozial akzeptierte bzw. gewünschte Werthaltungen." (Monteverde 2017, S. 834) Das heißt es sind stets individuelle, professions- und gruppenimmanente, institutionelle, systemische und gesellschaftliche Werte, die in ethisch

Abb. 2.2 Mehr-Ebenen-Modell (Eigene Darstellung)

relevanten Fragestellungen zum Tragen kommen und die in ihrer Bedeutung zu reflektieren und damit dem bewussten Abwägen zuzuführen sind. Was das konkret bedeutet, soll mit Hilfe des Mehr-Ebenen-Modells (Abb. 2.2) am Beispiel der Debatte um den assistierten Suizid verdeutlicht werden.

Debatte um den assistierten Suizid und mehrdimensionale Ethik

Mit dem Urteil des Bundesverfassungsgerichts vom 26.02.2020 wurde das „Gesetz zur Strafbarkeit der geschäftsmäßigen Förderung der Selbsttötung" für nichtig erklärt. Der Gesetzgeber hatte durch das am 10.12.2015 in Kraft getretene Gesetz die auf Wiederholung angelegte Assistenz beim Suizid unter Strafe gestellt – also die Mitwirkung bei der Selbsttötung eines Menschen durch Beschaffung und Anreichen tödlich wirkender Medikamente. Warum das Urteil des Bundesverfassungsgerichts? Nach seiner Auffassung schließe das allgemeine Persönlichkeitsrecht ein Recht auf selbstbestimmtes Sterben ein. Das Recht auf selbstbestimmtes Sterben wiederum schließe die Freiheit ein, sich das Leben zu nehmen und hierfür Hilfe bei Dritten zu suchen und, soweit sie angeboten werde, in Anspruch zu nehmen. Dritte könnten aber nicht verpflichtet werden, Suizidhilfe zu leisten. Die Diskussion um dieses Urteil hat im kirchlich-diakonischen Umfeld in Folge des Artikels von Reiner Anselm, Isolde Karle und Diakoniepräsident Ulrich Lilie in der FAZ vom 11.01.2021 an Fahrt aufgenommen. Zwei Türen wurden geöffnet: 1) Soll es künftig möglich sein, in kirchlich-diakonischen Einrichtungen assistierten Suizid in Anspruch nehmen zu können? 2) Sollen die Einrichtungen das über Sterbehilfeorganisationen regeln oder von den Einrichtungen selbst durchgeführt werden? Es sind Fragen, die derzeit mit oft großer Vehemenz und mitunter sehr emotional auf allen Ebenen diskutiert werden: in der Gesellschaft, auf Verbandsebene (beispielsweise Deutsche Gesellschaft für Palliativmedizin und Deutscher Hospiz- und PalliativVerband), von den Trägern der Gesundheitsversorgung, in Pflegeeinrichtungen, Krankenhäusern und Pflegediensten sowie von den beruflich direkt Betroffenen selbst, den haupt- und ehrenamtlichen Mitarbeiter*innen, die die Dritten sein könnten.

In der Debatte können und müssen also die (Verantwortungs-) Ebenen unterschieden werden. Unsere persönliche Einstellung zum assistierten Suizid kann von der Einstellung einer suizidwilligen Person abweichen oder die Einstellungen können sich auch sehr ähnlich sein. Auch die Begründung einer Befürwortung oder einer Ablehnung des assistierten Suizids kann wieder recht ähnlich sein oder in vielem doch auch recht verschieden. Wie ist die Haltung der Familie zum assistierten Suizid und zur Assistenz und wie die Haltung des/r behandelnden Teams? Handeln wir als Pflegende, als Ärzt*innen etc. und damit als Angehörige einer Berufsgruppe, die ein bestimmtes Berufsethos, das heißt eine bestimmte Haltung zum assistierten Suizid aufgrund des beruflichen Selbstverständnisses vertritt? Wir handeln stets im Kontext einer Institution, die für Suizidhandlungen einen Rahmen setzt, der uns als Handelnden entweder die Entscheidungs- und Handlungsfreiheit lässt oder die eine Haltung definiert, von der wir als Mitarbeiter*innen dieser Institution nur gut begründet abweichen können und eventuell mit entsprechenden Konsequenzen zu rechnen haben. Letztlich handeln wir im Rahmen einer Gesellschaft, in der bestimmte Werthaltungen verankert sind, die uns bewusst oder unbewusst leiten und in denen bestimmte Rahmenbedingungen (Gesetze = Normen) fürs Handeln definiert sind, die die Handlungsfreiheit im Sinne des Schutzes des Einzelnen rahmen. (Baumann 2020)

2.2.2 Moralische Konflikte und Dilemmata

Nach Settimio Monteverde (2017) kann eine moralische Irritation in der Praxis zwei Formen annehmen (Abb. 2.3).

Moralischer Konflikt (emotional): Sind wir in unserer Praxis moralisch irritiert und haben ein „ungutes Gefühl", kann das ein Hinweis auf einen moralischen Konflikt bzw. auf ein moralisches Problem sein. Wir sehen oder beobachten eine Situation, die mit unseren moralischen Intuitionen, unserem Gewissen und unserer moralischen Prägung im Widerspruch steht, welche Ausdruck unserer Sozialisation sind. Wir sind ratlos, welches

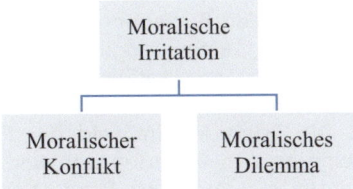

Abb. 2.3 Moralische Irritationen (Eigene Darstellung)

Handeln in dieser Situation adäquat sein könnte. Beispiele für ein moralisches Problem bzw. Konflikt sind z. B. Gewaltanwendungen in der Pflege, prognostisches Lügen oder auch Bestechung im Behandlungssetting.

Moralisches Dilemma (rational und reflexiv): Die moralische Irritation stellt sich als Dilemma dar. Wir denken über eine moralisch heikle Situation nach und kommen zur Einsicht, dass mindestens zwei moralische Grundorientierungen (Werte, Prinzipien) miteinander kollidieren, die jedoch nicht gleichzeitig realisierbar sind. Es liegt ein Entscheidungsdruck vor. Ein Beispiel für ein moralisches Dilemma sind freiheitseinschränkende Maßnahmen zum Wohl von Patient*innen, wie z. B. Fixierung bei akuter Verwirrtheit. Hier kollidieren die Prinzipien „Gutes tun/Nicht schaden wollen" und „Autonomie respektieren". (Monteverde 2017, S. 836) Um es an einem Beispiel während der Corona-Pandemie zu veranschaulichen, handelt es sich um ein moralisches Dilemma, wenn Pflegende Abstand halten (Schutz der eigenen Gesundheit und der des/r anderen) **und** gleichzeitig Körperpflege verrichten sollen (Wohl und Nichtschaden des/r anderen). Die Komplexität eines moralischen Dilemmas soll im Folgenden an einem weiteren Beispiel aus dem Bereich der Palliative Care veranschaulicht werden. Wie hier beschrieben, versuchen wir auch im Ethik-Café widerstreitende Werte, Prinzipien, Handlungsoptionen und Perspektiven zu identifizieren und gute Gründe für ein Handeln zu suchen, das sich am eigenen Wohl und am Wohl der anderen orientiert.

Die Komplexität eines moralischen Dilemmas am Beispiel Mobilität in palliativen Situationen

Wir beschreiben im Folgenden ein Dilemma zwischen Auftrag A und Auftrag B, zwischen einer eher verrichtungsorientierten Perspektive und einer situationsorientierten Perspektive, die im Rahmen eines Ethik-Cafés herausgearbeitet werden können.

Es ist Anspruch und Auftrag der beruflichen Pflege, potentielle Schädigungen des Menschen in Folge zunehmender Mobilitätseinschränkungen zu vermeiden und die Selbstständigkeit und Selbstbestimmtheit eines Menschen durch seine Mobilisation zu unterstützen. Dieser Anspruch, der vor weiteren Komplikationen und auch vor Schmerzen aufgrund dieser Komplikationen schützen und den Bewegungsraum eines Menschen solange wie möglich erhalten möchte, kann möglicherweise in einer konkreten palliativen Situation, in der die Mobilisation selbst Schaden zufügen kann, weil sie Schmerzen, Atemnot und Unruhe verstärken kann, nicht mehr durchgehalten werden. Die Erfahrung im Feld der Palliative Care ist, dass eine gute – das heißt eine an den Bedarfen und Bedürfnissen des schwerstkranken Menschen orientierte – palliative Praxis täglich neu ausgehandelt werden muss, wenn die Mobilisierung des schwerstkranken Menschen mehr nützen als schaden soll. Das moralische Dilemma entsteht also „dann, wenn Pflegende aufgrund des nahen Lebensendes oder aufgrund der Reaktionen der Betroffenen auf das pflegerische Handeln Zweifel haben, ob die prophylaktischen Maßnahmen noch immer dem Wohl dienen oder eher schaden. Wenn Atemnot, Schmerzen, Übelkeit, Unruhe, der Wunsch nach ungestörter Ruhe oder Ängste durch Positions- und Lagewechsel verstärkt und nicht gelindert werden, verunsichert das und wirft Fragen auf.

- Bringt Bewegung Freude oder Last? (Schmid 2018a, S. 208)
- Basiert Wohlbefinden auf dem Vermeiden von Risiken und potentiellen Problemen oder auf der Linderung belastender Symptome?
- Darf das eine gegen das andere aufgewogen werden, da eingetretene Schäden (Dekubitus, Kontrakturen, Obstipation etc.) weitere Schmerzen, größere Atemnot und eine weitere Abnahme der Mobilität mit sich bringen können?
- Wann ist der richtige Zeitpunkt, das eine zu lassen und ein anderes zu tun? Dies soll jeden Tag neu geprüft und entschieden werden. Eine Maßnahme heute sein zu lassen, bedeutet nicht, dass sie bei einer Veränderung des Zustands nicht wieder begonnen werden kann oder muss.
- Was tun, wenn pflegefachliche mit ärztlichen Einschätzungen, institutionellen Aufträgen und Interessen oder aber mit den Interessen von An- und Zugehörigen kollidieren, die sich auf einen anderen Weg noch gar nicht einlassen können, weil er ihnen Angst macht und ihnen die Hoffnung (auf Besserung) nimmt?
- Was tun, wenn die auf Pflege angewiesenen Menschen die Maßnahmen ablehnen und gleichzeitig Zweifel an deren Selbstbestimmtheit bestehen oder Zweifel daran, ob die wahrgenommenen nonverbal ablehnenden Signale auch richtig gedeutet werden? Dann entsteht möglicherweise ein Konflikt zwischen dem verbal/nonverbal geäußerten Willen und dem beruflichen Verständnis von der Notwendigkeit durchzuführender Maßnahmen.

Die Konfliktanlässe sind zahlreich und komplex. Das ethische Dilemma als *Konflikt zwischen den Wünschen und Bedürfnissen der Patientinnen einerseits und einer fachgerechten Pflege andererseits* (Schmid 2018b, S. 209) aufzufassen, bleibt ungenau. Fachgerecht ist mehr als das Befolgen pflegerischer Routinen zur Vermeidung physischer Schäden und mehr als das Erhalten und Fördern der mobilen Selbstständigkeit um der Selbstständigkeit willen. Pflegende handeln *fachgerecht*, wenn sie dieses Wissen am Wissen der auf Pflege angewiesenen Menschen um ihr Wohl orientieren und gemeinsam mit ihnen entscheiden, was nützt und was schadet. Es handelt sich also vielmehr um den Konflikt zwischen unterschiedlichen Vorstellungen vom Wohl des anderen und davon, mit welchen Maßnahmen seiner Vorstellung von seinem Wohl entsprochen werden kann. Eine fachgerechte Pflege übernimmt Verantwortung für das Wohl des anderen, indem sie sich stets aufs Neue auf den Aushandlungsprozess zwischen pflegefachlichem Wissen und der Situation eines konkreten Menschen mit seiner Vorstellung von seinem Wohl einlassen kann. ‚Die Vereinbarung und Umsetzung eines pflegerischen Auftrags zwischen dem pflegebedürftigen Menschen und der Pflegefachkraft ist das Ergebnis eines Aushandlungsprozesses. Als allgemeiner Grundsatz professionellen Pflegehandelns gilt dabei die Berücksichtigung des Selbstbestimmungsrechts des pflegebedürftigen Menschen.' (DNQP 2020, S. 16) Dieser Aushandlungsprozess berücksichtigt verschiedene Ebenen, auf denen Pflegende Verantwortung übernehmen:

- Pflegende sind (mit)verantwortlich für das Wohl des anderen – auf der Suche nach einem Weg zwischen präventiver, kurativer, rehabilitativer und palliativer Fürsorge.
- Sie sind verantwortlich für ihr eigenes Wohl – wenn ihnen nicht wohl ist beim Befolgen von pflegerischen Routinen oder beim Zuwiderhandeln gegen diese.
- Sie sind in Verantwortung gegenüber Kolleg*innen und deren auch wohl begründeter Auffassung.
- Sie sind verantwortlich gegenüber anderen Berufsgruppen (beispielsweise in Konflikten zwischen Ärzt*innen und Pflegenden).
- Sie stehen in Verantwortung gegenüber ihrer Institution, in der sie arbeiten und die sich ihrerseits anderen Kontrollinstanzen gegenüber zu verantworten hat.
- Schließlich sind sie in Verantwortung gegenüber An- und Zugehörigen, die emotional oft an ganz anderer Stelle – zwischen Hoffen und Bangen – stehen und überfordert sind durch die ihnen angetragene Entscheidungsverantwortung in letzten gesundheitlichen Fragen.

Der Alltag der Sorgenden ist komplex. In Hinblick auf Wohl und Mobilität des anderen ringen sie um die Frage, wie den Wünschen und Bedürfnissen des auf Pflege angewiesenen Menschen ethisch gut begründet entsprochen werden kann. Innezuhalten und sich ethisch zu beraten, dient der Orientierung in diesen Situationen." (Baumann 2022, S. 347 f.)

2.2.3 Werte

Unter Werten verstehen wir mit Giovanni Maio allgemeine Zielvorstellungen über das Gute (Maio 2017, S. 15) – als Orientierung für das zu Tuende, zu Denkende, Sein-Sollende. Werte sind stets menschlich gesetzt: was uns als wertvoll erscheint, also eine Bedeutung für uns hat. Klassisch können folgende Güter unterschieden werden: das Wahre (geistige Werte), das Schöne (ästhetische Werte) und das Gute (ethische Werte). Werte können sich in Normen und Prinzipien verfestigen. Sie können miteinander in Konflikt geraten (Wertekonflikte). So stehen sich beim Schwangerschaftsabbruch die Werte „Lebensschutz des ungeborenen Kindes" und „Recht der Frau am eigenen Leib" gegenüber. Ein weiteres Beispiel ist der Konflikt zwischen persönlichen (Ablehnung eines Schwangerschaftsabbruchs) und institutionellen (Befürwortung und Ermöglichung des Schwangerschaftsabbruchs) Werten. Ähnlich spannungsreich ist das beim Umgang mit dem Wunsch nach assistiertem Suizid. Wie gehen Mitarbeiter*innen einer Einrichtung damit um, wenn entgegen ihrer tiefsten Überzeugungen (Werte) in ihrer Einrichtung assistierte Suizide vollzogen werden? Oder wie gehen sie damit um, wenn sie selbst einer Assistenz positiv gegenüberstehen, ihre Einrichtung sich aber gegen eine Assistenz beim Suizid ausspricht?

2.2.4 Normen

Eine Norm bezeichnet das, woran wir uns verbindlich ausrichten oder ausrichten sollen („norma", lat.: Maßstab, Richtschnur). Normen sollen Werte realisieren. Sie sind „spezifische und auf eine bestimmte Situation bezogene Regeln." (ebd., S. 14) Moralische Normen sind Regeln fürs konkrete Handeln – was getan werden soll. Drei Formen von Normen können unterschieden werden.

- **Empirisch ermittelte Durchschnittswerte**, an denen wir unser Handeln ausrichten können – was ist „normal"? In der Gesundheitssorge sind das zum Beispiel die Normbereiche für Blutwerte.
- **Eine weitere Form ist die (gesetzte) Maßeinheit (DIN), eine Regel oder eine Konvention.** So hatte 1968 für die klinische Praxis das Ad Hoc Committee der Harvard Medical School den Hirntod als Tod des Menschen festgelegt. (Baumann et al. 2014) Es war eine Entscheidung per Konvention, die bis heute in der Argumentation verschiedener Disziplinen in Frage gestellt wird – mit der Frage danach, was der Tod des Menschen ist und wann er tot ist. Großer Widerstand gegen diese Konvention wächst allein aus dem Erleben von hirntoten Menschen, die atmen, warm sind, schwitzen, Kinder austragen können etc. Im Ethik-Café „Heiligt der Zweck die Mittel? Die aktuelle Debatte zur Organtransplantation" wurde diese Konvention benannt und multiperspektivisch diskutiert – aus der Perspektive aktuell oder potentiell Betroffener (hirntot zu sein), trauernder An- und Zugehöriger, von Ärzt*innen und Intensiv- sowie OP-Pflegenden, aus der Perspektive der Institution, aus der Perspektive Organ-Bedürftiger und aus der Perspektive einer Gesellschaft, die die Regeln für die Todesdefinition akzeptiert und die Regeln für seine Bürger*innen festlegen muss – ob sie einer Zustimmungslösung oder einer Widerspruchslösung zustimmt (s. Ethik-Café zu diesem Thema). Das Ethik-Café öffnet den Raum für die Diskussion darüber, wann der Mensch tot ist und ob der Hirntod des Menschen als Todesdefinition hinreichend ist, außerdem darüber, was für und was gegen Zustimmungs- bzw. Widerspruchslösung spricht. Das Ethik-Café bietet Raum, über bis dahin möglicherweise unhinterfragte Normen offen und

kritisch nachzudenken. Zur zweiten Form von Normen gehören auch die Richtlinien oder Leitlinien von Fachgesellschaften. Beispiele hierfür sind die „Grundsätze der Bundesärztekammer zur ärztlichen Sterbebegleitung", die klinisch-ethischen Empfehlungen zur Priorisierung und Triage bei COVID-19 der Deutschen Interdisziplinären Vereinigung für Intensiv- und Notfallmedizin e. V. (DIVI) und weitere Richtlinien, von denen wir unter „Ethische Leitlinien" eine Auswahl vorstellen.

- **Die dritte Form umfasst Vorschriften oder Gesetze.** Ein aktuelles Beispiel ist das Urteil des Bundesverfassungsgerichts vom 26.02.2020, mit dem das „Gesetz zur Strafbarkeit der geschäftsmäßigen Förderung der Selbsttötung" für nichtig erklärt wurde. Der Gesetzgeber hatte durch das am 10.12.2015 in Kraft getretene Gesetz die auf Wiederholung angelegte Assistenz beim Suizid unter Strafe gestellt – also die Mitwirkung bei der Selbsttötung eines Menschen durch Beschaffung und Anreichen tödlich wirkender Medikamente. Nach Auffassung des Bundesverfassungsgerichts schließt das allgemeine Persönlichkeitsrecht ein Recht auf selbstbestimmtes Sterben ein. Das Recht auf selbstbestimmtes Sterben schließt außerdem die Freiheit ein, sich das Leben zu nehmen und hierfür Hilfe bei Dritten zu suchen und, soweit sie angeboten wird, in Anspruch zu nehmen. Im Bild des Mehr-Ebenen-Modells rahmen Gesetze auf der höchsten Ebene des Modells unser Handeln, da Gesetze den Rahmen für gesellschaftliches, institutionelles, berufliches und persönliches Handeln vorgeben.

2.2.5 Prinzipien

Prinzipien sind allgemeingültige, übergeordnete Normen (principium, lat.: Anfang, Ursprung). Es können formale Prinzipien von inhaltlichen Prinzipien unterschieden werden. Zu den formalen Prinzipien gehören beispielsweise Immanuel Kants kategorischer Imperativ (handle nur nach derjenigen Maxime, durch die du zugleich wollen kannst, dass sie ein allgemeines Gesetz werde) sowie die goldene Regel. Sie bezeichnet einen weit verbreiteten Grundsatz der praktischen Ethik, der sich auf die Reziprozität menschlichen Handelns bezieht: Behandle andere so, wie du von ihnen behandelt werden willst. Oder: Was du nicht willst, das man dir tu', das füg auch keinem andern zu. Beispiele für inhaltliche Prinzipien sind die Prinzipien mittlerer Reichweite der beiden amerikanischen Medizinethiker Tom L. Beauchamp und James F. Childress (Ethik des Principlism).

In „Principles of Biomedical Ethics" stellten sie 1979 zum ersten Mal vier ethische Prinzipien vor, mit denen moralische Dilemmata in der Gesundheitsversorgung systematisch bearbeitet werden sollen: Respekt der Autonomie der Patient*innen (respect for autonomy), das Vermeiden von Schaden (non-maleficence), das Wohltun (beneficence) und Gerechtigkeit (justice). Weitere Beispiele für inhaltliche Prinzipien sind z. B. Menschenwürde, Verantwortung und Anerkennung sowie die pflegeethischen Prinzipien nach Sara T. Fry.

Principlism nach Beauchamp/Childress
Das Modell nach Beauchamp/Childress (Abb. 2.4) spielt vor allem im Rahmen ethischer Entscheidungsfindungsprozesse in der Gesundheitsversorgung eine wichtige Rolle. (Beauchamp und Childress 2013)
   Sich am Prinzip der Autonomie zu orientieren, bedeutet, die Selbstbestimmung von Patient*innen zu respektieren und zu fördern. Das Prinzip des Nichtschadens weist darauf hin, dass Patient*innen kein Schaden zugefügt wird. Es gilt Nutzen und Schaden einer Maßnahme oder des Unterlassens oder Beendens einer Maßnahme gegeneinander abzuwägen. Mit der Achtung des Prinzips des Wohltuns soll das Wohlergehen von Patient*innen gefördert werden. Gerechtigkeit meint vor allem Verteilungsgerechtigkeit mit dem Ziel, knappe Ressourcen (Personal, Zeit, Intensivplätze, Impfdosen etc.) gerecht und verantwortungsvoll zu verteilen (Allokation). (Dörries 2010) Nach Reiter-Theil kann die Schwierigkeit dieses Ansatzes zugleich als ihr Vorzug „gesehen werden: Die vier Prinzipien sind keine logische oder hierarchische Prioritätenordnung, in der stets a

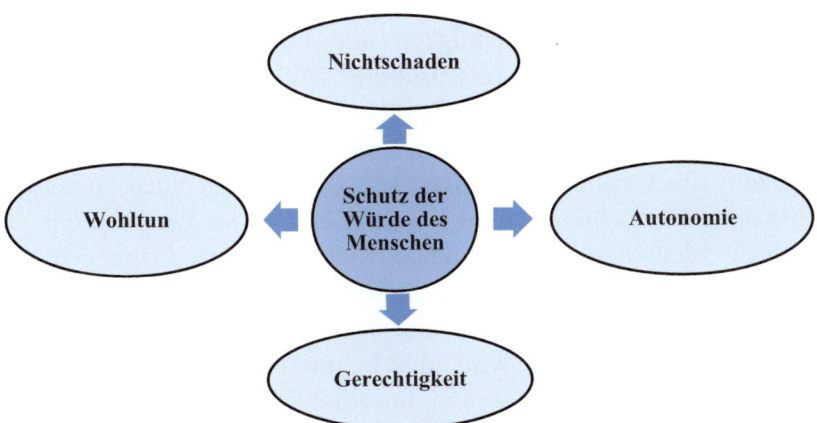

Abb. 2.4 Principlism nach Beauchamp/Childress (Eigene Darstellung)

priori klar wäre, welches Prinzip im Vordergrund zu stehen hätte. Es gilt vielmehr, sich bei praktischen Entscheidungen jedesmal neu zu orientieren, welches Prinzip Vorrang haben soll und wie bei einem Prinzipienkonflikt zu entscheiden sei. Das Problem, dass diese Prinzipien bei vielen ethisch relevanten praktischen Fragen in der Patientenbetreuung nicht konfliktfrei umzusetzen sind, dass es sogar zu Dilemmas, das heisst einem Widerstreit zweier grundsätzlich gleichrangiger Prinzipien […], kommen kann, muss nicht als Nachteil der Methode bewertet werden. Denn was wäre die Alternative? Ein Ansatz, der keine Spielräume für individuelle und situative Besonderheiten eröffnet oder sogar autoritativ eine Prioritätenordnung vorgibt, würde uns vor erhebliche Probleme der Einbettung in eine pluralistische Gesellschaft stellen, in der wir es mit Akteuren zu tun haben, die ihre moralische Kompetenz und ihren eigenen Zugang zu einer persönlichen oder professionellen Ethik beanspruchen. Prinzipienethik basiert auf individueller Kompetenz und Urteilskraft, sie lässt eine Vielfalt von Auffassungen und Interpretationen zu. Sie nimmt also eine Zwischenstellung ein zwischen einem Pluralismus, der allein noch zu wenig Orientierung gibt, einerseits und einer hierarchisch-dogmatischen Wertordnung, die zu viele Vorgaben macht, andererseits." (Reiter-Theil 2005, S. 348)

Pflegeethische Prinzipien nach Sara T. Fry

Bei pflegeethischen Fragestellungen bieten sich zur Reflexion die pflegeethischen Prinzipien der amerikanischen Pflegewissenschaftlerin Sara. T. Fry an. (Fry 1995) Fry hat in den 70er Jahren ein Entscheidungsfindungsmodell für die Pflegepraxis entwickelt, welches 1995 vom Deutschen Berufsverband für Pflegeberufe (DBfK) ins Deutsche übersetzt worden ist. Sie deklariert in ihrem Modell die fünf ethischen Prinzipien Autonomie, Wohltätigkeit, Gerechtigkeit, Aufrichtigkeit und Loyalität zu den wichtigsten Grundsätzen pflegerischer Berufsausübung (Abb. 2.5). Fry hat anders als im biomedizinischen Ansatz nach Beauchamp und Childress die Prinzipien „Wohltun" und „Nichtschaden" zur „Wohltätigkeit" zusammengeführt und meint damit die Verpflichtung, „Gutes zu tun" und „Leiden zu verhüten". Die Prinzipien Aufrichtigkeit und Loyalität hält sie im Umgang mit pflegebedürftigen Menschen für besonders wichtig. Diese Prinzipien spielen im pflegeberuflichen Kontext eine bedeutende Rolle. In der Gestaltung des Pflegeprozesses treten Menschen auf der professionellen Ebene in Beziehung. Dieser Prozess wird durch interpersonale Kommunikation gestaltet, in der Aufrichtigkeit und Loyalität zum Tragen kommen. Aufrichtigkeit bezieht sich in der Pflegebeziehung darauf, die Wahrheit zu

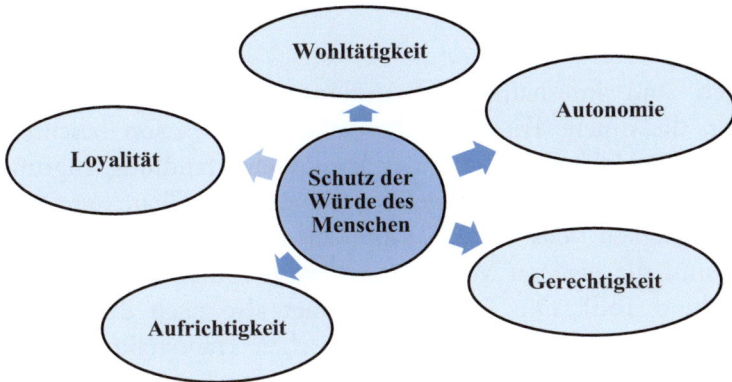

Abb. 2.5   Pflegeethische Prinzipien nach Sara T. Fry (Eigene Darstellung)

sagen, nicht zu lügen bzw. andere nicht zu hintergehen. Schwierig kann es für Pflegende werden, wenn Patient*innen nach einer Diagnose oder nach Ergebnissen von Untersuchungen gefragt werden, die zunächst der ärztlichen Aufklärungspflicht unterliegen, die ihnen aber bereits bekannt sind. Schwierig ist es auch dann, wenn die Eltern von kranken Kindern dem Behandlungsteam nicht erlauben, dem nachfragenden Kind, welches im Sterben liegt, die Wahrheit über seinen Zustand sagen zu dürfen. Der Aufbau einer tragfähigen Beziehung ist für Fry untrennbar mit Aufrichtigkeit verbunden, nur so kann auch eine vertrauensvolle professionelle Pflegebeziehung aufgebaut werden. (Lauber 2011, S. 268) Mit dem Prinzip der Loyalität beschreibt Fry zum einen die Verpflichtung, sich selbst treu zu bleiben, sich beispielsweise an seinem professionellen Berufsverständnis in der Gestaltung des Pflegeprozesses zu orientieren und die Kommunikation mit den Patient*innen wertschätzend und partnerschaftlich zu gestalten. Ebenso sind der vertrauliche Umgang mit Daten und Informationen, der Schutz der Intimsphäre der Patient*innen und der Umgang mit An- und Zugehörigen darin eingeschlossen. Loyalität darf im Behandlungsteam oder Vorgesetzten gegenüber gefordert werden. Ein Beispiel ist, nicht schlecht über Kolleg*innen im Behandlungsteam oder mit Patient*innen zu sprechen. Da die pflegeethischen Prinzipien nach Fry ähnlich wie bei Beauchamp und Childress eher allgemein formuliert sind, müssen sie gleichermaßen situativ angewendet und konkretisiert werden. Sie können als theoretische ethische Werkzeuge betrachtet und zur Reflexion von pflegeberuflichen Situationen und zur Begründung des Handelns genutzt werden.

2.2.6 Tugenden

„Tugenden sind internalisierte Handlungsmuster, die den moralischen Charakter, die innere Triebfeder der handelnden Person beschreiben. Sie stehen für die Haltung, welche der konkreten Handlung zugrundeliegt." (Monteverde 2017, S. 837) Tugenden bezeichnen Charaktereigenschaften und die Fähigkeit, das sittlich Gute zu erstreben. Bezugspunkt dieses Strebens sind die eigenen Vorstellungen vom „guten Leben" bzw. „guten Sterben" (und Tod). Die Tugendethik fragt also nach den Vorstellungen vom „guten Leben und Sterben". In ethischen Fragestellungen fragen wir, was „gut" bedeutet: unter den Bedingungen von Krankheit, Behinderung, Schmerz, Leiden und des Sterbens, und zwar auf verschiedenen Verantwortungsebenen: der Betroffenen, der Sorgenden, der Institution sowie aus gesellschaftlicher Perspektive.

Werte können sich in Prinzipien verfestigen und Prinzipien zu Charaktereigenschaften von Personen werden. „Tugenden sind Haltungen, die es uns ermöglichen, aus innerer Überzeugung gut zu handeln und zu denken, Prinzipien und Regeln in die Tat umzusetzen, diese gegebenenfalls auch kritisch zu hinterfragen oder gegeneinander abzuwägen." (Schweizer Berufsverband der Pflegefachfrauen und Pflegefachmänner 2006, S. 23) Der Schweizerische Berufsverband der Pflegefachfrauen und Pflegefachmänner hält die Tugenden Vertrauenswürdigkeit, Treue, Wahrhaftigkeit und Aufrichtigkeit für wichtige Charaktereigenschaften beruflich Pflegender. (ebd.)

- Der auf Pflege angewiesene Mensch ist aufgrund seiner gesundheitlichen Situation besonders verletzlich. „**Vertrauenswürdigkeit** bedingt, dass Pflegende dieser Verletzlichkeit unter allen Umständen Rechnung tragen, indem sie die Rechte des Patienten erkennen und sich für sie einsetzen: Achtung der Würde, Schutz der körperlichen, geistigen und sozialen Intimsphäre, vertraulicher Umgang mit persönlichen Daten (sowohl im Team als auch gegenüber Drittpersonen), sichere Systeme der Verarbeitung von Daten, Recht auf korrekte Information usw." (ebd., S. 23 f.)
- **Treue** steht für Verbindlichkeit und Verlässlichkeit gegenüber den Wünschen und Bedürfnissen der Patient*innen. Patient*innen zu vertrösten, bedeutet, ihre Anliegen nicht ernst zu nehmen. Das kann zum Vertrauensbruch in die ganze Pflege führen.
- **Wahrhaftigkeit** kann Ausdruck der Verantwortlichkeit von Pflegenden dem eigenen Gewissen und Beruf gegenüber sein. Die Tugend der

Wahrhaftigkeit beispielsweise kann Eigenschaft einer wahrheitsliebenden Person sein. Wahrhaftigkeit darf nicht damit verwechselt werden, man müsse stets die Wahrheit sagen, sondern Wahrhaftigkeit kann auch der wahrhaftige und damit wertschätzende Umgang mit den Werten eines Einzelnen oder den kulturellen Werten einer Familie sein. Deren Umgang mit der „Wahrheit" folgt ihrem Schutzbedürfnis anderen gegenüber und ist insofern wahrhaftig, weil authentisch.

- **Aufrichtigkeit** drückt sich mitunter in der Kommunikation mit Patient*innen aus: „Pflegende haben in der Bemühung um eine patientengerechte Sprache die besondere Aufgabe des Übersetzens der pflegerischen und medizinischen Fachsprache. Fachbegriffe und für den therapeutischen Prozess relevante Zusammenhänge können dadurch in einer Sprache vermittelt werden, die dem Patienten und seiner Erlebenswelt gerecht werden." (ebd., S. 24 f.)

In den Tugenden einer Person sind ihre Vorstellungen verfestigt, was gut ist, was ein gutes Leben und ein gutes Sterben ist. In Ethik-Cafés kann hierauf ein besonderes Augenmerk gelegt werden, wenn in Diskussionen über beispielsweise Patientenverfügungen, Würde, die Wahrheit über das Sterben über Erfahrungen und Wünsche und Bilder eines guten oder schlimmen Sterbens gesprochen wird. Es zeigt sich in den Diskussionen und in der Literatur: wir haben Bilder in uns, die uns vorm Sterben fürchten lassen aufgrund unserer Furcht vor ungewollten Daseinsweisen (z. B. Abhängigkeit, Einsamkeit).

2.3   Ethische Theorien

Im Bereich der normativen Ethik können verschiedene Herangehensweisen an ethische Fragen unterschieden werden. Wir können vor allem zwei Gruppen von Theorien unterscheiden, die moralische Normen zu begründen suchen – die deontologischen und die teleologischen Theorien. Die deontologischen Theorien begründen Normen unter Verweis auf eine Pflicht bzw. ein absolutes und allgemeines Prinzip, beziehen die Folgen einer Handlung demnach nicht ein. Die teleologischen Theorien begründen Normen unter Verweis auf ein Ziel, das Handelnde verfolgen, bzw. auf die Folgen einer Handlung.

Das sorgende Handeln im Gesundheits- und Sozialwesen ist Gegenstand der Care- bzw. Sorge-Ethik. Wir widmen ihr ein eigenes Kapitel. „In der aktuellen Diskussion stellt sich Care-Ethik als eigenständiger Entwurf dar, entstanden aus dem interdisziplinären Zusammenwirken von Philosophie, Ethik, Sozialwissenschaften, Sozialer Arbeit, Politikwissenschaften, Pflegewissenschaften und Medizinethik." (Chilian 2018) „Die Care-Ethik möchte die alltägliche Sorge und die professionellen sowie institutionellen Dienstleistungen zusammen betrachten, also keine Berufsethik losgelöst von der alltäglichen Sorge formulieren." (Vosman 2016, S. 33)

2.3.1 Deontologische Begründungen

Wird unser Handeln von unserer Einstellung zum Handeln begründet, handelt es sich um eine deontologische oder pflichtenethische Herangehensweise. Das Handeln soll an moralische Pflichten gebunden sein. Prinzipienethiken orientieren sich an allgemeinen Prinzipien, die das Handeln normieren – so etwa die Prinzipien Nützlichkeit, Gerechtigkeit, Autonomie, Fürsorge, Ehrlichkeit etc. Ob eine Handlung als richtig oder falsch bewertet wird, hängt demnach nicht von den Folgen der Handlung, sondern vom Befolgen von als unumstößlich angenommener Prinzipien ab. So zum Beispiel der Kant'sche kategorische Imperativ, der eine Einstellung zur umfassenden Norm machen möchte. Danach gibt es ein objektives Sittengesetz, das in der Vernunft begründet ist. Im Kategorischen Imperativ tritt dem Menschen das objektive Gesetz entgegen: handle nur nach derjenigen Maxime, durch die du zugleich wollen kannst, dass sie ein allgemeines Gesetz werde. Ein bekanntes Beispiel ist die Aufforderung, nicht zu lügen. Denn würde eine Ausnahme von dieser Regel zugelassen, könnten wir uns selbst nicht mehr darauf verlassen, nicht auch angelogen zu werden. Wertekollisionen sind bei dieser Auffassung vorprogrammiert. Ein anderes Beispiel ist die christliche Ethik mit der Achtung der zehn Gebote und der goldenen Regel. Ein Beispiel ist das Tötungsverbot. Davon kann es keine Ausnahmen geben. Um es am Beispiel der Sterbehilfe zu veranschaulichen: die Tötung auf Verlangen soll abgelehnt werden, weil kein Mensch einen anderen töten darf.

2.3.2 Teleologische Begründungen

Zu den teleologischen Theorien gehören der Ethische Egoismus, der Utilitarismus sowie die Tugendethik. Dem Ethischen Egoismus folgend wird das Handeln daran ausgerichtet, ob es dem Einzelnen auf Dauer gesehen mehr Nutzen als Schaden bringt. Der Utilitarismus orientiert sich am Prinzip der Nützlichkeit mit dem Ziel des größten Glücks, d. h. der größten Zahl oder des größtmöglichen Übergewichts von guten gegenüber schlechten Folgen in der Welt. Die Tugendethik zielt auf die Maximierung des „Guten" (Lust, Wohlstand, Gesundheit etc.) und die Minimierung des Schlechten. Wenn wir eine Nutzen-Schaden-Abwägung vornehmen und nach dem größtmöglichen Vorteil einer größtmöglichen Anzahl von Menschen streben, folgen wir einer teleologischen oder konsequenzialistischen (utilitaristischen) Herangehensweise. Wir betrachten die Handlung von ihren Folgen her und ob die Folgen einer Handlung mehr nützen als schaden, und entscheiden uns dann für die Handlungsoption, die mehr Nutzen als Schaden bringt. Würden Ärzt*innen im Raten zu einer Chemotherapie die reine Verlängerung der Lebenszeit als deontologisches Prinzip des Handelns wählen, müssten sie – unter der Voraussetzung, dass die Chemotherapie tatsächlich mit hoher Wahrscheinlichkeit zur Lebensverlängerung führen würde – zur Chemotherapie raten. Würden sie stattdessen den Nutzen gegen den Schaden abwägen und würden dabei die Lebenszeit gegen die Lebensqualität abwägen und in diese Überlegungen systemische Argumente (der Ehepartner möchte mehr Lebenszeit und nimmt die Unterstützung bei einer schlechteren Lebensqualität in Kauf etc.) und ökonomische Argumente (was ist teurer – Lebensverlängerung oder sterben lassen?) einbinden, würde die Begründung um einiges komplexer und am Nutzen für alle Beteiligten (die Betroffenen, die Familie, die Institution sowie das Gesundheitswesen als Ganzes) orientiert. Um es am Beispiel der Sterbehilfe zu veranschaulichen: die Tötung auf Verlangen ist beispielsweise abzulehnen, weil sie negative Auswirkungen auf die Ärzt*innen-Patient*innen-Beziehung haben könnte.

2.3.3 Care-Ethik

Der konkrete andere
Care ist kein abstraktes Prinzip, sondern der Bezugsrahmen für eine Ethik, die im Rahmen von Sorgebeziehungen nach den Vorstellungen eines „guten Lebens" fragt. (Kohlen 2015; Kohlen und Kumbruck 2008) Care ist eine interaktive menschliche Praxis. (Conradi 2001) Die Care-Ethik entstand in den 80er Jahren des 20. Jahrhunderts mit der Namensgeberin Carol Gilligan, außerdem Sara Ruddick und Nel Noddings. (Vosman 2016, S. 36 f.) Eine care-ethische Herangehensweise an ethisch relevante Frage-

stellungen der Praxis nimmt den konkreten anderen im Rahmen seiner Beziehungen in den Blick, berücksichtigt den Kontext und betrachtet die Situation aus der Perspektive der involvierten Personen. Eine care-ethisch orientierte Herangehensweise versucht eine detaillierte Beschreibung der Kontexte einer Situation. (Baumann und Kohlen 2015) In der Care-Ethik fragen wir danach, wie der konkret andere mit seinen Vorstellungen von einem guten Leben in institutionellen und gesellschaftlichen Vorstellungen davon eingebettet ist. „Die Konkretheit, mit der zentrale moralische Fragen gestellt werden, ist ein charakteristischer Aspekt der Ethik der Achtsamkeit. Das Gewicht der moralischen Fragen wurde gewissermaßen aus dem Himmel der Anwendung abstrakter Prinzipien auf den Boden der Tatsachen heruntergeholt." (Vosman 2016, S. 40)

Care-Ethik betrachtet konflikthafte Situationen in ihrer unmittelbar sozialen, institutionellen und gesellschaftlichen Einbettung als Bedingungen unserer Handlungspraxis. Auf gesellschaftlicher Ebene stellen wir die Frage: Wie gehen wir als Gesellschaft mit Situationen existenziellen Angewiesen-Seins auf Zuwendung, Pflege, Versorgung und Therapie um? Es geht bei dieser Frage um die Gestaltung der Möglichkeiten, mit pflegebedürftigen Menschen gut zu leben. (Graefe 2008)

Bezogenheit und Responsivität
Die Grundcharakteristika der Care-Ethik sind Bezogenheit und Responsivität. Sie basiert auf einer Anthropologie der Angewiesenheit und des Bezogen-Seins: Care-Ethik stellt die Notwendigkeit der Akzeptanz der grundsätzlichen Angewiesenheit des Einzelnen auf andere heraus. Als auf andere Angewiesene befinden wir uns immer in einer Situation der Asymmetrie, die die Fürsorge des anderen notwendig aus sich heraussetzt. Abhängigkeit und Hilfsbedürftig-keit sind aus dieser Perspektive normal. (Baumann 2013) Responsivität bedeutet: Care-Ethik sieht das Handeln am anderen als notwendige Antwort auf die Not des anderen. Der konkrete andere ruft zur Sorge. Damit ver-bunden ist eine Akzeptanz der Uneindeutigkeit und Ambivalenz von Situationen der Sorge. Es gibt nicht das Richtige, sondern das in einer konkreten Situation Passende. Die Ausnahme ist die Regel.

Care-Ethik leitet aus der Einsicht, dass wir als Menschen bedürftig und auf andere angewiesen sind und dass wir uns nur im Rahmen von Beziehungen zu anderen Menschen selbst bestimmen können, die gesellschaftliche Verantwortung füreinander ab. (Schnabl 2010) Aus dieser Verantwortlichkeit füreinander kommen wir nicht heraus. Sie nicht wahrzunehmen, hieße unserer Menschlichkeit zuwider zu handeln. Die Einsicht in die Bedürftigkeit und Verletzlichkeit des Menschen ist also der Grund aller Humanität. Für die Ethik der Sorge bedeutet das, dass das Wohl des einen immer schon mit dem Wohl des anderen verbunden ist. Das begründet unser solidarisches Handeln füreinander. So steht nicht Autonomie im Fokus einer Sorge-Ethik, sondern Bezogenheit und Verbundenheit.

Care ist „eine Praxis der Zuwendung, Achtsamkeit und Bezogenheit, die durch die daran Beteiligten gemeinsam gestaltet wird." (Conradi 2001, S. 32) Das menschliche Leben in Beziehung geht dem eigenständigen Leben stets voraus, unser aller Verletzlichkeit wird anerkannt. Autonomie kann es nur im Rahmen sorgender Beziehungen geben. Ziele einer care-ethischen Herangehensweise sind die Stärkung der Perspektive der Betroffenen, der Sorgenden, der institutionellen Einbettung und der gesellschaftspolitischen Perspektive einer ethisch zu betrachtenden Frage- bzw. Problemstellung. Der ethisch Reflektierende ist in seiner Reflexion in das Leben des anderen verstrickt, er ist weder neutral noch unbetroffen. Care-Ethik schaut nicht unbeteiligt auf die Praxis, sondern taucht achtsam in die erlebte Situation ein und versucht diese Situation aus verschiedenen Perspektiven mit Hilfe bestimmter Fragen auszuleuchten. Eine care-ethische Herangehensweise fragt nach der eigenen Achtsamkeit in Beziehungen, nach den Dynamiken in Beziehungen, nach der Verletzlichkeit in Abhängigkeitsverhältnissen, nach dem Annehmen von Verantwortung, nach Konfliktfeldern und -linien und nach der Dynamik von Machtverhältnissen.

- **Achtsamkeit in Sorgebeziehungen:** Bin ich achtsam für die Bedürftigkeit und für die Bedürfnisse des anderen und auch der eigenen; was sind die Bedürfnisse des anderen; was sind meine Bedürfnisse; wie können diese in Balance gebracht werden?
- **Dynamik in Beziehungen:** Ist alles getan worden, um mit den Betroffenen in Beziehung zu bleiben; nutzen wir das uns zur Verfügung stehende Beziehungsnetz ausreichend – familiär, sozial, institutionell, gesellschaftlich?
- **Verletzlichkeit in Abhängigkeitsverhältnissen und das Annehmen von Verantwortung:** Um wessen Wohl geht es; wessen Wohl ist gefährdet; habe ich meine Verantwortung für mich und den anderen wahrgenommen – in verantwortlichem und kompetentem Handeln; wer kann welches Problem lösen; wer hat welche Verantwortung (individuell, institutionell, gesellschaftspolitisch)?

- **Konflikte und die Dynamik von Machtverhältnissen:** Was ist der Konflikt (was sind die Konfliktlinien) aus der Perspektive der Sorgenden und der Betroffenen; werden Konflikte thematisiert; wer hat die Macht; werden Machtdifferenzen in (ungleichen) Beziehungen wahr- und ernstgenommen, thematisiert und begrenzt; wer handelt; wer spricht?

Care als Prozess

Joan Tronto unterscheidet vier Aktivitäten im Prozess engagierter Sorge.

- Zunächst die Fähigkeit zur Anteilnahme an der Situation der anderen und des Sich-ansprechen-Lassens (*caring about*) in Form von Aufmerksamkeit (*attentiveness*). Wir sind ansprechbar für die Not der anderen.
- Dann die Bereitschaft zur Unterstützung, also zur Sorge (*taking care of*) in Form von Verantwortlichkeit (*responsibility*). Wir fühlen uns verantwortlich im Rahmen der Beziehung zu den anderen, das heißt im Rahmen unserer Bezogenheit.
- Erst dann kommt das Handeln (*care-giving*) mit Kompetenz (*competence*).
- Zum Prozess gehört schließlich die Reaktion der anderen auf unser sorgendes Handeln (*care-receiving*) – als Resonanz. Die anderen fühlen sich von unserer Sorge angesprochen (*responsiveness*).
- Diesem Prozess hat sie später eine fünfte Aktivität hinzugefügt: miteinander engagiert sorgen (*caring with*) in Form von Solidarität. (ebd., S. 41 f.; Baumann und Kohlen 2019, S. 91 f.)

In Abgrenzung zur prinziplistischen Vorgehensweise stellt Frans Vosman heraus: „Zuwendung und engagierte Sorge können in dieser Ethik [...] wichtiger sein als Gleichheit, Gerechtigkeit, Freiheit oder Autonomie." (Vosman 2016, S. 43)

2.4   Bereiche ethisch-moralischer Konflikte im Sozial- und Gesundheitswesen

Zur Systematisierung ethisch-moralischer Problemstellungen im Bereich des Gesundheits- und Sozialwesens können diese verschiedenen Bereichen ethisch-moralischer Konflikte zugeordnet werden. Wir unterscheiden ethisch-moralische Konflikte am Beginn des Lebens, am Ende des Lebens, in der Humangenetik und in der prädiktiven Medizin, aufgrund begrenzter Ressourcen und im Rahmen der Forschung am Menschen und klinischer Studien.

Ethisch-moralische Konflikte am Beginn des Lebens

- Am Beginn des Lebens ringen wir um die Bestimmung des Lebensbeginns – wann ist der Mensch ein Mensch, wann ist er eine Person?
- Was darf Pränataldiagnostik, was darf sie sein, was soll sie sein? In welchen Diskurs können Fragen der Pränataldiagnostik eingeordnet werden, in welchen Diskurs Fragen rund um Anlageträgerscreening-Tests? Warum kann die Praxis der Pränataldiagnostik in die Nähe zur Lebenswert-Debatte geraten – welchen Zweck verfolgt die Pränataldiagnostik, vor welche Entscheidungen werden Eltern durch Pränataldiagnostik gestellt, was bedeutet ein Leben mit Behinderung angesichts einer Praxis der Identifikation und vorgeburtlicher Elimination von Menschen mit Behinderung? Fragen von Verantwortung für das ungeborene und geborene Leben verbinden sich damit.
- Darf Embryonenforschung sein? Heiligt der Zweck die Mittel? Welche Kriterien sollen der Möglichkeit des Forschens einen Rahmen geben?
- Fragen des Lebens berühren den Schwangerschaftsabbruch ebenso wie Fragen der Selbstbestimmung der Frau.
- Wie soll mit Früh- und Neugeborenen umgegangen werden? Welche Ressourcen sollen zur Verfügung gestellt werden? Wer soll deren Rechte vertreten dürfen? Was sind die Grenzen moderner Medizin oder sollen sie sein?
- Etc.

Ethisch-moralische Konflikte am Ende des Lebens

- Am Ende des Lebens ringen wir um die Bestimmung des Beginns des Sterbens und darum, wann der Mensch tot ist.
- Denn damit verbinden sich Fragen des guten Umgangs mit hirntoten Menschen mit ihren An- und Zugehörigen sowie Fragen rund um die Praxis der Organ-Transplantation (Kriterien, Leitlinien, Allokation, Widerspruch- oder Zustimmungslösung etc.).
- Wir ringen um Fragen der Sterbebegleitung und Sterbehilfe,
- um Fragen des guten Umgangs mit chronisch kranken Menschen in jedem Alter (Fragen der Wertschätzung, Anerkennung etc.)
- sowie des guten Umgangs mit alten Menschen (Altersbilder etc.)
- und insbesondere verwirrten Menschen (Umgang mit Menschen mit Demenz, Demenzdörfer etc.).
- Wir ringen um Fragen der Therapiezieländerung angesichts der Möglichkeiten der modernen Medizin (Patientenverfügung, Vorsorgevollmacht, Betreuung, Advance Care Planning, Maß der Medizin, Verhältnismäßigkeit, Nutzen-Schaden-Abwägungen.
- Etc.

Ethisch-moralische Konflikte in der Humangenetik und prädiktiven Medizin

- Was bedeuten die Möglichkeiten der Humangenetik und prädiktiven Medizin für den Umgang mit Menschen mit Behinderung?
- Welche Möglichkeiten bieten Anlagescreening-Tests zur Identifikation möglicher Erbkrankheiten, welche Risiken bergen sie in sich?
- Was sind targeted therapies – welchen Nutzen und welche Risiken sind damit verbunden?
- Welchen Umgang mit der Begrenztheit, Verletzlichkeit und Sterblichkeit des Menschen pflegen wir? Wie begründen wir ihn?
- Was bedeutet es, den Menschen stets zu optimieren – das sind Fragen des Enhancement?
- Etc.

Ethisch-moralische Konflikte angesichts begrenzter Ressourcen

- Welche Bedeutung und welche Konsequenzen hat die Ökonomisierung des Gesundheitswesens?
- Was bedeutet die Liberalisierung des Gesundheitswesens und welche Verantwortung wird dem Einzelnen aufgelastet, um die Gesellschaft zu entlasten?
- Was bedeutet es für Patient*innen, wenn von ihnen als Kund*innen und gleichberechtigte Partner*innen auf Augenhöhe gesprochen wird?
- Wie gehen wir mit begrenzten Ressourcen und knappen Gütern (Geld, Organe, Zeit, Personal etc.) um, nach welchen Kriterien können sie gerecht verteilt werden? Das sind Fragen der Allokation, Fragen der Rationalisierung, der impliziten und expliziten Rationierung.
- Etc.

Ethisch-moralische Konflikte in der Forschung am Menschen und in klinischen Studien

- Welche Bedeutung für die Betroffenen hat der off-label-use von Medikamenten – in der Verwendung für Kinder und Jugendliche im Bereich der Kinder- und Jugendmedizin, im palliativen Bereich bezüglich der Form der Applikation und bezüglich des zugelassenen Verwendungszwecks?
- Welche Verantwortung kommt Ethikkommissionen in Forschungen am Menschen zu?
- Welche Richtlinien müssen eingehalten werden – wie zum Beispiel die Helsinki-Deklaration?
- Was bedeutet es im Bereich der Forschung, das Gemeinwohl gegen die Selbstbestimmung des Einzelnen abzuwägen?
- Etc.

2.5   Ethische Leitlinien

Ethische Leitlinien bieten Orientierung für das Handeln in zwischenmenschlichen Beziehungen, in therapeutischen Beziehungen, im beruflichen Handeln, im institutionell zu verantwortenden Handeln und im gesellschaftlich vereinbarten Handeln nach begründeten Kriterien und Regeln. Sie können Ausdruck der persönlichen, beruflichen, institutionellen oder gesellschaftlichen Selbstverpflichtung in ethisch-moralisch schwierigen Entscheidungssituationen sein. Ethische Leitlinien stellen eine Mindestanforderung an verantwortungsbewusstem Handeln dar, sie fördern die kritische Reflexion des eigenen Handelns und die Auseinandersetzung mit ethischen Fragestellungen im Kontext der Sozial- und Gesundheitssorge. Sie rahmen die Diskussionen in unseren Ethik-Cafés. Wenn es um Fragen der Sterbebegleitung und Sterbehilfe geht, können beispielsweise die Grundsätze der Bundesärztekammer Gegenstand der ethischen Diskussion sein oder als Rahmung der Diskussion relevant sein. (Bundesärztekammer 2011) Wenn es um Fragen der Verteilungsgerechtigkeit bezüglich der Intensivbehandlung in Zeiten von COVID geht, kann auf die Empfehlungen der DIVI (Deutsche Interdisziplinäre Vereinigung für Intensiv- und Notfallmedizin) Bezug genommen werden etc. Wir stellen im Folgenden Leitlinien vor, die für die klinische Praxis und die klinische Ethik relevant sind.

2.5.1 Helsinki-Deklaration

Anfang des 20. Jahrhunderts wurden an Menschen ohne gesellschaftlichen Rückhalt (Prostituierte, Kinder und Arme etc.) unfreiwillige Experimente durchgeführt. Die Nürnberger Prozesse machten Menschenversuche im NS-Deutschland öffentlich und führten zum Verfassen des Nürnberger Kodex. Ihm folgte die Deklaration von Helsinki. „Der Weltärztebund (WMA) hat mit der Deklaration von Helsinki eine Erklärung ethischer Grundsätze für medizinische Forschung am Menschen, einschließlich der Forschung an identifizierbaren menschlichen Materialien und Daten, entwickelt. […] Im Einklang mit dem Mandat des WMA wendet sich die Deklaration in erster Linie an Ärzte. Der WMA regt andere an der medizinischen Forschung am Menschen Beteiligte an, diese Grundsätze zu übernehmen." (WMA 2013, S. 1) Die Deklaration wurde von der 18. Generalversammlung des Weltärztebundes in Helsinki im Juni 1964 verabschiedet und mehrfach revidiert. In Deutschland ist sie Teil der Berufsordnung für Ärzt*innen. Sie beinhaltet die Notwendigkeit einer Einwilligungserklärung (informed consent), den besonderen Schutz nicht-einwilligungsfähiger Patient*innen, die Verpflichtung der Genehmigung eines Forschungsvorhabens durch eine unabhängige Ethikkommission, den Vorrang des Wohlergehens der Versuchsperson vor den Interessen der Wissenschaft und die Nichtveröffentlichung von Forschungsergebnissen aus unethischen Versuchen.

2.5.2 AWMF-Leitlinien

Die AWMF (Arbeitsgemeinschaft der Wissenschaftlichen Medizinischen Fachgesellschaften) wurde von 16 Gesellschaften auf Anregung der Deutschen Gesellschaft für Chirurgie in Frankfurt am Main im November 1962 gegründet, um gemeinsame Interessen gegenüber staatlichen Institutionen und Körperschaften der ärztlichen Selbstverwaltung vertreten zu können. Die AWMF entwickelt in Deutschland federführend Leitlinien in unterschiedlichen Entwicklungsstufen bzw. Klassifikationen, um insbesondere Ärzt*innen in spezifischen Situationen bei der Entscheidungsfindung zu unterstützen. Grundlage hierzu sind aktuelle wissenschaftliche Erkenntnisse und in der Praxis bewährte Erfahrungen. Sie sollen für mehr Sicherheit in der medizinischen Versorgung sorgen und auch wirtschaftliche Aspekte beachten. Die Leitlinien sind für Ärzt*innen jedoch rechtlich nicht bindend. Es bestehen vier Entwicklungsstufen von Leitlinien. (AWMF 2022)

- **S1-Leitlinie:** S1-Leitlinien sind Handlungsempfehlungen von Expert*innen. Das Wissen wird jedoch nicht systematisch zusammengetragen und bewertet. S1-Leitlinien sind daher nur wenig verlässlich.
- **S2k-Leitlinie:** S2k-Leitlinien werden von einer für das jeweilige Fachgebiet repräsentativen Kommission erstellt. Die Empfehlungen werden nach einer Konsensfindung strukturiert. Da auch hier das Wissen nicht systematisch gesammelt und bewertet wird, ist die Grundlage für die Empfehlungen ebenfalls nicht sehr verlässlich. In diese Entwicklungsstufe gehört z. B. die S2k-Leitlinie „Frühgeborene an der Grenze der Lebensfähigkeit", welche erstmals 1998 veröffentlicht und 2020 das letzte Mal überarbeitet wurde. Unter ethischen Aspekten wird in dieser Leitlinie z. B. thematisiert, wann lebenserhaltende Maßnahmen bei Frühchen nicht mehr indiziert sind, weil sie aussichtslos sind oder der Sterbeprozess begonnen hat. „Zur Leidensminderung beim Kind kommt als weitere Aufgabe die Begleitung der Eltern hinzu, die mit dem Tod ihres Kindes ein Leben lang zurechtkommen müssen. Sterbebegleitung bezieht sich in dieser Situation auf Kind und Eltern." (AWMF 2020, S. 4)
- **S2e-Leitlinie:** Hier trägt die Leitlinien-Kommission das Wissen aus unterschiedlichen Quellen systematisch zusammen. Bei unterschiedlichen Auffassungen gibt es jedoch keine strukturierte Konsensfindung.
- **S3-Leitlinie:** Nur die S3-Leitlinie erfüllt alle der folgenden Anforderungen: Die Kommission ist repräsentativ besetzt, das Wissen wird systematisch gesammelt und bewertet. Es gibt ein geregeltes Verfahren,

um bei verschiedenen Einschätzungen innerhalb der Kommission zu einer einheitlichen Empfehlung zu kommen. S3-Leitlinien sind am verlässlichsten. Die Entwicklung ist aufwendig und kann mehrere Jahre dauern. Hier gehört z. B. die aktuelle Version „Empfehlungen zur stationären Therapie von Patienten mit COVID-19" vom 28.02.2022 dazu. In den Empfehlungen werden ethische und palliativmedizinische Aspekte ebenso thematisiert wie die Verfügbarkeit von Intensivbetten nach dem DIVI-Intensivregister. Ergänzend zu S3-Leitlinien werden auch Patient*innen-Leitlinien in Form von Informationsbroschüren zu verschiedenen Erkrankungen erstellt. (AWMF 2022 und IQWiG 2022)

2.5.3 Empfehlungen des Deutschen Ethikrates

Der Deutsche Ethikrat ist ein unabhängiger Sachverständigenrat aus 26 Mitgliedern, die „naturwissenschaftliche, medizinische, theologische, philosophische, ethische, soziale, ökonomische und rechtliche Belange in besonderer Weise repräsentieren. (Deutscher Ethikrat 2022) Er wurde 2008 konstituiert und ist Nachfolger des im Jahr 2001 von der Bundesregierung eingerichteten Nationalen Ethikrates. Er „bearbeitet gemäß seinem gesetzlichen Auftrag ethische, gesellschaftliche, naturwissenschaftliche, medizinische und rechtliche Fragen sowie die voraussichtlichen Folgen für Individuum und Gesellschaft, die sich im Zusammenhang mit der Forschung und den Entwicklungen insbesondere auf dem Gebiet der Lebenswissenschaften und ihrer Anwendung auf den Menschen ergeben. Zu seinen Aufgaben gehören insbesondere die Information der Öffentlichkeit und die Förderung der Diskussion in der Gesellschaft, die Erarbeitung von Stellungnahmen sowie von Empfehlungen für politisches und gesetzgeberisches Handeln für die Bundesregierung und den Deutschen Bundestag sowie die Zusammenarbeit mit nationalen Ethikräten und vergleichbaren Einrichtungen anderer Staaten und internationaler Organisationen." (ebd.) Bislang hat er 21 Stellungnahmen erarbeitet. Beispiele sind:

- Vulnerabilität und Resilienz in der Krise – Ethische Kriterien für Entscheidungen in einer Pandemie (2022)
- Robotik für gute Pflege (2020)
- Impfen als Pflicht? (2019)
- Eingriffe in die menschliche Keimbahn (2019)

- Hilfe durch Zwang? Professionelle Sorgebeziehungen im Spannungsfeld von Wohl und Selbstbestimmung (2018)
- Patientenwohl als ethischer Maßstab für das Krankenhaus (2016)
- Embryospende, Embryoadoption und elterliche Verantwortung (2016)
- Hirntod und Entscheidung zur Organspende (2015)
- Die Zukunft der genetischen Diagnostik – von der Forschung in die klinische Anwendung (2013)
- Demenz und Selbstbestimmung (2012)

2.5.4 ICN-Kodex

Der Kodex des **I**nternational **C**ouncil of **N**urses (ICN) wurde 1953 erstmals für Pflegende verabschiedet, mehrfach überarbeitet und liegt seit 2021 in einer aktualisierten Version in deutscher Übersetzung vor. Zu den grundlegenden Aufgaben von Pflegenden gehören schon seit Beginn des 19. Jahrhunderts fünf grundlegende Verantwortlichkeiten: Gesundheit fördern, Krankheit verhüten, Gesundheit wiederherstellen, Leiden lindern und ein würdevolles Sterben unterstützen. Die Achtung der Menschenwürde und der Menschenrechte sind pflegeinhärent.

Der ICN-Kodex will nicht als Verhaltenskodex für Pflegefachpersonen verstanden werden, sondern beschreibt ethische Werte und Verantwortlichkeiten von Pflegefachpersonen in unterschiedlichen Rollen und Kontexten. (Riedel 2017) Der ICN-Kodex bildet den Rahmen für eine ethisch reflektierte Pflegepraxis und Entscheidungsfindung in Ergänzung zu den gesetzlich festgelegten professionellen Standards für Pflege. (ICN 2021, S. 3) Der Leitfaden basiert auf gesellschaftlichen Werten und Bedürfnissen, von denen konkrete (pflegerische) Maßnahmen abgeleitet werden sollen. Der Berufskodex verdeutlicht der Gesellschaft, was sie von den Pflegefachpersonen erwarten kann, und er kann Hilfestellung bei der Lösung moralischer Konflikte geben, wenn er verstanden, verinnerlicht und gelebt wird. Vier Kernelemente im ICN-Kodex bilden den Rahmen für ethisch orientiertes Handeln. Alle Kernelemente werden im Anwendungsbezug zu Führung, Bildung, Forschung und Berufspolitik konkretisiert.

- **Pflegefachpersonen und Patient*innen sowie Menschen mit Pflegebedarf:** In diesem Kernelement wird die primäre berufliche Verantwortung der Pflegefachpersonen gegenüber Menschen, die jetzt oder in Zukunft Pflege benötigen, seien es Einzelpersonen, Familien, Gemein-schaften oder Bevölkerungsgruppen, beschrieben. Pflegefachpersonen zeichnen professionelle Werte wie Respekt, Gerechtigkeit, Verlässlichkeit, Fürsorge, Mitgefühl, Empathie, Vertrauenswürdigkeit und Integrität in Pflegesituationen aus. Sie unterstützen und respektieren die Würde und die universellen Rechte aller Menschen, einschließlich Patient*innen, Kolleg*innen und Familien. (ICN 2021, S. 9 ff.)

- **Pflegefachpersonen und die Praxis:** Pflegefachpersonen sind persön-lich verantwortlich und rechenschaftspflichtig für eine ethisch orientierte Pflegepraxis. Sie müssen ihre Kompetenzen kontinuierlich weiter-entwickeln durch lebenslanges Lernen und Fort- und Weiterbildung, um „State of the Art" zu bleiben. Sie wertschätzen ihre eigene Würde, ihr Wohlbefinden und ihre Gesundheit. Dazu ist eine positive Arbeits-umgebung und Anerkennung unerlässlich.
- **Pflegefachpersonen und der Beruf:** Pflegefachpersonen übernehmen u. a. die führende Rolle bei der Festlegung und Umsetzung evidenz-basierter Standards der klinischen Pflegepraxis, des Managements, der Forschung und der Ausbildung. Sie wirken in Berufsorganisationen mit und beteiligen sich an der Entwicklung und Erhaltung des Berufsethos.
- **Pflegefachpersonen und die globale Gesundheit:** Dieses Kern-element wurde mit der Aktualisierung des ICN-Kodexes neu entwickelt und beschreibt, dass Pflegefachpersonen die Gesundheitsversorgung als Menschenrecht erachten, und sie unterstützen das Recht, dass alle Menschen dazu universellen Zugang haben. Die Bedeutung der Nach-haltigkeit, insbesondere auch im globalen Kontext, sowie die Chancen-gleichheit gewinnen an Bedeutung.

2.5.5 Leitlinien einer Berufsethik der Sozialen Arbeit des DBSH

Fachpersonen der Sozialen Arbeit haben eine besondere Verantwortung gegenüber betroffenen Menschen, gegenüber Politik und Gesellschaft. (Großmaß und Perko 2011) 2014 verabschiedete der DBSH (Deutscher Berufsverband für Soziale Arbeit e. V.) Leitlinien einer Berufsethik der Sozialen Arbeit. Die obersten Prinzipien der Sozialen Arbeit (Abb. 2.6) werden in folgendem Schaubild dargestellt.

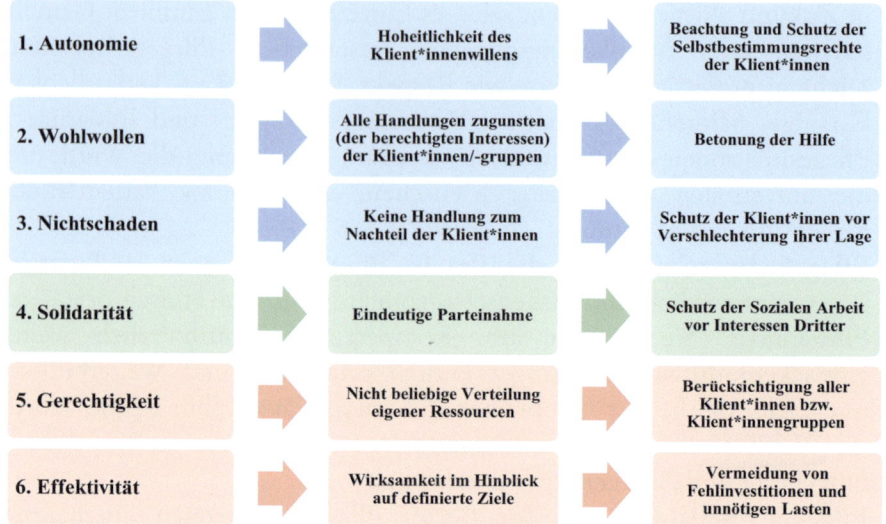

Abb. 2.6   Oberste Prinzipien der Sozialen Arbeit (Eigene Darstellung)

Der DBSH erläutert das Schema folgendermaßen:

- „Den Ausgangspunkt für die obersten Prinzipien der Sozialen Arbeit bildet der Mensch, das heißt dessen leibliche, seelische und soziale Existenzweise.
- Der Gegenstand der Sozialen Arbeit sind soziale Problemlagen von Personen. Soziale Problemlagen sind Lebenslagen, in denen die soziale Existenz von Personen gefährdet ist. Die soziale Existenz von Personen ist gefährdet, wenn die Selbstständigkeit, Teilhabe oder materielle Grundsicherheit nicht sichergestellt ist.
- Gesellschaft kann die existenzielle Bedrohung ihrer Mitglieder aus pragmatischen und moralischen Gründen nicht hinnehmen. Als ‚höchste Werte' der Sozialen Arbeit definiert sie Selbstständigkeit, Teilhabe und Existenzsicherung. Diese höchsten Werte sind notwendig, um die soziale Existenz einer Person zu sichern.
- Gleichsam sind die ‚höchsten Werte' der Sozialen Arbeit mit ‚gesellschaftlichen Zielen' versehen. Individuelle Selbstständigkeit beinhaltet das Ziel der Befähigung zur Lebensbewältigung, soziale Teilhabe das Ziel des Erhalts und der Förderung der Integration und materielle Existenzsicherheit das Ziel der Organisation der Grundsicherung.

- Weiter stellt sie fest, dass die obersten Werte Sozialer Arbeit zugleich ‚allgemeine Werte' sind, die höchsten Ziele Sozialer Arbeit mit ihren höchsten Werten korrespondieren und sämtliche Tätigkeiten der Sozialen Arbeit im Dienste ihrer höchsten Ziele und obersten Werte stehen müssen.
- Daraus ergibt sich, dass die Aufgaben und Ziele der Profession unabhängig vom staatlichen Auftrag bestehen." (DBSH 2014, S. 27)

2.5.6 EACH-Charta für Kinder im Krankenhaus

Die „European Association for Children in Hospital" (Europäische Vereinigung für Kinder im Krankenhaus), kurz EACH genannt, setzt sich dafür ein, dass in den europäischen Ländern für alle Kinder die bestmögliche Behandlung als fundamentales Recht verwirklicht wird. Die Europäische Charta für die Rechte des Kindes im Krankenhaus fasst in zehn Punkten zusammen, worauf Kinder im Krankenhaus ein Recht haben. Die zehn Punkte der EACH-Charta wurden im Mai 1988 auf der 1. Europäischen Konferenz „Kind im Krankenhaus" in Leiden/Niederlande ausgearbeitet und verabschiedet. Sie stehen im Einklang mit den in der Kinderrechtskonvention der Vereinten Nationen 1989 vereinbarten Rechten, die sich auf Kinder und Jugendliche im Alter von 0 bis 18 Jahren beziehen. Die Charta wurde letztmals 2016 an die aktuellen sozialen Gegebenheiten und neuen Entwicklungen angepasst und aktualisiert. (EACH 2006; AKIK 2016)

Artikel 1: Kinder sollen nur dann in ein Krankenhaus aufgenommen werden, wenn die medizinische Behandlung, die sie benötigen, nicht ebenso gut zu Hause oder in einer Tagesklinik erfolgen kann.

Artikel 2: Kinder im Krankenhaus haben das Recht, ihre Eltern oder eine andere Bezugsperson jederzeit bei sich zu haben.

Artikel 3: 1) Bei der Aufnahme eines Kindes ins Krankenhaus soll allen Eltern die Mitaufnahme angeboten werden, sie sollen ermutigt und es soll ihnen Hilfe angeboten werden, damit sie beim Kind bleiben können. 2) Für Eltern dürfen daraus keine zusätzlichen Kosten oder Einkommenseinbußen entstehen. 3) Um an der Pflege ihres Kindes teilnehmen zu können, sollen Eltern über die Grundpflege und den Stationsalltag informiert und zur aktiven Mitwirkung ermutigt werden.

Artikel 4: 1) Kinder haben wie ihre Eltern das Recht, ihrem Alter und Ihrem Verständnis entsprechend informiert zu werden. 2) Insbesondere soll jede Maßnahme ergriffen werden, um körperlichen und seelischen Stress zu mildern.

Artikel 5: 1) Kinder und Eltern haben das Recht, in alle Entscheidungen, die ihre gesundheitliche Betreuung betreffen, einbezogen zu werden. 2) Jedes Kind soll vor unnötigen medizinischen Behandlungen und Untersuchungen geschützt werden.

Artikel 6: 1) Kinder sollen gemeinsam mit Kindern betreut werden, die von ihrer Entwicklung her ähnliche Bedürfnisse haben. 2) Für Besucher*innen dürfen keine Altersgrenzen festgelegt werden.

Artikel 7: Kinder haben das Recht auf eine Umgebung, die ihrem Alter und ihrem Zustand entspricht und die ihnen umfangreiche Möglichkeiten zum Spielen, zur Erholung und Schulbildung gibt. Die Umgebung soll für Kinder geplant und eingerichtet sein und über entsprechend geschultes Personal verfügen.

Artikel 8: Kinder haben das Recht auf Betreuung durch Personal, das durch Ausbildung und Einfühlungsvermögen befähigt ist, auf die körperlichen, seelischen und entwicklungsbedingten Bedürfnisse von Kindern und ihren Familien einzugehen.

Artikel 9: Kontinuität in der Pflege kranker Kinder soll durch ein möglichst kleines Team sichergestellt sein.

Artikel 10: Kinder müssen mit Takt und Verständnis behandelt und ihre Intimsphäre muss jederzeit respektiert werden.

2.5.7 UN-Behindertenrechtskonvention

Die UN-Behindertenrechtskonvention ist das Übereinkommen über die Rechte von Menschen mit Behinderungen. Sie wurde 2006 von der UNO-Generalversammlung in New York verabschiedet und trat 2008 in Kraft. Deutschland unterzeichnete die Konvention 2007, das Ratifikationsgesetz trat 2009 in Kraft. Zweck des Übereinkommens ist es, „den vollen und gleichberechtigten Genuss aller Menschenrechte und Grundfreiheiten durch alle Menschen mit Behinderungen zu fördern, zu schützen und zu gewährleisten und die Achtung der ihnen innewohnenden Würde zu fördern. Zu den Menschen mit Behinderungen zählen Menschen, die langfristige körperliche, seelische, geistige oder Sinnesbeeinträchtigungen haben, welche sie in Wechselwirkung mit verschiedenen Barrieren an der vollen, wirksamen und gleichberechtigten Teilhabe an der Gesellschaft hindern können." (Beauftragter der Bundesregierung für die Belange von Menschen mit Behinderungen 2018, S. 8) Die Konvention besteht neben der Präambel aus 50 Artikeln. Artikel 1–9 beinhalten Ziel, Definitionen und Grundsätze der Konvention. Artikel 10–30 stellen die einzelnen Menschenrechte ausführlich dar. Die allgemeinen Grundsätze werden in Artikel 3 benannt.

- **Achtung der dem Menschen innewohnenden Würde**, seiner individuellen Autonomie, einschließlich der Freiheit, eigene Entscheidungen zu treffen, sowie seiner Unabhängigkeit.
- **Nichtdiskriminierung:** „Die Vertragsstaaten anerkennen, dass alle Menschen vor dem Gesetz gleich sind, vom Gesetz gleich zu behandeln sind und ohne Diskriminierung Anspruch auf gleichen Schutz durch das Gesetz und gleiche Vorteile durch das Gesetz haben." (Art. 5, Abs. 1)
- **Volle und wirksame Teilhabe** an der Gesellschaft und Einbeziehung in die Gesellschaft.
- **Achtung vor der Unterschiedlichkeit** von Menschen mit Behinderungen und die Akzeptanz dieser Menschen als Teil der menschlichen Vielfalt und der Menschheit.
- **Chancengleichheit.**
- **Zugänglichkeit:** „Um Menschen mit Behinderungen eine unabhängige Lebensführung und die volle Teilhabe in allen Lebensbereichen zu ermöglichen, treffen die Vertragsstaaten geeignete Maßnahmen mit dem Ziel, für Menschen mit Behinderungen den gleichberechtigten Zugang zur physischen Umwelt, zu Transportmitteln, Information und Kommunikation, einschließlich Informations- und Kommunikationstechnologien und -systemen, sowie zu anderen Einrichtungen und Diensten, die der Öffentlichkeit in städtischen und ländlichen Gebieten offenstehen oder für sie bereitgestellt werden, zu gewährleisten." (Art. 9, Abs. 1)
- **Gleichberechtigung von Mann und Frau.**
- **Achtung vor den sich entwickelnden Fähigkeiten von Kindern mit Behinderungen** und die Achtung ihres Rechts auf Wahrung ihrer Identität.

2.5.8 Charta zur Betreuung schwerstkranker und sterbender Menschen in Deutschland

Das Charta-Projekt war vor dem Hintergrund der Budapest Commitments auf dem 10. Kongress der European Association for Palliative Care (EAPC) 2007 in Gang gesetzt worden. Die Betreuung schwerstkranker und sterbender Menschen sollte verbessert und hierfür die Bereiche Aus-, Fort- und Weiterbildung, Forschung, Politik, Qualitätsmanagement und die allgemeine Zugänglichkeit der Versorgung mit Arzneimitteln in ihrer Entwicklung gefördert werden. In Deutschland übernahmen die Deutsche Gesellschaft für Palliativmedizin (DGP), der Deutsche Hospiz- und PalliativVerband (DHPV) und die Bundesärztekammer (BÄK) im Jahr 2008 die Trägerschaft für den Charta-Prozess, der von Anfang an durch die Robert Bosch Stiftung gefördert und vom Bundesministerium für Familie, Senioren,

Frauen und Jugend und von der Deutschen Krebshilfe unterstützt wurde. Die „Charta zur Betreuung schwerstkranker und sterbender Menschen in Deutschland" wurde 2010 veröffentlicht. (Koordinierungsstelle für Hospiz- u.Palliativversorgung in Deutschland 2021) Sie setzt sich für Menschen mit einer fortschreitenden, lebensbegrenzenden Erkrankung ein, um ihre Betreuung zu verbessern. Fünf Leitsätze formulieren hierfür Aufgaben, Ziele und Handlungsbedarfe. Der betroffene Mensch steht immer im Mittelpunkt.

Leitsatz 1: Gesellschaftspolitische Herausforderungen – Ethik, Recht und öffentliche Kommunikation: „Jeder Mensch hat ein Recht auf ein Sterben unter würdigen Bedingungen. Er muss darauf vertrauen können, dass er in seiner letzten Lebensphase mit seinen Vorstellungen, Wünschen und Werten respektiert wird und dass Entscheidungen unter Achtung seines Willens getroffen werden. […] Ein Sterben in Würde hängt wesentlich von den Rahmenbedingungen ab, unter denen Menschen miteinander leben. Einen entscheidenden Einfluss haben gesellschaftliche Wertvorstellungen und soziale Gegebenheiten, die sich auch in juristischen Regelungen widerspiegeln." (Charta 2010)

Leitsatz 2: Bedürfnisse der Betroffenen – Anforderungen an die Versorgungsstrukturen: „Jeder schwerstkranke und sterbende Mensch hat ein Recht auf eine umfassende medizinische, pflegerische, psychosoziale und spirituelle Betreuung und Begleitung, die seiner individuellen Lebenssituation und seinem hospizlich-palliativen Versorgungsbedarf Rechnung trägt. Die Angehörigen und die ihm Nahestehenden sind einzubeziehen und zu unterstützen." (ebd.)

Leitsatz 3: Anforderungen an die Aus-, Weiter- und Fortbildung: „Jeder schwerstkranke und sterbende Mensch hat ein Recht auf eine angemessene, qualifizierte und bei Bedarf multiprofessionelle Behandlung und Begleitung. Um diesem gerecht zu werden, müssen die in der Palliativversorgung Tätigen die Möglichkeit haben, sich weiter zu qualifizieren, um so über das erforderliche Fachwissen, notwendige Fähigkeiten und Fertigkeiten sowie eine reflektierte Haltung zu verfügen." (ebd.)

Leitsatz 4: Entwicklungsperspektiven und Forschung: „Jeder schwerstkranke und sterbende Mensch hat ein Recht darauf, nach dem allgemein anerkannten Stand der Erkenntnisse behandelt und betreut zu werden. Um dieses Ziel zu erreichen, werden kontinuierlich neue Erkenntnisse zur Palliativversorgung aus Forschung und Praxis gewonnen, transparent gemacht und im Versorgungsalltag umgesetzt. Dabei sind die bestehenden ethischen und rechtlichen Regularien zu berücksichtigen." (ebd.)

Leitsatz 5: Die europäische und internationale Dimension: „Jeder schwerstkranke und sterbende Mensch hat ein Recht darauf, dass etablierte und anerkannte internationale Empfehlungen und Standards zur Palliativversorgung zu seinem Wohl angemessen berücksichtigt werden. In diesem Kontext ist eine nationale Rahmenpolitik anzustreben, die von allen Verantwortlichen gemeinsam formuliert und umgesetzt wird." (ebd.)

2.6 Organisationsethische Verortung des Ethik-Cafés

„Jede Organisation braucht, um sich selbst an den eigenen Zielen orientieren zu können, kollektive Reflexionen entlang der ethischen Fragen: Ist die Art und Weise, wie wir arbeiten, miteinander umgehen, die PatientInnen behandeln und begleiten, gut für uns, für die Betroffenen und für die Zukunft, die wir haben wollen?" (Heller und Krobath 2010, S. 63) Klinische Ethik nimmt als Organisationsethik den Bedarf an kollektiver Reflexion im Kontext der Gesundheitsversorgung wahr und ernst. (Steinkamp und Gordijn 2010; Burmeister et al. 2021) Sie wird in drei Formen wirksam: als Ethikberatung, als ethische Bildung (in Fort- und Weiterbildungsangeboten) und im Entwickeln von Leitlinien für die klinische Praxis. Ethik-Cafés können als Methode kollektiver ethischer Reflexion der ethischen Bildung zugeordnet werden.

Organisationsethik umfasst die Beschreibung der Ethik der Organisation sowie die Organisation der Ethik (Abb. 2.7). (Krobath und Heller 2010)

- **Ethik der Organisation:** Sie beschreibt als deskriptive Ethik in der Sprache des Mehr-Ebenen-Modells die Werte der Mitarbeiter*innen (Mikroebene), der Institution (Mesoebene) und der Gesellschaft (Makroebene) und inwiefern die Makroebene Bedeutung für die beiden anderen Ebenen hat. Eine Beschreibung der Werte findet in Ethikberatungen und auch in der ethischen Bildung statt. Die Werte der beteiligten Parteien werden transparent gemacht, um auf dem Wege der Öffnung der Wertvorstellungen mögliche Lösungen, Handlungsoptionen und Denkmöglichkeiten in ethisch deutungsbedürftigen Situationen gemeinsam zu entwickeln und auf sie aufmerksam zu machen. Werte zeigen sich in persönlichen, gruppenimmanenten (Familie, Team etc.), institutionellen und gesellschaftlichen Wertvorstellungen. Sie sind in Normen oder

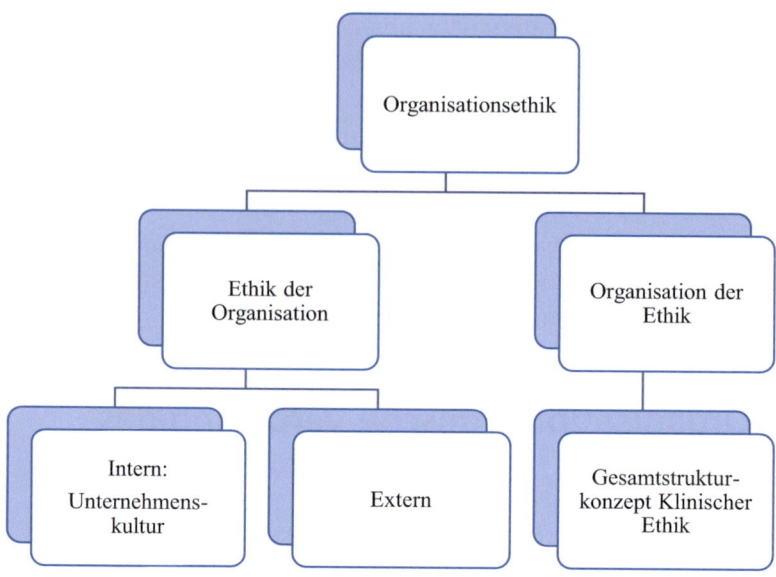

Abb. 2.7 Organisationsethik (Eigene Darstellung)

Prinzipien verfestigt oder zeigen sich in Vorstellungen eines guten Lebens, eines guten Sterbens, einer guten Medizin, einer guten Pflege etc. Diese Wertvorstellungen sind selten bewusst und müssen deshalb über ihre Versprachlichung ins Bewusstsein gebracht werden, um gut damit umgehen zu können. Anhand der drei Formen der Ethik kann eine Bewegung in der Ethikberatung erreicht werden – von der Offenlegung der Wertorientierungen hin zu einer Empfehlung. Im Rahmen der Metaethik sollen in Ethikberatungen und in der ethischen Bildung Vorverständnisse geklärt werden. Was bedeutet beispielsweise „Würde" für die beteiligten Parteien, was verstehen sie unter „Sterbehilfe" etc.? Nach der metaethischen Klärung folgt die Beschreibung und das heißt Offenlegung der Wertvorstellungen der beteiligten Parteien (deskriptive Ethik). Die Wertvorstellungen werden miteinander ins Gespräch gebracht. In der Ethikberatung folgen Empfehlungen bzgl. möglicher Handlungsoptionen und deren Begründung (normative Ethik). In der ethischen Bildung, der wir das Ethik-Café zuordnen, werden v. a. die Metaethik und die deskriptive Ethik relevant. Im Ethik-Café wird dem Verständnis von Begriffen nachgegangen, es wird ein systematischer Perspektivwechsel forciert und dabei eigene Wertvorstellungen und die der anderen nach Offenlegung miteinander ins Gespräch gebracht.

- **Organisation der Ethik**: Als normative Ethik wirkt die Organisationsethik orientierend in die Institution hinein. Sie gibt ein Leitbild und Handlungsrichtlinien vor, die das Handeln der Mitarbeiter*innen auf allen hierarchischen Ebenen orientieren soll. „Organisationsethik nimmt die Frage nach dem Guten im Kontext der Widersprüche von Organisationen und Prozessen auf und ernst." (Heller und Krobath 2010, S. 64) Organisationsethik wirkt außerdem nach außen im Einhalten vereinbarter Regeln für den Umgang mit externen Dienstleistern und der Kommunikation.

Ethik der Organisation	Organisation der Ethik
Die Ethik der Organisation **legt offen**, wie über die Moral der Organisation und in der Organisation nachgedacht wird. Sie spiegelt die strategische Ausrichtung der Organisation wider – ob der Wille zur Reflexion der Moral und damit der Wille zur Schaffung von Räumen für Kommunikation und Reflexion organisationsrelevanter moralischer Fragen vorhanden ist. Die Ethik der Organisation betrifft die Organisation selbst und die in der Organisation Arbeitenden und Betreuten.	Die Organisation der Ethik **bestimmt**, wo und wie über die Moral der Organisation und in der Organisation nachgedacht werden soll und wird. Ziel ist dabei die Institutionalisierung von Ethik. Sie organisiert die Möglichkeit ethischer Reflexion und ethisch begründeter Entscheidungen in moderierten Entscheidungsfindungsprozessen. Ziel sind prozedurale und partizipative Verfahren – dialogische und partizipative Kommunikationssettings für Entscheidungsprozesse – sowie das Einrichten von Orten für Kommunikation.
In ihrer strukturell-moralischen Verankerung werden **moralische Wertorientierungen der Organisation offengelegt.** Sie legt die Kulturen einer Organisation offen: ■ die ethischen Orientierungen für das Verhalten der Organisation nach außen (interorganisational und Gesellschaft) ■ sowie nach innen für das Verhalten innerhalb der Organisation (der Mitarbeiter*innen, der Patient*innen sowie den Mitarbeiter*innen und Patient*innen gegenüber und der Mitarbeiter*innen gegenüber Patient*innen und anderen Mitarbeiter*innen). ■ Das umfasst die Vertrauens- und Kommunikationskultur einer Organisation (Hellmann 2015, S. 14) ■ und die Führungskultur in der Organisation. Eine Kultur beschreibt die habituelle Verankerung von ethisch reflektierten Umgangsweisen in der Praxis.	Die Organisation der Ethik zielt auf die **Reflexion der Moral der Organisation** und ihrer Handlungsverantwortlichen.
Ethikmanagement umschreibt die Strategien einer Organisation zur Gestaltung des Umgangs mit moralischen Fragen und ethischer Reflexion im Rahmen ihrer „Verantwortung für organisatorische und personelle Rahmenbedingungen für ethisches Handeln im Krankenhaus." (Hellmann 2015, S. 31) **Ethikführung** umschreibt individuelle Haltungen und individuelles Handeln von Führungskräften. (ebd., S. 30)	Die **Formen institutionalisierter Ethik** im Gesundheitswesen sind die Formen klinischer Ethik. Dies sind ausdifferenzierte und sichtbare **Organisationsformen** (Ethikberatung, ethische Bildung, Leitlinienarbeit) mit definierten Zuständigkeiten und Rollen in der Organisation und einer definierten Verfahrensethik.

2.7 Moderation

Die Moderator*innen versuchen im Ethik-Café durch gezielte Rückfragen und Anmerkungen im Gesprächsverlauf die angestrebte sachliche
und offene Diskussion sicherzustellen. Durch nachfragende Interventionen
werden die Teilnehmer*innen dazu aufgefordert, verschiedene Perspektiven,
Erfahrungen und Meinungen zum Thema in die Diskussion einzubringen.
Es geht nicht darum, eine schnelle Einigung oder einen Konsens zu
erreichen, sondern um die ethische Betrachtungsweise eines Themas, um
letztendlich einen Erkenntnisgewinn zu erzielen. (Fromm 2012a, b) Die
Gesprächsführung im Ethik-Café wird durch Impulse, Fragen, Impulsvor-
träge, Texte etc. zum Thema forciert und orientiert sich an folgenden Zielen:
Klarheit, Orientierung, Folgerichtigkeit, Erforschung der Uneinigkeit, Suche
nach Alternativen, Entwicklung von Unterscheidungen, Konzentration auf
das ethische Thema, Abwehr voreiliger Schlussfolgerungen, Unterstützung
der Selbstkorrektur bzw. Selbstüberprüfung, eindrucksvolle Beendigung
der Diskussion. (Von Werder 1998, S. 137) Für die Gestaltung in unseren
Ethik-Cafés sind zwei ethisch versierte Moderator*innen vorgesehen, die in
der Vorbereitung gut abgestimmt Hand in Hand moderieren.

Die Moderator*innen von Ethik-Cafés sollen ähnlich wie Mitglieder
von Klinischen Ethik-Komitees in Sozial- und Gesundheitseinrichtungen
über ethische Kompetenzen verfügen, um eine interdisziplinäre multiprofessionelle Gruppe in eine ethische Diskussion zu bringen. Die Kunst
der Moderator*innen besteht darin, die Teilnehmer*innen in eine ethische
Dimension des Denkens zu begleiten und zu führen, um eine Wertediskussion zu entfachen. D. h. „das, was bereits als Antwort vorliegt
und in Wirklichkeit nicht taugt, infrage zu stellen. Und es wimmelt von
Antworten, die einander widersprechen." (Sautet 1999, S. 37) Zudem sind
methodische Kompetenzen unerlässlich, um eine interdisziplinäre multiprofessionelle Diskussion zu moderieren, und entsprechende Moderationstechniken.

2.7.1 Ethische Kompetenzen der Moderator*innen

Arnd T. May et al. (2010) benennen Kompetenzen, die für eine fundierte
Ethikberatung – und unseres Erachtens auch für die Moderation von Ethik-
Cafés – notwendig sind.

Die Bedeutung von Ethik und Moral verinnerlichen und erläutern

Die Moderator*innen wissen um die Abgrenzung von Ethik und Moral. Sie verstehen beide Begriffe mit ihrem jeweiligen Sinngehalt und bestimmen ihr gegenseitiges Verhältnis. Die umgangssprachlich oft synonym verwendeten Begriffe Ethik und Moral können zugeordnet werden. Die Vielfalt an moralischen Überzeugungen und ethischen Ansätzen kann als Ausdruck menschlicher Freiheit begriffen werden. Die Moderator*innen akzeptieren die Vielfalt als Anreiz und klären auf dieser Basis menschlich-soziale Handlungsmöglichkeiten. Sie vermitteln die Haltung, dass die Vielfalt an moralischen Überzeugungen und ethischen Ansätzen die Komplexität des Lebens und die Relativität eigener Überzeugungen aufzeigen kann, und fördern die Offenheit für andere Argumente und Wertvorstellungen. (May et.al. 2010, S. 252)

Aufgaben, Ziele und Grenzen ethischer Reflexion vermitteln

Die Moderator*innen kennen die Theorien ethischen Denkens, Grundbegriffe und Begründungsansätze und können diese auf praktische Problemfelder im Sozial- und Gesundheitswesen transferieren, so dass Aufgaben, Ziele und Grenzen ethischer Reflexion deutlich werden. Die Moderator*innen sind für ethische Fragestellungen im Sozial- und Gesundheitswesen sensibel und können diese analysieren und Entscheidungen ethisch begründen. Sie vermitteln die Haltung, dass ethische Reflexion nicht als überflüssig oder Luxus angesehen wird, sondern als Basiskompetenz, um Prinzipien und Werte im beruflichen Handlungskontext reflektieren und abwägen zu können. (ebd., S. 253)

**Ethische Denkansätze und Positionen nutzen und auf Handlungsfelder
und aktuelle Fragen im Gesundheitswesen transferieren**

Die Moderator*innen können teleologische, deontologische, care-ethische und weitere Denkansätze an praktischen Fragestellungen im Gesundheitswesen veranschaulichen. Sie fördern durch die Anwendung der unterschiedlichen Argumentationslinien die Offenheit für divergierende Positionen und das Ernstnehmen ihrer Argumente. Die Moderator*innen forcieren somit die Überprüfung der eigenen Überzeugung und ermöglichen so eine Wertediskussion. (ebd., S. 254)

Die Relativität ethischer Denkmodelle bewusst machen

Die Moderator*innen kennen die wichtigsten abendländischen Strömungen der Ethik und nutzen diese als Orientierung und Hilfestellung, um Denkansätze und Positionen zu analysieren, sie auf aktuelle Fragen und auf Handlungsfelder im Gesundheitswesen anzuwenden, sie argumentativ zu vertreten und weiter zu entwickeln. Die Relativität ethischer Denkmodelle ist den Moderator*innen bewusst und diese Haltung zeigt sich in den Diskussionsrunden. Sie fördern den Respekt vor und die Toleranz gegenüber verschiedenen Ansätzen und ihren Ausführungen. Die Moderator*innen verstehen menschliche Handlungen als sozial vernetzt, eingebettet in Kommunikations- und Denkprozesse, die zu sozialen Gewohnheiten führen. (ebd., S. 253)

Den Gegenstand und die Aufgabe von Bereichsethiken im Gesundheitswesen erfassen und für den interdisziplinären multiprofessionellen Austausch nutzen
Die Moderator*innen können eine systematische Differenzierung der angewandten Ethiken im Gesundheitswesen vornehmen und nutzen dieses Wissen für den interdisziplinären multiprofessionellen Austausch. Besondere Kenntnisse zeigen sie in den Themenfeldern der Ethik des Sozial- und Gesundheitswesens. Die Berührungspunkte und Unterschiede zwischen Ethik und Recht können dabei transparent dargestellt werden. (ebd., S. 255) Sie können zudem die grundlegenden Inhalte und Begriffe der Organisationsethik in die Diskussionen mit einfließen lassen, wie z. B. die Allokationsproblematik.

2.7.2 Methodische Kompetenzen der Moderator*innen

Die besondere Herausforderung für die Moderator*innen sind die unbekannten Variablen bei den zu erwartenden Teilnehmer*innen der angebotenen Ethik-Cafés. Das Thema ist die einzige feststehende Größe, auf die sie sich vorbereiten können. Da es sich um ein niederschwelliges Angebot handelt, ist weder eine Anmeldung noch eine Reservierung für die Veranstaltung vorgesehen (Ausnahme in Pandemiezeiten). Die Moderator*innen wissen im Vorfeld nicht, ob und wie viele Teilnehmer*innen kommen, welche Berufs- oder Personengruppen vertreten sind und welche Hierarchieebenen verbunden mit der Ausübung einer beruflichen Rolle aus dem Gesundheitswesen zu erwarten sind. Aufgrund dieser Unsicherheiten sieht unsere Konzeption des Ethik-Cafés zwei ethisch versierte Moderator*innen vor, die außerdem über folgende Kompetenzen in der Moderation verfügen sollten.

Ein Ethik-Café vorbereiten, durchführen, reflektieren und evaluieren können
Die Moderator*innen können den Moderationsauftrag umsetzen und den Rahmen für ein Ethik-Café in Absprache mit den Auftraggebern organisieren. Sie identifizieren ethische Themen bzw. Fragestellungen im Sozial- und Gesundheitswesen. Die Verantwortung für die Leitung der interdisziplinären multiprofessionellen Gruppe wird verantwortungsbewusst wahrgenommen, indem die Moderator*innen dafür sorgen, dass der zeitliche Rahmen eingehalten wird, die Diskussion mittels geeigneter Anregungen in Form von Fragestellungen, Thesen oder anderer Impulse angeregt und die Fragestellung im Auge behalten wird. Durch gezielte Fragen fördern die Moderator*innen den ethischen und offenen Austausch unter den Teilnehmer*innen. Sie können die Beiträge nach ethischen Denkweisen bzw. Konzepten strukturiert zusammenfassen und mittels geeigneter Moderationstechniken visualisieren. Die Moderator*innen können Ethik-Cafés zielgerichtet reflektieren und evaluieren. Für die Evaluation der Ethik-Cafés wurde ein Feedbackbogen[6] konzipiert, der es den Teilnehmer*innen ermöglicht, eine anonyme Rückmeldung zum Café zu geben. Im Anschluss an die Veranstaltung wird der einseitige Bogen ausgelegt. Außerdem werden Teilnehmer*innenlisten geführt, aus denen ersichtlich ist, wer, wann aus welcher Personengruppe am Café teilgenommen hat. Für die Teilnehmer*innen gibt es auf Wunsch eine Teilnahmebescheinigung. Die Moderator*innen führen im Nachgang an die Ethik-Cafés persönliche nicht strukturierte Selbsteinschätzungen durch und gehen in den kollegialen Austausch.

6 Anlage A5.

Die Phasen des ethischen Prozesses nachvollziehen und steuern können
Die Moderator*innen können die Phasen (Impulse aufnehmen, Ideen einbringen, ethisch reflektieren/abstrakt denken, Erkenntnisse gewinnen) des ethischen Prozesses im Ethik-Café nachvollziehen, anwenden und den Gruppenarbeitsprozess danach steuern. Sie geben durch eine geschickte Kombination von Phasen mit wenig Struktur die optimalen Möglichkeiten für kreative Gedanken, andererseits führen sie durch die Phasen mit klarer Struktur die Gruppe zur systematischen ethischen Diskussion. Die Dramaturgie im Ethik-Café wird flexibel und humorvoll dem Gruppenarbeitsprozess angepasst, sofern es die Situation erfordert.

Empathischer Umgang mit der Gruppe
Die Moderator*innen begegnen den Teilnehmer*innen mit Empathie, Wertschätzung, Echtheit und Selbstkongruenz. Selbstkongruenz meint die Übereinstimmung zwischen Gefühlen und Anschauungen als Voraussetzung für eine vertrauensvolle Kommunikation. Sie gehen entspannt mit Missverständnissen, Widerständen und Konflikten in der Gruppe um und nutzen sie kreativ für die Entwicklung des Gruppenarbeitsprozesses. Sie ermuntern die Teilnehmer*innen zum Querdenken und unterstützen die Meinungsvielfalt. Sie verstehen es, den Austausch in der Gruppe lebendig, angstfrei und ganzheitlich zu gestalten. Die Moderator*innen des Ethik-Cafés verstehen sich primär als „Geburtshelfer*innen" für die ethische Reflexion und geben Hilfe zu Selbsthilfe beim Selberdenken. Die Moderator*innen enthalten sich weitgehend einer Wertung und beginnen ihre Arbeit dort, wo die Gruppe steht.

2.7.3 Moderation nach den Regeln der Themenzentrierten Interaktion

Die Moderation der Gruppe erfolgt auf der Basis der Themenzentrierten Interaktion (TZI) von Ruth Cohn (1997). TZI beschreibt nicht nur eine Methode, sondern eine Haltung des lebendigen, angstfreien und ganzheitlichen Lernens und Arbeitens in und mit Gruppen. Neben der Betonung der Bedürfnisse und Meinungen des jeweiligen „Ich's" der Teilnehmer*innen wird die Gruppe (Wir) und das Thema (Es) berücksichtigt. Das Ganze findet in einem Umfeld (Globe) statt, das ebenfalls einen Einfluss ausübt. Mit Hilfe der TZI geht es den Moderator*innen des Ethik-Cafés um die Herstellung der Balance zwischen „Ich", „Wir" und „Es". Die institutionellen Rahmenbedingungen als auch das Sozial- und Gesundheitswesen und die Gesellschaft können als „Globe" im Ethik-Café verstanden werden. In Abb. 2.8 werden diese externen Faktoren durch den Kreis symbolisiert, der das Dreieck umschließt.

Das einzelne „Ich" wird im Ethik-Café als autonomes und zugleich soziales Wesen wahrgenommen. Alle „Ich's" der Gruppe setzen sich mit einem ethischen Thema auseinander. Kein „Ich" ist so mit sich allein, immer auf andere angewiesen und auf ein ethisch relevantes Thema bezogen. „Die TZI verbindet sachorientiertes Lernen mit dem Beachten gruppendynamischer Kommunikation und mit dem emotionalen Erleben des Teilnehmers." (Pfeifer 2009, S. 117) Dieses Lernen wird nach Volker Pfeifer als engagierter Erfahrungsprozess empfunden und Lernen wird als schöpferisches Verhalten möglich. Die vitalen, intellektuellen und

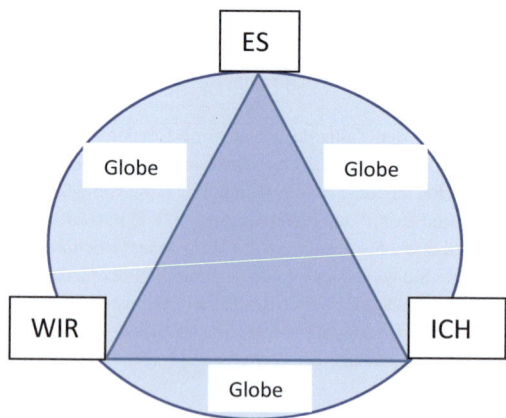

Abb. 2.8 TZI- Modell nach Ruth Cohn (Eigene Darstellung)

emotionalen Bedürfnisse der Teilnehmer*innen im Ethik-Café werden integriert. (ebd.) Die Moderator*innen wirken nicht nur durch ethisches Fachwissen und durch ihre Moderationskompetenzen, sondern durch ihre Person selbst. Sie zeigen sich authentisch, ursprünglich und humorvoll als lebendige Personen und geben Ängste, Hoffnungen, Schwächen und Stärken zu erkennen.

Beim Prozess der Entwicklung der Gruppe im Ethik-Café wird von den Moderator*innen berücksichtigt, dass für sogenannte „Neuzugänge" am Anfang Unsicherheit besteht. Es ist immer mit Widerständen in Form von „nicht Beteiligen" an der ethischen Diskussion zu rechnen. Oft äußern sich einzelne zuerst mit negativen Gefühlen über Ihre Erfahrungen zum Thema im Sozial- und Gesundheitswesen. Wenn der Prozess der Gruppendynamik im Ethik-Café in Gang kommt, häufen sich aber auch die positiven Erfahrungen und Gefühle zum Thema. Die Gruppenmitglieder gehen dann mehr aufeinander ein. Auch die eigenen Erfahrungen werden eher akzeptiert. Für den konstruktiven Verlauf der Diskussion ist besonders die Interdisziplinarität von Bedeutung. Das Feedback innerhalb der Gruppe lässt Denkfassaden dünner werden. Nach dem Höhepunkt der Gruppenintensität stabilisieren sich die Beziehungen der Gruppenmitglieder (meist in Phase drei) untereinander. (Von Werder 1998, S. 141) Von Werder beschreibt auch Gefahren, die im Ethik-Café im Gesundheitswesen in ähnlicher Weise anzutreffen sind, denn Denkveränderungen seien oft nur von vorübergehender Natur und Widersprüche würden aufflammen. (ebd.) Besondere Charakterstrukturen der Teilnehmer*innen können sich in ethischen Diskussionen störend bemerkbar machen. Es erscheinen z. B. „narzisstische Großdenker*innen", die ihre Erfahrungen und Beiträge für perfekt halten und andere Teilnehmer*innen gar nicht hören wollen, oder aber „philosophische Großstadtneurotiker*innen", um eine Therapie zu vermeiden und so das Café missbrauchen, um sich zu vergessen. (ebd.) Letztgenannte Personengruppen sind im Ethik-Café im Gesundheitswesen weniger anzutreffen, eher ethische Laien, die einen Ort und einen Rahmen brauchen für ethisches Selberdenken. Die meisten Teilnehmer*innen sind ethisch interessierte Laien, die ihre ethische Grundhaltung reflektieren und weiter entwickeln wollen. In diesem möglichen Spannungsgefüge moderieren die ethisch versierten und konstruktiven Moderator*innen das Ethik-Café gelassen und entspannt. Sie akzeptieren die Gruppe und die einzelnen und üben sich im Zuhören und Verstehen. Wichtig ist, sowohl positive als auch negative Gefühle zuzulassen. Die Moderator*innen nutzen die Kraft der Gruppe, um Denkprozesse voranzutreiben. (ebd., S. 142) Sie machen sich nicht zum Zentrum des Geschehens.

Die Teilnehmer*innen werden zu keinem Beitrag gezwungen. Ein Ethik-Café ist also nicht vergleichbar mit einer Unterrichtssituation, in der Bewertungen und Beurteilungen Bestandteil sind. Treten Konflikte in der Gruppe auf, werden sie von den Moderator*innen als Störungen ernstgenommen und angesprochen. Nach von Werder erschweren leichte Neurotiker*innen, lernwillige Laien und geistreiche Autodidakt*innen die Café-Arbeit gelegentlich, aber machen sie zugleich auch interessant. (ebd.)

2.7.4 Moderationstechniken

Im Folgenden wird eine Auswahl an Moderationstechniken (Scholz 2016; Wahl 2016) vorgestellt, die sich als hilfreich und bedeutsam für die Moderation von Ethik-Cafés erwiesen haben.

Brainstorming
Die Methode des Brainstormings ist 1953 in den U.S.A. entwickelt worden und geht auf Alex Osborn zurück. Charles H. Clark hat sie in den 70er Jahren weiterentwickelt. (Reich 2012) Beim Brainstorming (wortwörtliche Übersetzung: „Gehirnsturm") geht es darum, in einer Gruppe Assoziationen, eine These oder eine Fragestellung zu einem bestimmten Thema von vielen Seiten perspektivenreich zu erfassen. Möglichst viele Teilnehmer*innen des Ethik-Cafés sollen sich zu einem Impuls mit ihren Vorstellungen und Erfahrungen in die Gruppe einbringen. Im Vordergrund stehen nicht die Reproduktion von Wissen oder bereits vorhandener Lösungen. Es geht um den konstruktiven Austausch von Gedanken. Je heterogener die Gruppe, desto perspektivenreicher zeigt sich in der Regel das Brainstorming. Die Dauer des Brainstormings soll 20–30 Min. nicht überschreiten. Die optimale Gruppengröße für diese Methode liegt bei 10–15 Personen. Dabei geht es weder um richtig oder falsch noch um gut oder schlecht.

- **Das Clustering**, die Zusammenfassung und/oder Ordnung und Bewertung der Beiträge erfolgt erst nach Abschluss des Brainstormings. Der so entstandene Ideenraum wird mit Unterstützung der Moderator*innen nach ethischen Kriterien strukturiert. Zur Visualisierung der Beiträge eignen sich besonders die Kartenabfrage und Metaplan®-Technik. Die Kombination dieser Methoden ermöglicht, eine Anschlussfähigkeit von Inhalten und Beziehungen herzustellen.

- **Bei der inhaltlichen Vorbereitung zum Ethik-Café** entwickeln die Moderator*innen eine klar formulierte Frage- oder Problemstellung, entlang der sich die Ideen entwickeln sollen. Clark unterscheidet hier zwei Möglichkeiten von Fragestellungen:

  - Mit **„Schneeschaufelfragen"** sind weitreichende, ganz allgemeine Fragen gemeint, die viele Assoziationen zulassen. Z. B.: Welche ethischen Fragestellungen können während einer Pandemie entstehen? (Fromm 2020)
  - Die **„Spatenfragen"** sind deutlich konkreter und zielgenauer auf eine ethische Problematik fokussiert. Z. B.: Nach welchen ethischen Gerechtigkeitsprinzipien sollen Impfstoffe verteilt werden?

- **Kritiker der Brainstorming-Methode** widersprechen Osborns Annahme, dass in einer Gruppe mehr kreative Ideen gesammelt würden als wenn die Teilnehmer*innen allein nachdenken würden. Wolfgang Stroebe und Bernhard Nijstad (2004) behaupten, dass Osborns Aussage falsch sei, denn Kommunikation kann die Ideengenerierung zwar stimulieren, aber die durch das Zuhören verursachten Unterbrechungen der eigenen Denkarbeit können zu großen Beeinträchtigungen der Ideengenerierung führen, die den Stimulierungseffekt letztlich überschatten würden. Das sogenannte Brainwriting würde diesem Aspekt eher gerecht werden. Beim Brainwriting findet keine verbale Kommunikation statt. Alle Teilnehmer*innen schreiben auf einem Blatt Papier ihre Ideen auf. Dann wird das Blatt an den Nächsten weitergegeben und ergänzt. (Stangl 2022) In unseren Ethik-Cafés erleben wir in der ersten Phase der ethischen Diskussion i. d. R. eine Vielfalt an Ideen, welche meist erfahrungsbezogen zu einem Thema beigetragen werden. Die Bearbeitung des Themas mittels Brainstorming wirkt in den heterogen zusammen gesetzten Ethik-Cafés nicht hindernd, sondern eher aktivierend.

Abfrage auf Zuruf/Kartenabfrage

Die Beiträge oder Zurufe der Teilnehmer*innen auf die These oder Fragestellung zum Einstieg in die Diskussion werden von den Moderator*innen auf Karten notiert und nach Abschluss der Diskussion nach „Themen", die in der Diskussion entdeckt werden, mit Nadeln an die Pinnwand gehängt. Das macht die Reduktion der Beiträge auf ein oder zwei Stichworte notwendig und hilft den Kern der Aussage herauszuarbeiten. Die Moderator*innen müssen sehr genau zuhören und gleichzeitig mitschreiben und den Gruppenprozess moderieren. Deswegen ist es hilfreich, im Tandem zu moderieren.

Eine andere Möglichkeit besteht darin, an die Teilnehmer*innen einige leere Karten zu verteilen, auf die sie ihre Anregungen in kurzen Sätzen oder Stichworten selbst schreiben. Die Karten werden nach und nach eingesammelt, vorgelesen, erläutert und nach ethischen Gesichtspunkten oder Denkweisen direkt sortiert (z. B. nach teleologischen oder deontologischen Prämissen). Die zweite Vorgehensweise hat den Vorteil, dass auch weniger aktive, eher stille Personen sich beteiligen, deren wertvolle Gedanken sonst vielleicht verloren gehen. (Reich 2012) Außerdem wird bei der zweiten Variante die Wichtigkeit der eigenen Verschriftlichung der Gedanken Rechnung getragen.

Metaplan®

Metaplan® ist eine Moderationsmethode, die von der Metaplan®-GmbH entwickelt wurde. Der Begriff hat sich für diese Methode im allgemeinen Sprachgebrauch durchgesetzt und wird deshalb hier verwendet. Er muss aus markenrechtlichen Gründen gekennzeichnet werden. Metaplan®-Wände sind große transportable Pinnwände, an denen sich die Stichworte auf den Karten sehr gut festhalten lassen. Ein großer Vorteil ist dabei, dass die Argumente und Beiträge zunächst gesammelt und nachträglich durch Umstecken der Karten neu gruppiert werden können. Dabei kann es sinnvoll sein, im Vorfeld eine sinnvolle Strukturierung nach ethischen Denkweisen, Prinzipien oder Kriterien vorzugeben. Es können aber auch gemeinsame Überschriften für die Kartengruppen gesucht werden. (ebd.)

Gruppenarbeit

Bei einer größeren Teilnehmer*innengruppe (ab ca. 15 Personen) bietet sich die Arbeit in Gruppen an. In kleinen Gruppen ist die Beteiligung oft gleichmäßiger und es können konzentriert unterschiedliche Perspektiven oder Fragestellungen bearbeitet werden, die dann im Plenum zusammengetragen werden. Gerade wenn es darum geht, in kurzer Zeit einer ethischen Fragestellung nachzugehen, eignet sich die Gruppenarbeit besonders.

Rollenspiele

Um die Diskussion zu ethischen Fragen anzuregen, kann es sinnvoll sein, den Teilnehmer*innen bestimmte Rollen zuzuordnen. Die Teilnehmer*innen müssen dann versuchen, aus ihrer jeweiligen Rolle heraus Argumente zu entwickeln. Dies kann sowohl das Spektrum der möglichen Argumente und Sichtweisen bereichern als auch zu einem perspektivenreicheren Verlauf der Diskussion führen, insbesondere dann, wenn wenig unterschiedliche Personen- oder Berufsgruppen am Ethik-Café teilnehmen. (Jansen 2002)

Im Ethik-Café schreiben

Jeder Mensch hat eine eigene Lebensphilosophie verinnerlicht und somit auch ethisch-moralische Vor- und Einstellungen. Sie sind uns aber nicht immer bewusst und können durch Anregungen bzw. Impulse zum Nachdenken und kreatives philosophisches Schreiben bewusst gemacht werden. (Von Werder 1998, S. 36) Die Teilnehmer*innen können im Ethik-Café deshalb in Phase 2 des ethischen Prozesses mit einer Fragestellung oder These zum Thema dazu aufgefordert werden, ihre Gedanken und Ideen schriftlich zu fixieren. Dieses Verschriftlichen der inneren Sprache führt zum Schreiben der öffentlichen Sprache des Denkens. Den Begriff der „inneren Sprache" hat Plato geprägt. Er schrieb: „Denken heißt schweigend zu sich selber sprechen." (In: ebd., S. 44) Lew Semjonowitsch Wygotski beschreibt die „innere Sprache" als „eine Sprache für den Sprechenden selbst." (Wygotski 1991, S. 313) Diese innere Sprache entwickelt sich schon im Kindesalter und wird zur Basis des äußeren Sprechens und Schreibens. (Von Werder 1998, S. 44) Auch der erwachsene Mensch führt innere Monologe bei der Klärung und Steuerung seines eigenen Tuns. Der Schreibprozess unterstützt diese innere Aufklärung, denn „Schreiben führt vom unbewussten, selbstverständlichen Gebrauch der Sprache zum bewussten Handeln." (Wild 1980, S. 85) Während die innere mündliche Sprache besonders mit dem anschaulichen bildhaften Denken verbunden ist, geht das äußere Verschriftlichen von Gedanken in den Besitz des abstrakten Denkens über. (Von Werder 1998, S. 44) Das philosophische Schreiben forciert das rationale Denken, wird rational und sozial, wenn es sich im öffentlichen Schreiben im Ethik-Café diszipliniert und formiert. (Wygotski 1991, S. 17 f.) Die Erfahrungen in den Ethik-Cafés unterstreichen die Bedeutung der Verschriftlichung von Gedanken. Die klare logische Gliederung geschriebener Worte hat zur Folge, dass ihr Erkenntniswert (Phase 4 des ethischen Prozesses im Ethik-Café) für den Schreibenden größer ist, als wenn er die Idee oder den Gedanken nur mündlich in die Diskussion einbringt.

Elfchen

Um dem Ansatz der Verschriftlichung im Ethik-Café nachzukommen, kann z. B. in der vierten Phase des ethischen Prozesses mit einem „Elfchen" gearbeitet werden. Das Elfchen ist eine kreative Schreibmethode aus den 80er Jahren und ist von dem niederländischen Theaterwissenschaftler und

Schriftsteller Jos von Hest erstmals 1988 in Deutschland vorgestellt worden. Ein Elfchen ist ein kurzes Gedicht in einer vorgegebenen Form. Das Elfchen besteht aus fünf Versen und elf Wörtern, die sich nicht reimen müssen. Jeder Vers hat dabei eine unterschiedliche Anzahl von Wörtern und beantwortet eine andere Frage bzw. gibt andere Inhalte und Aspekte wieder. Dadurch sind die Teilnehmer*innen aufgefordert, Aspekte eines Themas zu reduzieren und zu verdichten. Das Elfchen fördert den kreativen Schreibprozess. (Schäfer 2021)

- Der **erste Vers** des Elfchens gibt ein Substantiv vor. Das kann ein Gegenstand oder ein Thema oder ein beliebiger anderer Oberbegriff sein. Der erste Vers wird mit nur **einem Wort** gebildet.
- Der **zweite Vers** beschreibt das Wort aus dem ersten Vers ein wenig genauer. Was macht dieses Wort, wie verhält es sich oder verhält es sich nicht? Der zweite Vers wird aus **zwei Wörtern** gebildet.
- Im **dritten Vers** des Elfchens wird erneut das einzelne Wort aus der ersten Zeile genauer betrachtet. Hierbei beantworten wir die Frage, wo sich das Wort befindet oder wie das Wort ist. Der dritte Vers besteht aus **drei Wörtern**.
- Im **vierten** und längsten **Vers** des Elfchens geht es nun um unsere eigenen Gedanken. Was denken wir über das Wort aus der ersten Zeile respektive was meinen wir zum allgemeinen Thema? Dieser vierte Vers besteht aus **vier Wörtern**.
- Der **fünfte und letzte Vers** bildet gewissermaßen ein Fazit des Elfchens und beantwortet die Frage, was dabei herauskommt oder was das Ergebnis der vorherigen Fragen sein könnte. Dabei beschränken wir uns erneut auf ein **einziges Wort**.

Hier ein Beispiel für ein Elfchen aus einem Ethik-Café zum Thema „Gesundheit und Krankheit" mit der zentralen Fragestellung: Wo fängt Gesundheit an bzw. wo hört Krankheit auf?

Vers 1: Gesundheit
Vers 2: Ich fühle
Vers 3: Sie ist wandelbar
Vers 4: Mir geht es gut
Vers 5: Leibseele

2.8   Stolpersteine und Chancen

Das was als Störung empfunden wird, aber eigentlich gewollt ist.

Als Moderator*innen von multiprofessionellen und interdisziplinären Ethik-Cafés im klinischen Kontext haben wir Situationen erlebt, die uns für die möglichen Rollenkonflikte der Teilnehmer*innen, eine besondere Form der Empathie in der Moderation, die mögliche Außenwirkung der Themen sowie für eine hohe methodische und inhaltliche Flexibilität während der Ethik-Cafés sensibilisiert haben.

Rollenkonflikte der Teilnehmer*innen
Wir haben uns dafür entschieden, unsere Ethik-Cafés für Mitarbeiter*innen und am Thema Interessierte, aber auch für Patient*innen und An- und Zugehörige offenzuhalten. Dass das zur Rollenverwirrung führen kann, kann an einem Beispiel veranschaulicht werden. So zeigte sich eine ärztliche Mitarbeiterin während des Ethik-Cafés einer Patientin gegenüber als sehr fürsorglich, fast schon bestimmend und zugleich sehr gehemmt im Sprechen über das Thema. Die Ärztin nahm eine fast schon therapeutisch anmutende Haltung der Patientin gegenüber ein. Diese Art der Interaktion galt der Patientin, nicht den anderen Teilnehmer*innen des Ethik-Cafés. Im Nachhinein stellte sich heraus, dass die Patientin auf der Station der Ärztin war und sie sich schon aus Gesprächen in ihren festgelegten Rollen als Patientin und Ärztin kannten. Das Beispiel zeigt, dass aufgrund des für alle offenen, multiprofessionellen und interdisziplinären Angebots Rollenunklarheit entstehen kann. Rollenunklarheit (nicht Teilnehmer*in eines offenen Angebots, sondern Angehörige/r einer Berufsgruppe oder Hierarchie) können beispielsweise im Gespräch zwischen Berufsgruppen, zwischen verschiedenen Hierarchien in der Berufsgruppe oder auch über Berufsgruppen hinweg entstehen. Rollenkonflikte sind häufige soziale Stressoren.

- Im Beruf haben sie unterschiedliche Ursachen, wie z. B. unvereinbare Erwartungen an eine Rolle – der sogenannte **Intrarollenkonflikt**.
- Ein weiterer Konflikt kann aufgrund unvereinbarer Erwartungen an unterschiedliche, gleichzeitig bestehende soziale Rollen entstehen, die an eine Person gerichtet werden – der sogenannte **Interrollenkonflikt**. Diese Rollenüberladung entsteht, wenn Personen mehrere Rollen gleichzeitig innehaben sollen, an die unterschiedliche Erwartungen gerichtet werden – wie in dem Beispiel der fürsorglichen Ärztin und der Patientin im Ethik-Café.

Empathie in der Moderation

In der Kommunikation begegnen uns viele mögliche Stolpersteine. Antoine de Saint-Exupèry bezeichnet in „Der kleine Prinz" die Sprache als die große Quelle für Missverständnisse. Es lohnt sich also, einen Blick bzw. ein Ohr auf die Sprache und das Sprechen im Ethik-Café zu lenken. Durch den multiprofessionellen und interdisziplinären Ansatz im Ethik-Café kommen viele Menschen mit unterschiedlichen Erfahrungen, Meinungen und Rollen zusammen. Für die Moderator*innen ist es ein wichtiges Anliegen, die Sprache und damit die Art der ethischen Diskussion im Ethik-Café empathisch zu gestalten. (Schirmer 2018) Unter Empathie verstehen wir die Fähigkeit, Emotionen, Handlungen und auch Denkmuster einer Person zu verstehen und nachzuvollziehen – wie sie sich z. B. bei einem Verlust eines nahen Menschen fühlt, wie sich Ärzt*innen fühlen, wenn sie über die Umsetzung des assistierten Suizids sprechen etc. In der Psychologie werden zwei Formen von Empathie unterschieden.

- Während bei der **affektiven Empathie** überwiegend die Gefühle wahrgenommen werden,
- zeichnet sich die **kognitive Empathie** dadurch aus, dass neben den Gefühlen auch die Gedanken und Beweggründe einer Person wahrgenommen werden.

Beide Formen der Empathie spielen in Ethik-Cafés eine wichtige Rolle, da Werte immer an Emotionen gebunden sind. Werte sind der Schlüssel zu den Beweggründen einer Person. Sie machen transparent, was einer Person wichtig ist. Die kognitive Empathie spielt im Ethik-Café deshalb eine bedeutende Rolle, weil wir unsere Impulse an die Erfahrungswelt der Teilnehmer*innen richten, um sich einem Thema zu öffnen. Erst im dritten Schritt führen wir auf eine ethisch abstrakte Ebene. Die Wirkung von Worten ist den Moderator*innen bewusst, Sprache wird deshalb achtsam eingesetzt. Warum verwende ich in der Diskussion ein bestimmtes Wort? Was ist mit diesem Ausdruck an Emotionen und Assoziationen verknüpft? Was sage ich also noch alles, wenn ich genau diesen Begriff verwende? Empathie ist für den Menschen als sozialem Wesen von besonderer Wichtigkeit – nicht nur im ethischen Gespräch, sondern gerade bei der Arbeit, in Beziehungen innerhalb und außerhalb der Familie sowie als Maßstab überhaupt für das Leben in einer Gesellschaft.

Außenwirkung der Themen

Diskursanalytisch interessant ist für uns, wie sich der Zugang zu Themen und die Offenheit gegenüber der Formulierung in den Ankündigungstexten am Beispiel einer Einrichtung über die Jahre verändert haben. So hatten wir es vor über 10 Jahren als begründungsbedürftig und problematisch erlebt, über Themen wie z. B. Sterben und Tod oder assistierten Suizid in öffentlichen Diskussionen im Kontext der Klinik sprechen zu wollen und entsprechende Angebote für die Bevölkerung sowie alle Mitarbeiter*innen einer Klinik offerieren zu dürfen. Die Sorge vor der Außenwirkung und die Folgen für die Klinik, wenn dort öffentlich über solche Themen gesprochen würde, wurde von uns ernst genommen und in der Formulierung der Themen umgesetzt. Das hat sich bis heute geändert. Die öffentlichen Debatten über Sterbehilfe sowie das mediale Sprechen über Sterben, Tod und Trauer haben für uns zu einer wahrnehmbaren Entspannung der Einrichtungen geführt, über solche Themen nicht nur sprechen zu dürfen, sondern auch zu sollen und zu wollen.

Methodische und inhaltliche Flexibilität

Es kommt manchmal anders als man denkt. So war es in den Moderationen der Ethik-Cafés immer wieder hilfreich, nicht so sehr an vorbereiteten Inhalten und Methoden hängen zu bleiben, sondern in der Offenheit der Denkbewegungen auch offen für neue oder veränderte Inhalte und auch andere Methoden zu bleiben. Vorbereitete Inhalte und Methoden können Leitplanken sein und der rote Faden eines Ethik-Cafés. Die Teilnehmer*innen kommen in die Ethik-Cafés in der Erwartung, Antworten auf ihre Fragen zu bekommen. Dennoch kann es hilfreich sein, im Rahmen inhaltlicher und methodischer Leitplanken sich auf neue Hinweise in der Diskussion einzulassen und das methodisch entsprechend zu begleiten. Denn auch das gehört zur Offenheit: dass alles völlig anders sein könnte, dass die Vorannahmen der Moderator*innen in der Diskussion transparent werden und ein gut begründeter Standpunkt auf einmal brüchig und durchlässig für Veränderungen und Anpassungen wird. Was immer wieder in ethischen Diskussionen genannt wird, sind Begriffe und Konzepte wie beispielsweise ein sehr individuell geprägter und verwendeter Würdebegriff oder Begriff von Gerechtigkeit und damit verbunden die Notwendigkeit einer inhaltlichen Klärung, bevor an anderen Inhalten sinnvoll weitergearbeitet werden kann. Methodisch kann das darauf hinauslaufen, über ein Brainstorming den Begriff für alle zu schärfen oder auch einen kurzen theoretischen Input zu geben, damit ein Weiterarbeiten an den Zielen des jeweiligen Ethik-Cafés möglich ist.

Literatur

Arbeitsgemeinschaft der Wissenschaftlichen Medizinischen Fachgesellschaften (AWMF) (2020). Frühgeborene an der Grenze der Lebensfähigkeit. AWMF-Leitlinien-Register Nr. 024/019 https://www.awmf.
org/uploads/tx_szleitlinien/024-019l_S2k_Fr%C3%BCgeburt_Grenze_
Lebensf%C3%A4higkeit_2021-01.pdf (Zugriff: 12.06.2022)

Arbeitsgemeinschaft der Wissenschaftlichen Medizinischen Fachgesellschaften
(AWMF) (2022). Leitlinien. https://www.awmf.org/leitlinien.html (Zugriff:
12.06.2022)

Aktionskomitee Kind im Krankenhaus (AKIK) (2016). Die EACH CHARTA
mit Erläuterungen. https://www.uniklinik-ulm.de/fileadmin/default/Kliniken/
Kinder-Jugendmedizin/Patienteninformation/EACH-CHARTA_Erla__
uterungen.pdf (Zugriff: 05.01.2022)

Baumann, M. (2013). Palliative Haltung. Masterarbeit. Vallendar. (KiDocs)

Baumann, M. (2020). „Ich will sterben". Reflexionen über Todeswünsche und
assistierten Suizid im Kontext hospizlicher Praxis. In: die hospiz zeitschrift
palliative care 03/2020, S. 43–47.

Baumann, M. (2022). Bewegung erleben bis zum Schluss: Mobilität in palliativen
Situationen. In: Berger, B. et al. (2022). Förderung und Erhaltung der Mobilität
in der Pflege alter Menschen. Empfehlungen für die Praxis. Kohlhammer Verlag:
Stuttgart, S. 344–352.

Baumann, M./Kohlen, H. (2015). Die Geschichte von Frau Peters – Care-ethische
Überlegungen. In: LER 01/2015, S. 18–21.

Baumann, M./Kohlen, H. (2018). "Zeit des Bezogenseins" als Merkmal einer
sorgeethisch begründeten palliativen Praxis. In: Bergemann, L./Hack, C./Frewer,
A. (Hrsg.) (2018). Entschleunigung als Therapie? Zeit der Achtsamkeit in der
Medizin. Jahrbuch Ethik in der Klinik (JEK) Bd. 11. Verlag Königshausen &
Neumann: Würzburg, S. 95–118.

Baumann, M./Kohlen, H. (2019). Welche Ethik braucht Palliative Care? Ein
Plädoyer für eine Ethik der Sorge. In: Kreutzer, S./Oetting-Ross, C./Schwer-
mann, M. (Hrsg.) (2019). Palliative Care aus sozial- und pflegewissenschaftlicher
Perspektive. Beltz Juventa: Wiesbaden, S. 88–113.

Baumann, M./Kohlen, H./Brandenburg, H. (2014). „Ich pflege lebende Tote".
Ethische Überlegungen zur Pflege hirntoter Patienten. In: Zeitschrift für
medizinische Ethik 04/2014, S. 339–353.

Beauftragter der Bundesregierung für die Belange von Menschen mit
Behinderungen (Hrsg.) (2018). UN-Behindertenrechtskonvention. Übereinkommen über die Rechte von Menschen mit Behinderungen. Die amtliche,
gemeinsame Übersetzung von Deutschland, Österreich, Schweiz und Lichten-
stein. BMAS: Bonn. https://www.institut-fuer-menschenrechte.de/fileadmin/

Redaktion/PDF/DB_Menschenrechtsschutz/CRPD/CRPD_Konvention_und_Fakultativprotokoll.pdf (Zugriff 07.07.2022)

Beauchamp, T. L./Childress, J. F. (2013). Principles of Biomedical Ethics. 7. Aufl. Oxford University Press: Oxford.

Bundesärztekammer (Hrsg.) (2011). Grundsätze der Bundesärztekammer zur ärztlichen Sterbebegleitung. In: Deutsches Ärzteblatt 108(07)/2011, S. 346–348. https://www.bundesaerztekammer.de/fileadmin/user_upload/downloads/Sterbebegleitung_17022011.pdf (Zugriff: 07.05.2022)

Burmeister, C. et al. (2021). Organisationsethik in Einrichtungen des Gesundheitswesens. In: Ethik in der Medizin 33(02)/2021, S. 153–158.

Chilian, L. (2018). Care-Ethik/Care-Ethics. In: Ethik-Evangelisch. Eine Initiative des Netzwerks Ethik in der Evangelisch-Lutherischen Kirche in Bayern und der Lehrstühle für Evangelische Ethik an den bayerischen Universitäten. https://www.ethik-evangelisch.de/lexikon/care-ethikcare-ethics (Zugriff: 16.07.2022)

Cohn, R. (1997). Von der Psychoanalyse zur themenzentrierten Interaktion. Klett-Cotta Verlag: Stuttgart.

Conradi, E. (2001). Take Care. Grundlagen einer Ethik der Achtsamkeit. Campus Verlag: Frankfurt am Main.

Deutsche Gesellschaft für Palliativmedizin e. V./Deutscher Hospiz- und PalliativVerband e. V./Bundesärztekammer (Hrsg.) (2010). Charta zur Betreuung schwerstkranker und sterbender Menschen in Deutschland. Berlin. https://www.charta-zur-betreuung-sterbender.de/die-charta.html (Zugriff: 29.12.2021)

Deutscher Berufsverband für Soziale Arbeit e. V. (DBSH) (Hrsg.) (2014). Berufsethik des DBSH. Ethik und Werte. In: Forum sozial. Die berufliche soziale Arbeit 04/2014, S. 1–44. https://www.dbsh.de/media/dbsh-www/redaktionell/pdf/Sozialpolitik/DBSH-Berufsethik-2015-02-08.pdf (Zugriff: 29.12.2021)

Deutscher Ethikrat (2022). Der Ethikrat. https://www.ethikrat.org/der-ethikrat/ (Zugriff: 24.12.2022)

Deutsches Netzwerk für Qualitätsentwicklung in der Pflege (DNQP) (Hrsg.) (2020). Expertenstandard nach § 113a SGB XI „Erhaltung und Förderung der Mobilität in der Pflege". Aktualisierung 2020 im Auftrag der Vertragsparteien nach § 113 Abs. 1 SGB XI vertreten durch den Verein Geschäftsstelle Qualitätsausschuss Pflege e. V. Abschlussbericht 30. Oktober 2020 (redigierte Fassung vom 19.11.2020). Osnabrück. https://www.gs-qsa-pflege.de/wp-content/uploads/2020/12/Expertenstandard-%E2%80%9EErhaltung-und-Fo%CC%88rderung-der-Mobilita%CC%88t-in-der-Pflege%E2%80%9C-Aktualisierung-2020.pdf (Zugriff: 29.12.2021)

Dörries, A. et al. (Hrsg.) (2010). Klinische Ethikberatung. Ein Praxishandbuch für Krankenhäuser und Einrichtungen der Altenpflege. Kohlhammer Verlag: Stuttgart.

European Association for Children in Hospital (EACH) (2006). Die EACH Charta. Informationen und Erläuterungen. 2. Aufl. EACH. https://www.kib. or.at/fileadmin/user_upload/EACH_Web.pdf (Zugriff: 28.01.2022)

Fromm, C. (2012a). Konzeption und Moderation von interdisziplinären Ethik-Cafés im Gesundheitswesen. Masterarbeit. Freiburg. (unveröffentlicht)

Fromm, C. (2012b). Mit Patienten, Angehörigen und Mitarbeitern aus dem Gesundheitswesen ethische Fragestellungen diskutieren. Das Ethik-Café als niederschwelliges interdisziplinäres Angebot im Gesundheitswesen. In: Pflege-wissenschaft 12/2012, S. 645–657.

Fromm, C. (2020). Moralische Probleme und Dilemmata in der Corona-Krise. In Pandemiezeiten verändern sich die ethischen Fragestellungen im Sozial- und Gesundheitswesen. In: Pflegewissenschaft/Sonderausgabe (2020). Die Corona-Pandemie. Hpsmedia: Hungen, S. 78–80.

Fry, S. T. (1995). Ethik in der Pflegepraxis. Anleitung für ethische Entscheidungs-findung. Deutscher Berufsverband für Krankenpflege (DBfK): Eschborn.

Graefe, S. (2008). Im Gewand von Autonomie. In: Bioskop 44/2008, S. 4 f.

Großmaß, R./Perko, G. (2011). Ethik für Soziale Berufe. Ferdinand Schöningh: Paderborn.

Heller, A./Krobath, T. (2010). Organisationsethik – eine kleine Epistemologie. In: Krobath, T./Heller, A. (Hrsg.) (2010). Ethik organisieren. Handbuch der Organisationsethik. Freiburg im Breisgau, S. 43–70.

Hellmann, G. (Hrsg.) (2015). Markenzeichen Ethik! Führung durch Ethik und Identität. Ethikmanagement und Ethikführung in konfessionell geführten Krankenhäusern. medhochzwei Verlag: Heidelberg.

Hiemetzberger, M. (2013). Ethik in der Pflege. facultas: Wien.

Institut für Qualität und Wirtschaftlichkeit im Gesundheitswesen (IQWiG) (2022). https://www.iqwig.de/ (Zugriff: 12.06.2022)

International Council of Nurses (ICN) (2021). Der ICN-Ethikkodex für Pflege-fachpersonen. Überarbeitet 2021. https://www.dbfk.de/media/videos/rvno/ ICN_Ethikkodex_2021.pdf (Zugriff: 04.01.2022)

Jansen, D. (2002). Tipps für die Moderation. http://www.dhv-speyer.de/hill/Lehr-angebot/Moderationstipps.pdf (Zugriff: 12.06.2011)

Kohlen, H. (2015). Care-Ethik in der klinischen Praxis. In: LER 01/2015, S. 14–17.

Kohlen, H./Kumbruck, C. (2008). Care-(Ethik) und das Ethos fürsorglicher Praxis (Literaturstudie). artec-paper Nr. 151, Bremen. http://www.uni-bremen.de/ fileadmin/user_upload/single_sites/artec/artec_Dokumente/artec-paper/151_ paper.pdf (Zugriff: 06.09.2016)

Koordinierungsstelle für Hospiz- u. Palliativversorgung in Deutschland (2021). Die Charta – Entwicklung. https://www.charta-zur-betreuung-sterbender.de/die-charta_entwicklung.html (Zugriff: 29.12.2021)

Krobath, T./Heller, A. (2010). Ethik organisieren. Einleitung zur Praxis und Theorie der Organisationsethik. In: Krobath, T./Heller, A. (Hrsg.) (2010). Ethik organisieren. Handbuch der Organisationsethik. Lambertus-Verlag: Freiburg im Breisgau, S. 13–42.

Lauber, A. (Hrsg.) (2011). Grundlagen beruflicher Pflege. Thieme Verlag: Stuttgart.

Maio, G. (2012). Mittelpunkt Mensch. Lehrbuch der Ethik in der Medizin. 2.,überarbeitete und erweiterte Aufl. Schattauer Verlag: Stuttgart.

Maio, G. (2017). Mittelpunkt Mensch. Lehrbuch der Ethik in der Medizin. 2., überarbeitete und erweiterte Aufl. Schattauer: Stuttgart.

May, A. T. et al. (2010). Curriculum zur Qualifikation für Mitglieder von Ethik-Komitees in kirchlichen Einrichtungen des Gesundheitswesens. In: Heinemann, W./Maio, G. (Hrsg.) (2010). Ethik in Strukturen bringen. Denkanstöße zur Ethikberatung im Gesundheitswesen. Verlag Herder: Freiburg, S. 247–264.

Monteverde, S. (2017). Ethische und juristische Aspekte in Palliative Care. In: Steffen-Bürgi, B. et al. (Hrsg.) (2017). Lehrbuch Palliative Care. Hogrefe Verlag: Bern, S. 831–849.

Pfeifer, V. (2009). Didaktik des Ethikunterrichts. Bausteine einer integrativen Wertevermittlung. Kohlhammer Verlag: Stuttgart.

Rehbock, T. (2000). Braucht die Pflege eine eigene Ethik? In: Pflege 05/2000, S. 280–289.

Reich, K. (2012). Konstruktiver Methodenpool. http://www.uni-koeln.de/hf/konstrukt/didaktik/uebersicht.html (Zugriff: 22.11.2021)

Reiter-Theil, S. (2005). Klinische Ethikkonsultation – eine methodische Orientierung zur ethischen Beratung am Krankenbett. In: Schweizerische Ärztezeitung 86(06)/2005, S. 346–351.

Riedel, A. (2017). Pflegerische Ethik. https://www.bpb.de/themen/umwelt/bioethik/182461/pflegerische-ethik/ (Zugriff: 12.02.2022)

Sautet, M. (1999). Ein Café für Sokrates. Philosophie für jedermann. GoldmannVerlag: Düsseldorf.

Schäfer, C. (2021). Was Elfchen mit Konflikten und Mediation zu tun haben. https://www.christaschaefer.de/blog/2021/was-elfchen-mit-konflikten-und-mediation-zu-tun-haben/ (Zugriff: 11.06.2022)

Schirmer, U. B. (2018). Einfühlsam Gespräche führen. Empathische Kommunikation in Gesundheits-, Pflege- und Sozialberufen. Hogrefe: Bern.

Schmid, U. (2018a). Prophylaxen. In: Kränzle, S./Schmid, U./Seeger, C. (Hrsg.) (2018a). Palliative Care. Praxis, Weiterbildung, Studium. 6., aktualisierte und erweiterte Aufl. Berlin: Springer, S. 207–208.

Schmid, U. (2018b). Lagerung. In: Kränzle, S./Schmid, U./Seeger, C. (Hrsg.) (2018b). Palliative Care. Praxis, Weiterbildung, Studium. 6., aktualisierte und erweiterte Aufl. Berlin: Springer, S. 208–209.

Schnabl, C. (2010). Care/Fürsorge: Eine ethisch relevante Kategorie für moderne Gesellschaften? In: Krobath, T./Heller, A. (Hrsg.) (2010). Ethik organisieren. Handbuch der Organisationsethik. Lambertus-Verlag: Freiburg im Breisgau, S. 107–128.

Scholz, L. (2016). Methodenkiste. Bundeszentrale für politische Bildung. https://www.academia.edu/30896969/Methodenkiste_Bundesamt_politische_Bildung (Zugriff: 22.11.2021)

Schweizer Berufsverband der Pflegefachfrauen und Pflegefachmänner (2006). Ethik in der Pflegepraxis. SBK – ASI: Bern. https://www.medi-job.ch/downloads.html?file=files/downloads/SBK-ASI_Ethik_in_der_Pflegepraxis.pdf (Zugriff: 07.07.2022)

Schweppenhäuser, G. (2006). Grundbegriffe der Ethik zur Einführung. 2., überarbeitete Aufl. Junius Verlag: Hamburg.

Stangl, W. (2022). Brainstorming. https://arbeitsblaetter.stangl-taller.at/PRAESENTATION/brainstorming.shtml (Zugriff: 29.01.2022)

Steinkamp, N./Gordijn, B. (2010). Ethik in Klinik und Pflegeeinrichtung. Ein Arbeitsbuch. 3., überarbeitete Aufl. Luchterhand: Köln.

Stroebe, W./Nijstad, B. (2004). Warum Brainstorming in Gruppen Kreativität vermindert. In: Psychologische Rundschau 55(01)/2004, S. 2–10.

Van der Arend, A. J. G. (1998). Pflegeethik. Ullstein Medical Verlag: Wiesbaden.

Vosman, F. (2016). Kartographie einer Ethik der Achtsamkeit – Rezeption und Entwicklung in Europa. In: Conradi, E./Vosman, F. (Hrsg.) (2016). Praxis der Achtsamkeit. Schlüsselbegriffe der Care-Ethik. Campus Verlag: Frankfurt am Main/New York, S. 33–51.

Wahl, A. (2016). Methodenkiste Bundesamt politische Bildung. https://www.academia.edu/30896969/Methodenkiste_Bundesamt_politische_Bildung (Zugriff: 20.01.2022)

Weltärztebund-Generalversammlung (WMA) (Hrsg.) (2013). Deklaration von Helsinki – Ethische Grundsätze für die medizinische Forschung am Menschen. https://www.bundesaerztekammer.de/fileadmin/user_upload/downloads/pdf-Ordner/International/Deklaration_von_Helsinki_2013_20190905.pdf (Zugriff: 29.12.2021)

Wild, E. (1980). Inneres Sprechen – äußere Sprache. Psycholinguistische Aspekte einer Didaktik der schriftlichen Sprachverwendung. Klett-Cotta Verlag: Frankfurt.

Wygotski, L. S. (1991). Denken und Sprechen. Fischer Verlag: Frankfurt am Main.

3

Ethik-Cafés praktisch umsetzen

In diesem Kapitel geben wir praktische Hinweise für die Planung von Ethik-Cafés. Außerdem werden wir anhand von beispielhaften Jahresreihen und durchgeführter Ethik-Cafés veranschaulichen, wie Ethik-Cafés konkret geplant und durchgeführt werden können.

3.1 Ethik-Cafés planen

Zeit und Ort

Unsere Reihe Ethik-Café ist an den Standorten A und B im Auftrag eines Klinischen Ethik-Komitees (KEK) im Gesundheitswesen entstanden und entwickelt worden. Das KEK hat im Rahmen seiner Verantwortung (Einzelfallberatung, Leitlinienentwicklung und Fort- und Weiterbildung) das Ethik-Café als interdisziplinär und multiprofessionell ausgerichtete Veranstaltung in Zusammenarbeit mit der Abteilung Fort- und Weiterbildung eines Bildungszentrums etabliert. Das Ethik-Café wird als fester Veranstaltungstermin geplant und mit einem Thema/einer Fragestellung angekündigt. Die Veranstaltung wird an ca. vier bis acht Terminen pro Jahr an den beiden Standorten des Auftraggebers angeboten. Weitere Standorte sind im Lauf der Jahre hinzugekommen. Zeitlich und örtlich hat sich der frühe Nachmittag direkt in den Kliniken bewährt. Somit sind für die meisten der Angesprochenen die Wege nicht weit und bekannt. Als Zeitrahmen sind 90 Min. pro Veranstaltung geplant. Für das leibliche Wohl wird gesorgt. Es werden Kaffee, Tee und Gebäck angeboten. Für die organisatorische und inhaltliche Vorbereitung des Ethik-Cafés dient eine Planungsmatrix[1].

Inzwischen konnten wir das Ethik-Café an ganz verschiedenen Orten auf Nachfrage durchführen oder auch als interdisziplinäres und multiprofessionelles Regelangebot eines ethischen Dialogs etablieren – an der Universität, Fachhochschule, Pflegeschule, in Krankenhäusern, in Fort- und Weiterbildungsinstituten im Sozial- und Gesundheitswesen und in einem Hospiz. Der Nachmittag hat sich bewährt, damit verschiedene Berufsgruppen zueinander finden, aber auch digitale Angebote am Abend wurden gut angenommen.

Werbung

Die Ethik-Cafés werden i. d. R. ein Jahr im Voraus federführend von den Moderator*innen inhaltlich in enger Absprache mit dem KEK bzw. mit den Auftraggeber*innen geplant. Für das Jahresprogramm wird ein Leitgedanke für die Themenreihe entwickelt.

Für das Marketing werden Jahresflyer[2] und Plakate[3] konzipiert und in einem Verteiler in der Einrichtung und darüber hinaus veröffentlicht und postalisch und digital versandt. Außerdem wird im Internetauftritt der Kliniken für das Ethik-Café in enger Zusammenarbeit mit der Abteilung der Unternehmenskommunikation geworben. In regionalen Zeitungen wird auf das Ethik-Café hingewiesen, um auch Interessenten außerhalb des Klinik-Verbunds zu erreichen. Somit wird der inter- und multiprofessionellen Ausrichtung entsprochen. Auf der Webseite der Moderator*innen wird zudem auf die Reihe hingewiesen. Einige Auftraggeber werben zudem mit Postern an zentralen Stellen in der Einrichtung, die öffentlich zugänglich sind und darüber hinaus.

Themenfindung

Die Moderator*innen identifizieren aktuelle ethische Themen bzw. Fragestellungen zum Leben allgemein, insbesondere aber im Kontext des Sozial- und Gesundheitswesens. Im Jahr 2020 behandelte die Themenreihe ethische Aspekte in Pandemiezeiten – beispielsweise mit konkreten Fragestellungen zur Gerechtigkeit. Hierzu ist es hilfreich, die Gäste der Ethik-Cafés nach Wünschen und Interessen im Vorfeld zu befragen und die Themenwünsche

---

[1] Anlage A4.

[2] Ein Beispiel als Anlage A3.

[3] Ein Beispiel als Anlage A6.

Thema	Merkmal (Noten 1 ... 5)				N
	Ertrag	Diskurs	Rahmenbe-dingungen	Gesamt-urteil	
Sinn	1,3	1,1	1,3	1,2	9
Wahrheit	1,2	1,0	1,5	1,2	7
Würde	1,4	1,1	1,5	1,4	16
Belastungen - Entlastungen	1,6	1,3	1,3	1,4	3
Gerechtigkeit	1,6	1,4	1,5	1,6	15
Ansprüche	1,6	1,2	1,7	1,6	7
Entscheidungen	1,8	1,3	1,8	1,7	12
Zusammen	1,5	1,2	1,5	1,5	69
eta	0,42	0,28	0,29	0,44	

Abb. 3.1 Evaluation: Bewertung der Ethik-Cafés nach Themen. (Quelle: Fromm 2012a, S. 45)

in das zu planende Programm einfließen zu lassen. Bei externen Anfragen zu Ethik-Cafés werden von den Auftraggeber*innen in der Regel bestimmte Themen bzw. Fragestellungen direkt angefragt oder aus dem Portfolio der Moderator*innen gewünscht.

Die Evaluation der ersten Ethik-Cafés veranschaulicht die Relevanz der Themenwahl in den Ethik-Cafés hinsichtlich „Ertrag", „Rahmen-bedingungen" und „Diskursqualität" und zeigt auf, welche Ethik-Cafés aus Sicht der Befragten besonders hilfreich waren (Abb. 3.1).

3.2   Beispiele für Jahresplanungen

Es gibt verschiedene Möglichkeiten, Ethik-Cafés im Rahmen einer institutionsspezifischen Organisationsethik zu planen – ausgehend von den Wünschen der Teilnehmer*innen oder von den Wünschen der Institution oder durch Setzung der Moderator*innen. Wir haben gute Erfahrungen damit gemacht, Wünsche von Teilnehmer*innen und Wünsche der Institution miteinander abzugleichen und davon ausgehend die zu planenden Ethik-Cafés eines Jahres unter ein gemeinsames Thema mit einer Überschrift zu stellen und beides wiederum mit den Ethik-Verantwortlichen bzw. Fortbildungsverantwortlichen der Institution abzustimmen. Leitend können dabei institutionsinterne Themen (Patient*innenorientierung, Fehlermanagement, Implementierung von Strukturen zur Verbesserung der Palliative Care-Versorgung etc.) und aktuelle Themen (Debatte um den assistierten Suizid, Fragen von Freiheit und Gerechtigkeit in Zeiten einer Pandemie etc.) sein. Leitend sind auch der Zweck der Veranstaltung (Fortbildung, Reflexionsraum, multiprofessioneller Dialog etc.) und die Adressat*innen der Veranstaltung (Pflegende, Ärzt*innen, Sozialdienst, Psycholog*innen, Seelsorger*innen, Schüler*innen, Student*innen, Auszubildende oder eine Mischung aus verschiedenen Adressatengruppen). Leitend ist freilich auch die Einbettung der Veranstaltung (eigenständige Veranstaltung oder im Rahmen einer Fortbildungsveranstaltung), der Ort (am Ort der beauftragenden Institution oder an davon unabhängigem Ort) und die Zeit (nachmittags nach der Arbeit oder nachmittags mit überwiegend nicht Berufstätigen oder abends mit Berufstätigen). Im Folgenden stellen wir zwei Reihen vor, die wir gemeinsam im Kontext zweier Kliniken geplant und veranstaltet hatten: durch Wünsche von Teilnehmer*innen und der Institution, multiprofessionell angelegt, nachmittags nach der Arbeit mit überwiegend Berufstätigen, eigenständige Veranstaltungsreihe, in den Räumen der beauftragenden Institution.

3.2.1 Ethik-Cafés 2016

Zur Reihe „Ethik-Café" hatte das Klinische Ethikkomitee (KEK) beider Kliniken (Verbund) mit folgendem Text eingeladen.

„Sehr geehrte Damen und Herren, im Klinikalltag werden wir zunehmend mit Fragen konfrontiert, auf die es keine eindeutigen Antworten gibt. Zudem ist es wichtig, bei Entscheidungen die individuellen Bedürfnisse des Menschen zu berücksichtigen. Betroffene, seien es Patienten, Angehörige, Ehrenamtliche, Mitarbeiter, Pflegende und Ärzte, wünschen sich einen Austausch über die unterschiedlichen Perspektiven und Wahrnehmungen.

Die Veranstaltungsreihe ‚Ethik-Café' des Klinischen Ethikkomitees [...] bildet ein offenes, moderiertes Forum, in dem Interessierte an ethischen Fragen arbeiten können, die sie beschäftigen. Es versteht sich als transparenter Verständigungsprozess zu Themen, die das Leben allgemein und im Zusammenhang mit einem Krankenhausaufenthalt betreffen.

In der Reihe Ethik-Café soll es 2016 um Fragen von Verantwortung und Loyalität im Rahmen unserer gesundheitlichen Versorgung gehen. Um Fragen, wer für was in welchem Umfang die Verantwortung tragen will, tragen kann oder tragen soll – die Gesellschaft, Institutionen des Gesundheitswesens oder wir selbst. Unter besonderer Berücksichtigung der Loyalität anderer im engeren und weiten Sinne, aber auch mir selbst gegenüber wollen wir in vier themenbezogenen Veranstaltungen mit Ihnen einen ethischen Diskurs führen.

Herzlich eingeladen sind alle, die sich mit Menschen im Krankenhaus beschäftigen. Besonders richtet sich die Veranstaltungsreihe an Menschen, die diesbezüglich in Verantwortung stehen oder selbst Patient oder Angehöriger sind." (KEK 2016)

Die Fragen von Verantwortung und Loyalität diskutierten wir in den vier Themen Caring Communities, Enhancement, die Grenzen der Medizin und das Projekt Lebensende. In allen Themen sind sozial- und individualethische Perspektiven miteinander verbunden und können mit Hilfe des Mehr-Ebenen-Modells aufgeschlossen werden. Hierzu formulierten wir folgende Ausschreibungstexte.

„Caring Communities oder die Frage geteilter Verantwortung
Die menschenwürdige Versorgung alter Menschen könne nur dann gelingen, wenn alle Generationen und Gruppen der Gesellschaft einen Teil der Lasten tragen. So die Befürworter des Konzepts der Caring Communities, der sorgenden Gemeinschaften. Erweitern lässt sich dieses Konzept um Fragen der würdigen Sterbebegleitung und um den Umgang mit Menschen, die hilfesuchend in unser Land fliehen. Wir wollen uns in diesem Ethik-Café mit Fragen des Für und Wider des Konzepts beschäftigen. Wer trägt wofür die Verantwortung?

Enhancement oder die Optimierung des Menschen
Die Erweiterung des medizinisch Möglichen und Machbaren konfrontiert uns mit der ethisch brisanten Frage, was getan werden soll bzw. was getan werden darf, um den Menschen im Rahmen der erweiterten medizinischen Möglichkeiten immer weiter zu perfektionieren (Enhancement). Am Beispiel der PID (Präimplantationsdiagnostik) lenken wir die Aufmerksamkeit auf ethische Fragen am Beginn des Lebens.

Möglichkeiten oder Grenzen des Machbaren
In diesem Ethik-Café nähern wir uns der Frage von Verantwortung und Loyalität aus der Perspektive des medizinisch Möglichen und Machbaren

an. Was ist unser Verständnis von Medizin und Pflege? Welche Medizin brauchen wir, um den Herausforderungen der Gegenwart gut begegnen zu können? Welche Rolle spielen Gesellschaft, Institutionen des Gesundheitswesens und wir selbst im Zusammenhang der Klärung dieser Fragen? Das Medizin- und Pflegeverständnis von Theda Rehbock werden wir für unsere Diskussion vertiefend nutzen.

Sterben oder das ‚Projekt Lebensende'
Wir sind es gewöhnt, alles selbst in die Hand zu nehmen, alles selbst zu bestimmen. Warum sollte das am Lebensende anders sein? So fragt der Soziologe Reimer Gronemeyer und bezeichnet das, was er diesbezüglich beobachtet, als ‚Projekt Lebensende' und meint hierzu: ‚Heute ist der Tod nichts mehr, das einfach kommt.' Im letzten Ethik-Café des Jahres werden wir diese Fragen einer planbaren Gestaltung des Lebensendes aufgreifen und kritisch diskutieren." (KEK 2016)

3.2.2 Ethik-Cafés 2018

Auch zu dieser Reihe hatte das Klinische Ethikkomitee eingeladen. Wir hatten die Themen unter der Überschrift „Der Mensch im Gesundheitswesen ist unter Druck" zusammengefasst und dieses Thema aus der Perspektive von Ökonomisierung und Beschleunigung der Gesundheitssorge, von kollidierenden Menschenbildern (Interkulturalität), der Unerträglichkeit des Leidens und schließlich des Menschen an seinem Lebensende („Sterbefasten") diskutiert. Zur Reihe „Ethik-Café" lud das Klinische Ethikkomitee mit folgendem Ausschreibungstext ein. „Der Mensch im Gesundheitswesen ist unter Druck geraten, sei es als Patient, als An- und Zugehöriger oder als Mitarbeiter. In der Ethik-Café-Reihe für 2018 widmen wir uns Situationen, in denen Menschen durch diesen Druck an ihre Grenzen kommen. Wir sprechen aus einer ethischen Perspektive über unsere Erfahrungen und diskutieren mögliche Strategien, wie wir damit bereits umgehen und umgehen können. Wir freuen uns auf konstruktive und perspektivenreiche Diskussionen." (KEK 2018) Das sind unsere Themen:

„Ökonomie versus Ethik im Gesundheitswesen?
In diesem Ethik-Café betrachten wir zwei Phänomene, in deren Sog unser Gesundheitswesen geraten ist: Seine Beschleunigung und seine Ökonomisierung. Wie können und wie sollen begrenzte Ressourcen gerecht verteilt werden? Wie kann im beschleunigten und ökonomisierten Gesund-

heitswesen das bewahrt werden, was der Kern von Medizin und Pflege ist? Welches Medizin- und Pflegeethos kann uns dabei unterstützen, die Menschenwürde nicht aus dem Blick zu verlieren?

Interkulturalität als Herausforderung
Im Gesundheitswesen treffen sowohl Mitarbeiter als auch Patienten mit ihren An- und Zugehörigen unterschiedlicher kultureller und religiöser Prägungen aufeinander. Sie sollen alle integriert werden und sich integrieren lassen. Menschen geraten dann unter Druck, wenn Menschenbilder miteinander kollidieren und die Vorstellungen eines guten Lebens und Sterbens unterschiedlich sind. Was wird von mir erwartet, wenn ich mich in ein Gesundheitssystem integrieren lassen soll, in dem ganz andere kulturell und religiös verbürgte Werte gelten, als sie mir vertraut sind?

Die Unerträglichkeit des Leidens
Menschen geraten unter Druck durch die Unerträglichkeit des Leidens. Claudia Bozzaro weist darauf hin, dass die ‚Unerträglichkeit des Leidens‘ als Begründung herhalten muss im Rahmen von Entscheidungsfindungsprozessen am Lebensende. Doch was ist ‚unerträglich‘ und was ist ‚unerträgliches Leiden‘? Was verursacht dieses Leiden und wie begegne ich diesem Leiden? Wer spricht für wen und wer leidet?

‚Sterbefasten‘
Im letzten Ethik-Café des Jahres beschäftigen wir uns mit Fragen des ‚Freiwilligen Verzichts auf Nahrung und Flüssigkeit‘– des Sterbefastens. Der Mensch ist in heutiger Zeit unter Druck geraten, sein Lebensende selbst bestimmen zu wollen und zu sollen. Und dort, wo er nicht länger zu leben braucht, dann auch Möglichkeiten zu finden, um sich selbst und anderen nicht zur Last zu fallen. Manche wählen den Weg des Sterbefastens. Welche Konsequenzen hat dies für die Betroffenen, die Institutionen im Gesundheitswesen und die Gesellschaft?" (KEK 2018)

3.3   Ethik-Cafés – ausgewählte Beispiele

Anhand ausgewählter Beispiele aus diesen beiden und weiteren Reihen stellen wir eine Auswahl unserer Ethik-Cafés inhaltlich vor. Wir veranschaulichen außerdem, wie wir unserer Moderation das Vier-Phasen-Modell zugrunde legen:

- Impulse aufnehmen: Öffnen fürs Thema durch Impulse (Frage, Kurz-referat etc.)
- Ideen einbringen: Erfahrungs- und Gedankenaustausch
- Ethisch reflektieren – abstrakt denken: Vertiefung; Schärfen der Begriffe und Konzepte; Abstrahierung durch Strukturierung, beispielsweise durch Visualisierung; Fokussierung des ethischen Gehalts der Fragestellung und der Diskussion
- Erkenntnisse gewinnen: Anwendung auf den eigenen Arbeits- und Lebensbereich

Die Ethik-Cafés stellen wir in der Struktur vor:

- Ankündigungstext
- Hinführung zum Thema
- Planungsmatrix nach dem Vier-Phasen-Modell
- Thematischer Gedankenspeicher, in dem wir unsere inhaltliche Vorbereitung darlegen
- Literaturhinweise

3.3.1 Würde

a. Ankündigungstext
„„Die Würde des Menschen ist unantastbar'. Was meine ich damit, wenn ich von Würde spreche? Meint mein Gegenüber das gleiche? Wie verständige ich mich im Alltag über diesen Begriff und wie spiegelt er sich in meinem Handeln wider?" (KEK 2010/2011)

b. Hinführung zum Thema
Der Ankündigungstext des 2010 durchgeführten Ethik-Cafés zum Thema „Würde" sollte verdeutlichen, dass es voraussetzungsvoll ist, wenn wir von der Würde eines Menschen sprechen, die zugleich unantastbar und doch verlier- und verletzbar ist. Voraussetzungsvoll deshalb, weil wir uns **vor** einem Sprechen über Würdeverletzungen oft nicht darüber verständigen, was wir persönlich unter „Würde" verstehen und damit das gegenseitige Verstehen und Sprechen über Würde, über Menschenwürde, über menschenwürdiges und menschenunwürdiges Leben und Sterben möglicherweise aneinander vorbei gehen. Auch der Gesetzgeber hatte in der Formulierung

des Grundgesetzes bewusst darauf verzichtet zu definieren, was er unter Menschenwürde versteht und wie er ihren Schutz begründet sieht. (Wetz 2002) In der Formulierung des Grundgesetzes ist die Würde des Menschen unantastbar. Deshalb ist es die Verpflichtung aller staatlichen Gewalt, dass die Würde des Menschen geachtet und geschützt wird. (Grundgesetz Art. 1 Abs. 1)

Bevor wir über Würde sprechen, sollte deshalb die Verständigung über das eigene Würdeverständnis stehen – im Sinne einer Metaethik, damit wir sprachfähig und füreinander verstehbar sind. Unser Würdeverständnis berührt unsere Vorstellung von einem guten Leben und Sterben und ist damit Teil unserer Moral, weil unserem Würdeverständnis Werte zugrunde liegen, die es zu öffnen lohnt. Über Würde zu sprechen, bedeutet, darüber zu sprechen, was uns wichtig ist und was Wert für uns hat im tätigen und sprechenden Handeln. Darauf weist auch die Herkunft des Begriffs Würde hin. Denn Würde kommt aus dem mittelhochdeutschen „wirde" und bedeutet Wert, Ansehen und Ehre, abgeleitet aus dem althochdeutschen „wirdī" (Ansehen). Würde ist der Wert jedes Menschen, der Achtung vor diesem Menschen gebietet. Im Alltagsgebrauch geraten meist zwei Auffassungen von Würde durcheinander. Das Verständnis von Würde als absoluter Würde. Diese ist unantastbar und nur mit dem Leben des Menschen verlierbar. Die Würde ist ans Leben gebunden, so dass die Unantastbarkeit der Würde bedeutet, dass damit das Leben eines jeden Menschen unantastbar ist (absolute Würde). Das andere Verständnis von Würde ist ein relationales, das in Beziehungen gestaltet, also entweder geachtet oder verletzt werden kann. Ein solches Verständnis haben z. B. Bewohner*innen von Pflegeeinrichtungen geäußert, die Sorge haben, ihre Würde zu verlieren, wenn sie anderen zur Last fallen. (Pleschberger 2005) Das ist das Ergebnis der Untersuchung von Sabine Pleschberger, die Interviews mit Bewohner*innen in Pflegeheimen geführt hat, um herauszufinden, welche Bedingungen ein Leben in Würde bis zuletzt für auf Pflege angewiesene ältere Menschen ermöglichen können. Die Ergebnisse zeigen, dass Krankheit und Pflegebedürftigkeit als Bedrohung der eigenen Würde betrachtet werden. Das Vorhandensein und die Stabilität sozialer Beziehungen wirken grundsätzlich positiv auf das Erleben von Würde ein – weshalb die Bewohner*innen auf gute Beziehungen zu den Pflegenden achten, um ihnen ja nicht zur Last zur fallen. (ebd.) Wenn wir im Kontext der Gesundheitssorge von Würde sprechen, lohnt es sich also, sich darüber austauschen, was der je andere darunter versteht, um Bedürfnisse von Menschen, die auf

Pflege angewiesen sind, wahrnehmen und ernstnehmen zu können. Darüber soll in diesem Ethik-Café ein Austausch gelingen verbunden mit einem Perspektivenwechsel. Was ist dein und was ist mein Verständnis von Würde und wie kann im sorgenden Handeln unser beider Würde geschützt werden?

c. Planungsmatrix

Struktur/Phasen	Methode/Inhalt
Begrüßung	Hinführung zum Thema
(1) Impulse aufnehmen (2) Ideen einbringen	Impulsfrage: Was ist Würde? In welchen Zusammenhängen ist Würde für Sie relevant im Kontext der Gesundheitssorge?
(3) Ethisch reflektieren – abstrakt denken	Visualisierung der Ergebnisse der Diskussion und Clustern nach dem Modell der Unterscheidung einer absoluten Würde und einer relationalen Würde in Anlehnung an Wetz (2002), Von Wolff-Metternich (2012), Pleschberger (2005) und Leget (2021).
(4) Erkenntnisse gewinnen	Diskussion: Welches Verständnis leitet Ihr Handeln? Wie können Ihre und die Würde des anderen im Rahmen der Gesundheitssorge geschützt werden? Visualisierung der Ergebnisse der Diskussion
Abschluss	Ausblick aufs nächste Ethik-Café

d. Gedankenspeicher

Nach der Begrüßung und Einführung ins Thema kann den Teilnehmer*innen die Frage gestellt werden, was sie unter Würde verstehen und in welchen Zusammenhängen Würde für sie relevant ist im Kontext der Gesundheitssorge. Sich dem Verständnis von Würde zu nähern, bedingt, uns zugleich über unser Verständnis ihrer Verletzung zu verständigen. In der Literatur wird als Verletzung der Menschenwürde betrachtet:

- Wenn der Einzelne zu einem bloßen Mittel, zur vertretbaren Sache herabgewürdigt, auf die Ebene einer Sache erniedrigt wird
- Wenn die Intimsphäre nicht geachtet wird
- Wenn die Ehre eines anderen in demütigender Weise gekränkt wird
- Wenn das Leben zum bloßen Vegetieren verurteilt wird
- Etc.

Doppelnatur der Menschenwürde

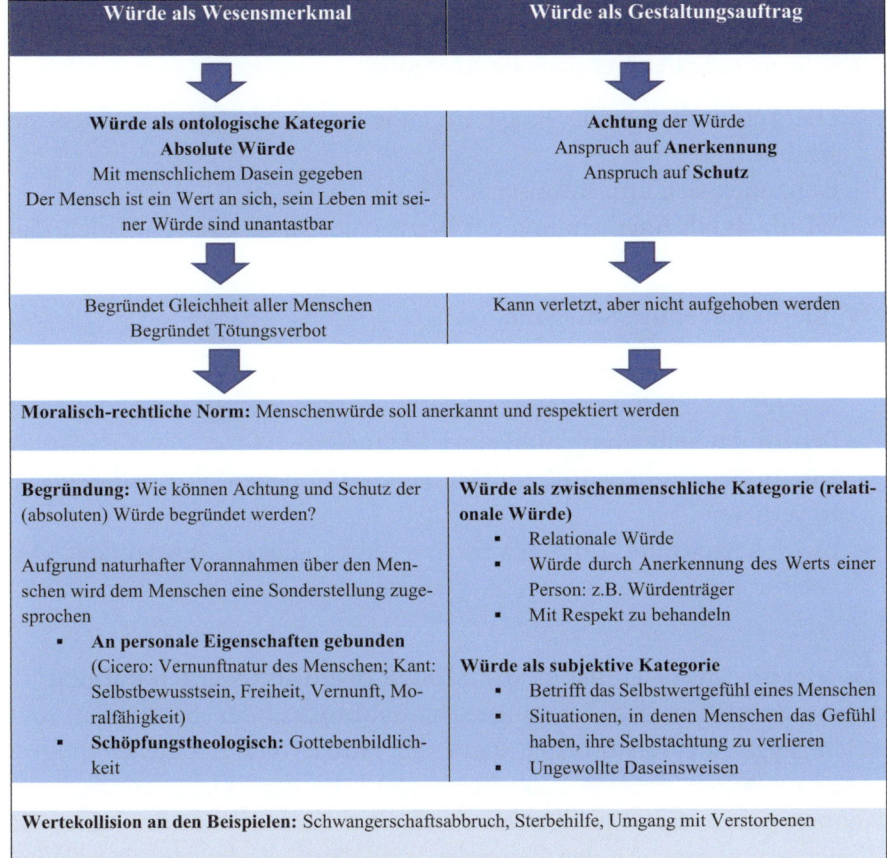

Würde als Wesensmerkmal	Würde als Gestaltungsauftrag
Würde als ontologische Kategorie **Absolute Würde** Mit menschlichem Dasein gegeben Der Mensch ist ein Wert an sich, sein Leben mit seiner Würde sind unantastbar	**Achtung** der Würde Anspruch auf **Anerkennung** Anspruch auf **Schutz**
Begründet Gleichheit aller Menschen Begründet Tötungsverbot	Kann verletzt, aber nicht aufgehoben werden

Moralisch-rechtliche Norm: Menschenwürde soll anerkannt und respektiert werden

Begründung: Wie können Achtung und Schutz der (absoluten) Würde begründet werden?
 	
Aufgrund naturhafter Vorannahmen über den Menschen wird dem Menschen eine Sonderstellung zugesprochen
  ▪ **An personale Eigenschaften gebunden**
     (Cicero: Vernunftnatur des Menschen; Kant: Selbstbewusstsein, Freiheit, Vernunft, Moralfähigkeit)
  ▪ **Schöpfungstheologisch:** Gottebenbildlichkeit
	Würde als zwischenmenschliche Kategorie (relationale Würde)
	  ▪ Relationale Würde
	  ▪ Würde durch Anerkennung des Werts einer Person: z.B. Würdenträger
	  ▪ Mit Respekt zu behandeln
	
	Würde als subjektive Kategorie
	  ▪ Betrifft das Selbstwertgefühl eines Menschen
	  ▪ Situationen, in denen Menschen das Gefühl haben, ihre Selbstachtung zu verlieren
	  ▪ Ungewollte Daseinsweisen

Wertekollision an den Beispielen: Schwangerschaftsabbruch, Sterbehilfe, Umgang mit Verstorbenen

Abb. 3.2 Doppelnatur der Menschenwürde (Eigene Darstellung)

Die Ergebnisse können visualisiert und geclustert werden nach dem Modell der Unterscheidung einer absoluten Würde und der Würde als Gestaltungsaufgabe in Anlehnung an Wetz (2002), Von Wolff-Metternich (2012) und Pleschberger (2005). Die Dreiteilung des Würdebegriffs nach Carlo Leget (2021) fügt eine weitere wichtige Unterscheidung hinzu, die sich in das zweigeteilte Würdemodell integrieren lässt (Abb. 3.2). Er unterscheidet

- Würde als ontologische Kategorie
    - Diesem liegt die Frage nach dem Wesen des Menschen zugrunde: Wer bin ich?
    - Sie ist mit dem Mensch-Sein gegeben – angeboren

- Bsp.: Allgemeine Erklärung der Menschenrechte
- Menschen sind gleich und frei an Würde und Rechten geboren

• Würde als zwischenmenschliche Kategorie

- Die zugrundeliegende Frage ist: Wie kann ich Würde achten und schützen?
- Es handelt sich um: Relationale Würde
- Würde durch Anerkennung des Werts einer Person: z. B. Würdenträger
- Handlungsnorm: Mit Respekt zu behandeln

• Würde als subjektive Kategorie

- Es liegt die Frage zugrunde: Wer bin ich für mich und in Bezug auf andere?
- Betrifft das Selbstwertgefühl eines Menschen
- Situationen, in denen Menschen das Gefühl haben, ihre Selbstachtung zu verlieren
- Bsp.: Ungewollte Daseinsweisen – Abhängigkeit, Einsamkeit, Verzweiflung etc.

Beispiele, die im Anschluss an das Modell diskutiert werden können

An den Beispielen des Schwangerschaftsabbruchs, der Sterbehilfe sowie des Umgangs mit Verstorbenen kann der Nutzen der Differenzierung des Konzepts „Würde" veranschaulicht werden. In den Debatten und Diskussionen gehen die Begrifflichkeiten durcheinander, es findet kaum eine Differenzierung statt. An den Beispielen wird deutlich, dass die einen Würde als Wesensmerkmal verstehen (der Wert des unverfügbaren Lebens), die anderen Würde als Gestaltungsauftrag (die Würde wird durch Achtung der Selbstbestimmung geschützt). Die Argumentationen müssen aneinander vorbeigehen. Die Klärung des eigenen Verständnisses kann unseres Erachtens ein Verstehen des anderen begünstigen.

● Schwangerschaftsabbruch

Inwiefern können Schwangerschaftsabbrüche Würdeverletzungen darstellen?	
Durch Verletzung der **Interessen des Kindes**	Durch Verletzung der **Interessen der werdenden Mutter**
Im Interesse des ungeborenen Kindes: Grundsätzliches Recht auf Leben (absolute Würde) Heiligkeit/Unverfügbarkeit des menschlichen Lebens, Recht auf Leben und deshalb Tötungsverbot (Wesensmerkmal)	Im Interesse der werdenden Mutter: Recht auf Selbstbestimmung (Gestaltungsauftrag)
Wenn Würde an personale Eigenschaften gebunden wird, bleiben Fragen offen: • Wenn Würde an Vernunftnatur (Cicero) oder an Empfindungsfähigkeit (Singer) gebunden wird, was ist mit Menschen, die diese Bedingungen nicht erfüllen? Darf ihnen das Person-Sein abgesprochen werden und damit das Lebensrecht? • Darf Würde an das Überlebensinteresse des Einzelnen gebunden werden? – Wenn erst ab 15. SSW empfindungsfähig, haben Föten davor kein Interesse? • Wenn an Personenstatus gebunden: ab wann beginnt Person-Sein? Ab Verschmelzung? Braucht es das Konstrukt eines potentiellen Person-Seins zum Schutz des ungeborenen Lebens? • Wie kann das würdevolle Leben bei schwerstgeschädigten Neugeborenen begründet werden? • Etc.	

- **Sterbehilfe**

Inwiefern schützt Sterbehilfe die Würde eines Menschen oder verletzt sie?	
Schutz der Würde durch **Schutz des Lebens** an sich (Verbot der aktiven Sterbehilfe)	Schutz der Würde, die durch **ungewollte Daseinsweisen** verletzt werden kann (Würde als Gestaltungsauftrag) Beispiele für ungewollte Daseinsweisen: Abhängigkeit, Einsamkeit, Verzweiflung ⬇ Das kann zum Wunsch nach einem vorzeitigen Tod (beispielsweise durch assistierten Suizid) führen, um die Würde des Einzelnen zu schützen
Wenn Zuwiderhandlung, dann wird dem Menschen mit seinem Leben auch seine Würde genommen	Achtung der Selbstbestimmung zum Schutz der Würde

- **Warum eine würdevolle Behandlung eines Verstorbenen/Leichnams?**

Wie kann der menschenwürdige Umgang mit Verstorbenen begründet werden, wenn der Verstorbene kein Leben mehr hat? Was bedeutet es, die Würde eines Verstorbenen vorauszusetzen und unser Handeln daran zu orientieren?

Abschließend kann diskutiert werden, welches Verständnis unser Handeln leitet und wie deine und meine Würde im Rahmen der Gesundheitssorge geschützt werden kann. Genutzt werden können

- **deontologische** (die Unantastbarkeit von Würde) und
- **teleologische** Ansätze (Folgen unseres Handelns für die Würde des anderen).
- Eine weitere Möglichkeit der Betrachtung von Würde bieten **care-ethische** Ansätze. Sie fragen nach der grundsätzlichen Verletzlichkeit und Schutzbedürftigkeit des Menschen, nach Verantwortung, Macht und Ohnmacht im Schutz oder im Verletzen von Würde. Weiterhin geht es ihnen um die Balance von Sorge und Selbstsorge und damit um den Schutz der eigenen Würde im Handeln. Sie können Würdeverletzungen durch die Rahmenbedingungen im Gesundheitswesen, von Schutzbefohlenen, der eigenen Würde durch Missachtung und Geringschätzung körperlicher Pflege sowie Würdeverletzungen durch verbale und tätliche Gewalt durch Patient*innen etc. thematisieren.

Ein Fazit könnte sein

- Über Würde zu sprechen, bedeutet, darüber zu sprechen, was uns wichtig ist und was für uns Wert hat im tätigen und sprechenden Handeln.
- Unser Würdeverständnis berührt unsere Vorstellungen von einem guten Leben und Sterben und legt damit unsere Werte offen.
- Dem Verständnis von Würde können wir uns über unser Verständnis ihrer Verletzung nähern.
- Über Würde zu sprechen, hilft, Bedürfnisse von Menschen, die auf Pflege angewiesen sind, besser wahrnehmen und ernstnehmen zu können.
- Die Würde zu respektieren, bedeutet, sie zu konstituieren.

Die Würde zu respektieren, konstituiert sie

Für Franz Josef Wetz bedeutet es nicht, „dass man die Würde nicht mehr achten muss, wenn es sie im metaphysischen Sinne nicht gibt. Das Gegenteil ist der Fall: Man sollte die Menschenwürde gerade dann achten, wenn es sie nicht gibt, damit es sie gibt, weil sie vielleicht das einzige ist, das uns in einer entzauberten Welt noch Wert verleiht. So gesehen besteht die Würde des Menschen aus nichts anderem als aus der Achtung davor: Erst die Würde zu respektieren heißt, sie zu konstituieren." (Wetz 2002, S. 16) Würde entsteht folglich im Handeln anderer gegenüber. Wenn wir Würde schöpfungstheologisch nicht begründen können und auch nicht an personale Eigenschaften binden möchten, da dies die Gefahr birgt, Menschen ohne solche personalen Eigenschaften die Menschenwürde abzusprechen, bleibt nur der Weg, sie als Errungenschaft und Setzung zu betrachten. Als menschliche Setzung ist sie mit einem Auftrag verbunden: sie zu achten und zu schützen. Damit verbindet sich der Auftrag, erklären zu müssen, was wir unter Würde verstehen und was wir unter ihrer Achtung und ihrem Schutz verstehen – und zwar aus verschiedenen Perspektiven: der Betroffenen selbst, der Sorgenden, der Professionen, der Institutionen, des Gesundheitssystems, der Gesellschaft.

Literaturhinweise

Árnason, V. (2006). Dialog und Menschenwürde. Ethik im Gesundheitswesen. Reihe: Ethik in der Praxis – Studien. LIT Verlag: Münster.
Bundesministerium für Justiz/Bundesamt für Justiz (2022). Grundgesetz für die Bundesrepublik Deutschland. https://www.gesetze-im-internet.de/gg/BJNR000010949.html (Zugriff: 15.07.2022)

Deutscher Ethikrat (2020). Mindestmaß an sozialen Kontakten in der Langzeitpflege während der Covid-19-Pandemie. AD-HOC-Empfehlung. www.ethik-
rat.org (Zugriff:16.07.2022)

Deutsches Institut für Menschenrechte (2020). Corona-Krise: Menschenrechte müssen das politische Handeln leiten. Stellungnahme. https://www.
institut-fuer-menschenrechte.de/fileadmin/user_upload/Publikationen/
Stellungnahmen/Stellungnahme_Coronakrise_Menschenrechte_muessen_
das_politische_Handeln_leiten.pdf (Zugriff: 16.07.2022)

Gröschner, R./Kapust, A./Lembcke, O. W. (2013). Wörterbuch der Würde.
Wilhelm Fink: München.

Hüther, G. (2018). Würde. Was uns stark macht – als Einzelne und als Gesellschaft. 4. Aufl. Albrecht Knaus Verlag: München.

Immenschuh, U./Marks S. (2014). Würde und Scham – ein Thema für die Pflege.
Mabuse Verlag: Frankfurt am Main.

Koch, H.-G. (2010). Der rechtliche Status des menschlichen Embryos – Rechts-
vergleich und Rechtspolitik. In: Remmers, H./Kohlen, H. (2010). Bioethics,
Care and Gender. Herausforderungen für Medizin, Pflege und Politik. Reihe:
Pflegewissenschaft und Pflegebildung Bd. 4. V & R unipress: Göttingen,
S. 163–177.

König, A. (2018). „Wir helfen Patienten, ihre Menschenwürde zu bewahren."
www.bundesgesundheitsministerium.de (Zugriff: 16.07.2022)

Leget, C. (2021). Der innere Raum. Wie wir erfüllt leben und gut sterben
können. Eine Ars moriendi für unsere Zeit. Patmos Verlag: Ostfildern.

Marks, S. (2010). Die Würde des Menschen oder der blinde Fleck in unserer
Gesellschaft. Gütersloher Verlagshaus: Gütersloh.

Marks, S. (2017). Die Würde des Menschen ist verletzlich. Was uns fehlt und wie
wir es wiederfinden. Patmos Verlag: Düsseldorf.

Pleschberger, S. (2005). „Bloß nicht zur Last fallen!" Leben und Sterben in
Würde aus der Sicht alter Menschen in Pflegeheimen. Lambertus-Verlag:
Freiburg im Breisgau.

Riedel, A./Linde, A.-C. (2018). Herausforderndes Verhalten. In: Riedel, A./Linde,
A.-C. (Hrsg.) (2018). Ethische Reflexion in der Pflege. Konzepte – Werte –
Phänomene. Springer Verlag: Berlin, S. 137–150.

Schweizer Berufsverband der Pflegefachfrauen und Pflegefachmänner SBK –
ASI (2013). Ethik und Pflegepraxis. SBK-Publikationen. https://www.sbk.ch/
online-shop/sbk-publikationen (Zugriff: 09.06.2022)

Singer, P. (2013). Praktische Ethik. 3. Aufl. Reclam Verlag: Stuttgart.

Steudter, E. (2013). Hommage an die Menschlichkeit in der Pflege. www.
hogrefe.com (Zugriff: 16.07.2022)

Von Wolff-Metternich, B.-S. (2012). Philosophische Konzepte der „Menschenwürde" und ihre Bedeutung für die Debatte um menschenwürdiges
Sterben. In: Anderheiden, M./Eckart, W. U. (Hrsg.) (2012). Handbuch Sterben
und Menschenwürde. Bd. 1. Berlin/Boston, S. 201–212.

Wetz, F. J. (2002). Die Würde des Menschen: antastbar? NLPB: Hannover.

Wetz, F. J. (Hrsg.) (2011). Texte zur Menschenwürde. Reclam Verlag: Stuttgart.

3.3.2 Beschleunigung/Entschleunigung – zum Phänomen der Zeit

a. Ankündigungstext
„Zeit und Zeitbewusstsein spielen im Alltag und in der Berufswelt eine bedeutende Rolle. Wie gehen wir mit unserer Zeit in Beruf und Freizeit um? Was ist zeitlicher Luxus und was Zeitverschwendung? Warum haben wir das Gefühl, dass die Zeit immer knapper wird, oder anders gefragt, was macht Zeit so kostbar?" (KEK 2012)

b. Hinführung zum Thema
Die Theorie, an der wir dieses Ethik-Café orientieren, ist die Akzelerationstheorie von Hartmut Rosa. Der Befund für die Mitarbeiter*innen im Gesundheitswesen ist alarmierend: „Die Pflegenden stehen […] unter dem Druck schnell zu arbeiten und zugleich patientenorientiert zu pflegen." (Arnold et al. 2006, S. 173) Arnold et al. betrachten aus der Perspektive der Kritischen Theorie „die strukturellen Bedingungen, unter denen Pflege stattfindet und damit den Widerspruch zwischen Anspruch und Wirklichkeit." (ebd., S. 172) Dass Pflegende durch ihre Tätigkeit hoch belastet und beansprucht sind, ist auch der Befund der Arbeits- und Organisationspsychologie. (Stadler 2006; Bartholomeyczik 2008; Glaser und Höge 2005; BAUA 2011) So stehen Pflegende, Ärzt*innen und andere Berufsgruppen in der Gesundheitssorge zwischen dem persönlichen Anspruch sowie dem Anspruch ihres Berufsverständnisses einerseits und der Wirklichkeit eines spätmodernen beschleunigten Gesundheitswesens andererseits, da sich der „Zeit-Takt" in Einrichtungen des Gesundheitswesens in einer Art Beschleunigungsspirale zunehmend zu verdichten scheint. Über das Phänomen der Beschleunigung, in welchen Zusammenhängen Mitarbeiter*innen des Gesundheitswesens dieses erleben und wie sie damit umgehen, soll in diesem Ethik-Café diskutiert werden.

c. Planungsmatrix

Struktur/Phasen	Methoden/Inhalt
Begrüßung	Hinführung zum Thema
(1) Impulse aufnehmen (2) Ideen einbringen	Impulsfrage: In welchen Zusammenhängen erleben Sie Ihre Praxis als beschleunigt? Visualisierung der Ergebnisse der Diskussion
(3) Ethisch reflektieren – abstrakt denken	Kurzvortrag: Die Akzelerationstheorie von Hartmut Rosa
(4) Erkenntnisse gewinnen	Diskussion: Was bedeutet die Beschleunigung für Sie und was für Ihre Patient*innen? Welche Strategien haben Sie entwickelt, um damit umzugehen? Visualisierung der Ergebnisse der Diskussion
Abschluss	Ausblick aufs nächste Ethik-Café

d. Gedankenspeicher

Im Folgenden wird die Akzelerationstheorie von Rosa vorgestellt, die Grundlage und Orientierung für dieses Ethik-Café ist.

Die Akzelerationstheorie von Rosa

„Wir haben keine Zeit, obwohl wir sie im Überfluss gewinnen" (Rosa 2005, S. 11) ist die paradoxe Erfahrung des spätmodernen Menschen, die Rosa auf die Suche nach der Logik der Beschleunigungsproblematik führt. Was spätmodernen Menschen Zeit bedeutet und wie die Beschleunigung der Zeit ihr Leben beeinflussen und verändern kann, betrachtet er im Rahmen seiner Akzelerationstheorie. Zeitverhältnisse „bezeichnen den Ort, an dem systemische Imperative gleichsam ‚hinter dem Rücken der Akteure' in kulturelle Handlungs- und Lebensorientierungen transformiert werden." (ebd., S. 480) Zeit mit ihren Zwängen und Ordnungsmustern ist also in unsere habituellen und dispositionalen Strukturen eingegraben und steuert unsere alltags- und lebenszeitlichen Orientierungen. „Die Rhythmen, Sequenzen, Dauerhaftigkeiten und Geschwindigkeiten sozialer Zeit sowie die damit korrelierten Zeithorizonte und -perspektiven entziehen sich der

individuellen Kontrolle nahezu vollständig. Zugleich entfalten sie aber [...] eine hohe normative, d. h. handlungskoordinierende und -regulierende Wirkung [...] Die Aufklärung über die 'stumme normative Gewalt' der Zeitstrukturen stellt daher ein [...] vordringliches Ziel einer kritischen Theorie der Beschleunigung dar." (ebd., S. 481)

> Beschleunigung bestimmt Rosa als Mengenzunahme (mehr tun/mehr erleben) pro Zeiteinheit. (ebd., S. 112 ff.)

„Soziale Beschleunigung bestimmt er als das immer schnellere In-Bewegung-Setzen der materiellen, geistigen und sozialen Welt. Beschleunigung ist das leitende Prinzip, eine Beschleunigung, die frühmodern in Gang gesetzt ist, sich modern weiter beschleunigt und die Spätmoderne in einen turbulenten Beschleunigungs- und Transformationshype versetzt." (Baumann 2013, S. 191) Die soziale Beschleunigung in der Moderne ist zu einem sich selbst antreibenden Prozess geworden, der in zirkulärer Form die drei analytisch und empirisch unterscheidbaren Beschleunigungsphänomene der technischen Beschleunigung, der Beschleunigung des Sozialen Wandels und der Beschleunigung des Lebenstempos in ein wechselseitiges Steigerungsverhältnis setzt. (Rosa 2005, S. 243)

- **Technische Beschleunigung** bezeichnet das Phänomen „der intentionalen Beschleunigung zielgerichteter Prozesse" (ebd., S. 462) durch die Beschleunigung von Transport, Kommunikation und Produktion (von Gütern und Dienstleistungen).
- **Die Beschleunigung des sozialen Wandels** meint „die Steigerung der sozialen Veränderungsraten im Hinblick auf die Assoziationsstrukturen, die (theoretischen, praktischen und moralischen) Wissensbestände sowie die Handlungsorientierungen und Praxisformen der Gesellschaft." (ebd.) Eine solche Beschleunigung betrifft u. a. die Veränderung von Lebensstilen, Beschäftigungsverhältnissen, Familienstrukturen, von politischen und religiösen Bindungen. (ebd., S. 467)
- **Die Beschleunigung des Lebenstempos** ist „eine Reaktion auf die Verknappung von (ungebundenen) Zeitressourcen [...], weshalb sie sich einerseits in der Erfahrung von Zeitnot und Stress manifestiert und andererseits als Steigerung der Zahl der Handlungs- und/oder Erlebnisepisoden pro Zeiteinheit." (ebd., S. 463) „Eine Steigerung der Zahl der Handlungsepisoden pro Zeiteinheit ist zu erreichen durch

(1) die Erhöhung der Handlungsgeschwindigkeit (Fast Food, Speed Dating),
(2) die Verkürzung von Pausen und die Vermeidung von Leerzeiten zwischen verschiedenen Handlungsepisoden,
(3) die Verdichtung von Handlungsepisoden durch deren simultane Ausführung (Multitasking)." (Baumann 2013, S. 197)

Dass aber nicht alles immer schneller wird, belegt Rosa durch seine „Bestandsaufnahme der Verlangsamungstendenzen und Beharrungskräfte" (Rosa 2005, S. 462) als Teil des Phänomens der **Entschleunigung**. Er unterscheidet fünf Kategorien von Phänomenen der Beharrung, die sich entweder einer Dynamisierung entziehen, da sie nicht beschleunigbar sind, oder die ihr zuwiderlaufen, also Tendenzen der Verlangsamung aufweisen:

- **Natürliche Geschwindigkeitsgrenzen** sind zum Beispiel das Reproduktionstempo für natürliche Rohstoffe, für das Gehirn und für den Körper.
- **Entschleunigungsinseln** oder -oasen sind beispielsweise der Urlaub, Wellnessoasen oder bestimmte Gruppen (Sekten u. a.).
- **Verlangsamung und Desynchronisation als dysfunktionale Nebenfolge von Beschleunigung.** „Hierbei handelt es sich um Verlangsamungen als nicht intendierte Nebenfolgen von Beschleunigungsprozessen. Diese können zu dysfunktionalen (Verkehrsstau, Reformstau, Wartezeiten) und zum Teil auch pathologischen Konsequenzen (Depression als pathologische Ausstiegsreaktion auf den gesellschaftlichen Beschleunigungsdruck) führen." (Baumann 2013, S. 207)
- **Rosa unterscheidet zwei Formen der intentionalen Entschleunigung:**

  (a) „Funktionale oder akzeleratorische Entschleunigung – Entschleunigung als Akzelerationsstrategie: Gemeint sind individuelle oder kollektive Moratorien oder Erholungsphasen, die dem Zweck weiterer Geschwindigkeitssteigerung dienen, also indirekte Strategien der Beschleunigung sind. D. h. eine zeitlich begrenzte Auszeit dient dazu, langsamer zu machen, damit es danach umso schneller geht (Entschleunigungsoasen, Wellnesscenter, Klöster, Yogakurse, politische Moratorien, Lernprogramme)." (ebd., S. 209)

  (b) „Oppositionelle oder ideologische Entschleunigung – Entschleunigung als Ideologie: Hat einen fundamentalistischen oder antimodernistischen Charakter und zielt auf soziale Verlangsamung bzw. Stillstellung des Akzelerationsprozesses – im Namen einer besseren Gesellschaft und Lebensform. Als Beispiele hierfür nennt Rosa die Amish-People, den Verein zur Verzögerung der Zeit, die ‚Voluntary Simplicity', die Slow-Food-Movement oder den Öko-Bauernhof." (ebd.)

- **Strukturelle und kulturelle Erstarrung.** Hierzu zählen „all jene Phänomene einer strukturellen und kulturellen Erstarrungstendenz [...], die nicht als eigenständiges Prinzip, sondern als die paradoxe Kehrseite der sozialen Beschleunigung erscheinen. Sie bilden die Grundlage für die Erfahrung der Ereignislosigkeit und des Stillstandes *unter der sich rasch wandelnden Oberfläche* gesellschaftlicher Zustände und Ereignisse." (Rosa 2005, S. 465)

Literaturhinweise

Arnold, D./Kersting, K./Stemmer, R. (2006). Podiumsgespräch: Pflegewissenschaft im paradigmatischen Diskurs – Bedeutung für das Pflegehandeln. In: Pflege & Gesellschaft 02/2006, S. 170–182.

Assheuer, T. (2006). Atemlos. In: DIE ZEIT 26.01.2006 05/2006. https://www.zeit.de/2006/05/ST-Beschleunigung (Zugriff: 16.07.2022)

Bergemann, L./Hack, C./Frewer, A. (Hrsg.) (2018). Entschleunigung als Therapie? Zeit der Achtsamkeit in der Medizin. Jahrbuch Ethik in der Klinik (JEK) Bd. 11. Verlag Königshausen & Neumann: Würzburg.

Bartholomeyczik, S. et al. (2008). Arbeitsbedingungen im Krankenhaus. Bundesanstalt für Arbeitsschutz und Arbeitsmedizin (BAUA): Dortmund/Berlin/Dresden. https://www.baua.de/DE/Angebote/Publikationen/Berichte/F2032.pdf?__blob=publicationFile (Zugriff: 22.05.2022)

Baumann, M. (2013). Palliative Haltung. Masterarbeit. Vallendar. https://kidoks.bsz-bw.de/frontdoor/deliver/index/docId/403/file/Masterarbeit_Vallendar_25.08.2014.pdf (Zugriff am: 22.01.2021)

Bundesanstalt für Arbeitsschutz und Arbeitsmedizin (BAUA) (2011). Branchenschwerpunkt ambulante und stationäre Pflege. http://www.baua.de/de/Themen-von-A-Z/Pflege/Pflege.html (Zugriff: 08.07.2011)

Glaser, J./Höge, T. (2005). Probleme und Lösungen in der Pflege aus Sicht der Arbeits- und Gesundheitswissenschaften. Bundesanstalt für Arbeitsschutz und Arbeitsmedizin (BAUA): Dortmund/Berlin/Dresden. https://d-nb.info/1010621394/34 (Zugriff: 22.05.2022)

Rosa, H. (2005). Beschleunigung. Die Veränderung der Zeitstrukturen in der Moderne. Suhrkamp Verlag: Frankfurt/Main.

Stadler, P. (2006). Psychische Belastungen am Arbeitsplatz – Ursachen, Folgen und Handlungsfelder der Prävention, Bayerisches Landesamt für Gesundheit und Lebensmittelsicherheit. November 2000. Aktualisiert September 2006. In: http://www.lgl.bayern.de/arbeitsschutz/arbeitspsychologie/doc/psybel_arbeitsplatz.pdf (Zugriff: 12.07.2011)

3.3.3 Loyalität – zwischen Verpflichtung und Selbstverpflichtung

a. Ankündigungstext

„Die Tugend der Loyalität beschreibt die Verpflichtung, sich selbst oder anderen Menschen treu zu bleiben. Loyalität kann beispielsweise gefordert sein gegenüber seinen Berufskollegen, Vorgesetzen oder auch gegenüber Patienten. Welche Bedeutung hat Treue für Ihre Haltung im beruflichen Alltag? Was passiert, wenn die Loyalität durch Sie selbst oder andere verletzt wird?" (KEK 2012)

b. Hinführung zum Thema

Sich mit dem Thema „Loyalität" auseinanderzusetzen, war ein Wunsch der Teilnehmer*innen der Reihe Ethik-Café 2011. Zugrunde liegen Erfahrungen, in denen die eigenen Werte mit denen des Gegenübers kollidieren oder mit denen der Institutionen, in denen die Teilnehmer*innen arbeiten. Im Ethik-Café gingen wir der Frage nach, in welchen Situationen die Loyalität auf dem Spiel stehen kann. Wir setzten uns außerdem mit der Frage auseinander, wie ein Abwägen der Werte und Interessen gelingen und wie die Loyalität dem Arbeitgeber, den Kolleg*innen oder Patient*innen gegenüber gewahrt werden kann – oder eben auch nicht und was das dann für uns bedeutet.

c. Planungsmatrix

Struktur/Phasen	Methoden/Inhalt
Begrüßung	Hinführung zum Thema
(1) Impulse aufnehmen (2) Ideen einbringen	Impulsfrage: Was heißt Loyalität? Visualisierung der Ergebnisse der Diskussion
(3) Ethisch reflektieren – abstrakt denken	Diskussion der These: Loyalität ist die Treue gegenüber der herrschenden Gewalt Visualisierung der Ergebnisse der Diskussion
(4) Erkenntnisse gewinnen	Diskussion: Was bedeutet für mich Loyalität in meinem beruflichen Alltag? Visualisierung der Ergebnisse der Diskussion
Abschluss	Ausblick aufs nächste Ethik-Café

d. Gedankenspeicher

Die Impulsfrage zielt darauf ab, auf metaethischer Ebene zu klären, was die Teilnehmer*innen unter Loyalität verstehen, damit deutlich wird, in welchen Perspektiven die Teilnehmer*innen auf das „Konzept" Loyalität schauen und ein gemeinsames Verständnis zu schärfen. Die Tugend der „Loyalität" beschreibt die Verpflichtung, sich selbst oder anderen gegenüber treu zu bleiben. Es bedeutet, die Werte des anderen zu teilen und zu vertreten. Loyalität kann beispielsweise gefordert sein gegenüber Berufskolleg*innen, Vorgesetzten oder auch gegenüber Patient*innen etc. Die Auseinandersetzung mit Loyalität als Konzept fordert also eine Wertediskussion heraus.

In der Moderation der Diskussion, was Loyalität für uns in unserem beruflichen Alltag bedeutet, kann Folgendes angesprochen werden:

- Welche Situationen fallen den Teilnehmer*innen ein?
- Was sind Gefahren von Loyalität?
- Was sind Vorteile von Loyalität?
- Wie beschreiben die Teilnehmer*innen ihre Loyalitätskonflikte?
- Wie gehen sie damit um?
- Welche Bedeutung hat Treue für ihre Haltung im beruflichen Alltag?
- Was geschieht, wenn die Loyalität durch sie selbst oder durch andere Personen verletzt wird?
- Was bedeutet: Es geht nicht bedingungslos ohne und nicht bedingungslos mit Loyalität?

Die weitere ethische Annäherung kann tugendethisch, deontologisch, teleologisch oder care-ethisch erfolgen.

- **Tugendethisch** kann nach dem Verständnis von Loyalität gefragt werden und zwischen welchen Polen Loyalität definiert werden kann.
- **Deontologisch** kann gefragt werden, und so hatten wir das ja auch im Ausschreibungstext formuliert, ob wir zu Loyalität verpflichtet werden können oder ob wir das selbst tun. Wenn Loyalität eine absolute Pflicht ist – wem gegenüber kann und darf sie das sein? Die Pflegewissenschaftlerin Sara. T. Fry deklariert in ihrem Prinzipienmodell fünf ethische Prinzipien: Autonomie, Wohltätigkeit, Gerechtigkeit, Aufrichtigkeit und Loyalität. Diese betrachtet sie als die wichtigsten Grundsätze einer pflegerischen Berufsausübung. Für sie sind die Prinzipien Aufrichtigkeit und Loyalität im Umgang mit pflegebedürftigen Menschen besonders

wichtig, diese Prinzipien spielen im pflegeberuflichen Kontext eine bedeutende Rolle.

- **Teleologisch** kann argumentiert werden, dass loyales oder illoyales Verhalten entsprechende Folgen für mich und andere und die Einrichtung haben kann. Wie kann Nutzen und Schaden abgewogen werden?
- **Care-ethisch** darf gefragt werden, in welcher Verantwortung ich mir und anderen gegenüberstehe und wie diese Verantwortung begründet werden kann. In welcher Beziehung stehe ich zu Patient*innen, in welcher zu An- und Zugehörigen (systemische Bezüge und Perspektive)? Wem soll meine Loyalität gelten? Eine Unterscheidung von Intrarollen- und Interrollenkonflikten kann hier hilfreich sein. Mich und den anderen in seiner grundsätzlichen Verletzlichkeit und Abhängigkeit zu betrachten, wirft ein Licht auf die Gründe der Loyalität oder aber auch auf die Folgen eines loyalen oder illoyalen Verhaltens. Welche Macht liegt in der Verpflichtung zur Loyalität oder welches Gefühl von Ohnmacht kann damit einhergehen (hierarchische Bezüge)?

Literaturhinweise

Fry, S. T. (1995). Ethik in der Pflegepraxis. Anleitung für ethische Entscheidungsfindung. Deutscher Berufsverband für Krankenpflege (DBfK): Eschborn.

International Council of Nurses (ICN) (2021). Der ICN-Ethikkodex für Pflegefachpersonen. Überarbeitet 2021. https://www.dbfk.de/media/videos/rvno/ICN_Ethikkodex_2021.pdf (Zugriff: 04.01.2022)

Lauber, A. (2017). Ethik und Pflege. In: Lauber, A. (Hrsg.) (2017). Grundlagen beruflicher Pflege. Reihe: verstehen & pflegen 1. 4., aktualisierte Aufl. Thieme Verlag: Stuttgart, S. 248–282.

Leisenberg, D. et al. (2019). Die klinisch-ethische Falldiskussion. Zwischen Loyalität und Standesrecht. In: zm online 22/2019, S. 28–33. https://www.drestascher.de/images/tascher/Veroeffentlichungen/Seiten-aus-ZM_22_Online-2.pdf (Zugriff: 16.07.2022)

Rabe, M. (2017) Ethik in der Pflegeausbildung. Beiträge zur Theorie und Didaktik. 2., überarbeitete und ergänzte Aufl. Hogrefe Verlag: Bern.

3.3.4 Mitleid oder Mit-Leiden

a. Ankündigungstext
„In unserem beruflichen Alltag erleben wir Situationen, in denen uns eine professionell verantwortete Nähe oder Distanz zu unserem Gegenüber mehr oder weniger gut gelingt. Welche Bedeutung kommt dem Mit-Leiden in meinem beruflichen Kontext oder für mich als Patient oder Angehöriger zu? Wir stellen uns die Frage: Kann Mit-Leiden gelingen und an welche Bedingungen ist es geknüpft?" (KEK 2013)

b. Hinführung zum Thema
In diesem Ethik-Café soll es zunächst um die metaethische Klärung und Schärfung der Konzepte „Mitleid" und „Mit-Leiden" (Mitgefühl/Compassion) gehen. Während Mitleid eher negativ konnotiert ist, ist beim „Mit-Leiden" der Fokus nicht auf das Leiden (Gefahr der Über-Identifikation), sondern auf das „mit" gelegt (auf das Mit-Gehen, Mit-Aushalten, Dabei-Bleiben etc.). Der in Ausbildung und Praxis internalisierten Idee, man könne sich distanzieren, steht meist die Wirklichkeit der „Verstrickung" in das Schicksal und die Not des anderen gegenüber. Wie können wir mit der Gefahr einer Über-Identifikation umgehen bzw. wie vermeiden? In Sorgebeziehungen entsteht Nähe aufgrund der Verletzlichkeit des anderen, aufgrund seines Angewiesen-Seins auf Medizin und Pflege, aufgrund unseres Affiziert-Seins, das uns in Verantwortung bringt, weil wir als aufeinander bezogene Menschen füreinander verantwortlich sind. Was bedeutet dann also Nähe, was Distanz? Wie kann ich mit Nähe so umgehen, dass ich mich innerlich schützen kann? All das soll anhand der Unterscheidung von Mitleid und Mit-Leiden angestoßen werden.

c. Planungsmatrix

Struktur/Phasen	Methoden/Inhalt
Begrüßung	Hinführung zum Thema
(1) Impulse aufnehmen (2) Ideen einbringen	Diskussion der These: Wahre Hilfe kann der Mensch dem Menschen nur bringen, wenn fremde Not, wenn fremdes Leid für ihn zu eigen wird, wenn es ihm im Herzen brennt. (Alice Salomon*) Leitfragen: • Beziehen Sie bitte Stellung zu dieser These! • Was ist Mitleid? – Positiv/negativ/Abgrenzung • Warum haben wir Mitleid? – Wessen Leid erlebe ich, wenn ich mitleide? • Sollen wir Mitleid haben? – Handlungsorientierung gründet in Verantwortlichkeit/Solidarität
(3) Ethisch reflektieren – abstrakt denken	Ergebnissicherung – Visualisierung der Ergebnisse der Diskussion und Clustern entsprechend der Themen: • Was ist Mitleid (Wertediskussion)? … Barmherzigkeit, Compassion, Mitgefühl... • Wie kann "Mitleid" Handeln begründen? … Solidarität, Nächstenliebe, Verantwortung, Schutzrechte und -pflichten (Schutz der Würde), Anerkennung gegenseitiger Abhängigkeit… • Wann wird Mitleid problematisch? … Konfliktpotentiale, Gefahren, Unwohlsein, asymmetrische Beziehungen, Identifikation mit "fremdem" Leid, Abgrenzung…

(4) Erkenntnisse gewinnen	Diskussion: These von Alice Salomon nochmals aufgreifen ("im Herzen brennt"). Dann Diskussion der Frage: Wie halte ich das aus, was ich täglich an Leid im Beruf erlebe?
	
	Leitfragen:
	
	• Welche Copingstrategien habe ich? Hinterfrage ich meine Copingstrategien?
	
	    • Sind es gesunde Copingstrategien?
	    • Sind sie hilfreich für die Patient*innen?

	• Welche Kultur lebe, unterstütze und präge ich im Alltag?
	
	    • Eigenreflexion?
	    • Sarkasmus, Humor, Trauer, Betroffenheit etc.
	    • Sind alle "schwierigen" Patient*innen schwierige Patient*innen?
	    • Wie spreche ich mit und über Patient*innen?
	    • Wie thematisiere ich "Mit-Leiden" am Arbeitsplatz?
	
	  • Wie gelingt professionelle Nähe, wie professionelle Distanz?
	
	    • Gibt es das überhaupt?
	    • Wie müsste stattdessen darüber gesprochen werden?
	
	Visualisierung der Ergebnisse der Diskussion

Abschluss	Ausblick aufs nächste Ethik-Café

* Alice Salomon (1872-1948) war Wegbereiterin der Sozialen Arbeit als Wissenschaft.

d. Gedankenspeicher

Die Unterscheidung der Konzepte „Mitleid" und „Mitgefühl" bzw. „Compassion" und was das für die sorgende Praxis bedeutet ist Gegenstand dieses Ethik-Cafés. Die Konzepte sollen im Folgenden mit Lea Siegmann-Würth (2011) sowie Andreas Heller und Cornelia Knipping (2006) näher beschrieben werden.

Mitleid und Mitgefühl

Mitleid meint die Anteilnahme mit Leidenden, ohne selbst vom Leid betroffen zu sein. „Konstitutiv für das Mitleid ist, dass fremdes Leiden nie selbst übernommen werden kann. Der von Mitleid Ergriffene kann sich nicht voll mit dem Leiden des anderen identifizieren." (Siegmann-Würth 2011, S. 61) Mitleid empfinden zu können, setzt Einfühlungsvermögen voraus, jedoch führt Einfühlungsvermögen nicht notwendigerweise zu Mitleid. Physiologisch kann Mitleid eine ähnliche Reaktion auslösen wie bei eigenem Leid. Für Arthur Schopenhauer ist Mitleid ein angeborener moralischer Trieb, der Grundlage unserer Moral ist. Für Friedrich Nietzsche sind die Triebfedern des Mitleids nicht Altruismus oder Mitgefühl, sondern Egoismus und Machtgier. Der Anblick eines Menschen in seiner Schwäche lässt uns unsere eigenen Schwächen besser ertragen. Mitleid scheint hier Distanz auszudrücken, sie ist negativ konnotiert. In der Literatur wird Mitleid von Mitgefühl unterschieden. Im „Mitleid" schauen wir von unserem

Ufer des Flusses auf das Ufer hinüber, an dem die anderen stehen, wir sind getrennt, es ist ein distanzierter Blick. Im „Mitgefühl" fühlen wir uns aufgrund unserer anthropologischen Voraussetzung mit den anderen verbunden, ohne uns mit ihrer Not zu identifizieren. Dennoch kann ihre Not auch unsere sein, das fordert uns zu Solidarität mit ihnen heraus. Der Grund unserer Verbundenheit ist unsere Verletzlichkeit, Abhängigkeit oder positiv formuliert unser Bezogen-Sein auf andere, das uns mit ihnen immer schon verbindet – anthropologisch als Beziehungswesen. „Mitgefühl" kann durch das Konzept der „Compassion" schärfer gefasst werden.

Haltung der Compassion

Wenn wir uns bewusstwerden und anerkennen, dass wir in einer Haltung der Compassion miteinander verbunden sind, kann daraus eine Kultur des mitleidenschaftlichen Helfens entstehen. Also eine Kultur, die Schwachen und Kranken stützen zu wollen und zu sollen, weil das in uns angelegt ist. Dies nicht anzuerkennen, würde bedeuten, gegen uns selbst zu handeln. Für Lea Siegmann-Würth (2011) ist die Sorge um andere in einer Moral der Barmherzigkeit und Güte einerseits und im Prinzip der Solidarität andererseits begründet. Dies ist die Grundannahme ihrer theologisch-medizinisch fundierten „Ethik in der Palliative Care". (Siegmann-Würth 2011)

Das Konzept der Compassion ist in der lateinamerikanischen Befreiungsethik verankert. Compassion ist die Grundlage des solidarischen Einsatzes für Menschen in Not. Sie ist Voraussetzung unseres Handelns in asymmetrischen Anerkennungsverhältnissen. Die Brücke zu anderen ist die Solidarität mit ihnen. In der mitleidenschaftlichen Haltung der Compassion erkenne ich die Gleichheit mit anderen an. Theologisch kann dies nach Lea Siegmann-Würth am Gleichnis vom Barmherzigen Samariter (Lk 10, 25–37) veranschaulicht werden. Das Gleichnis verweist auf die „Ermöglichung und Beanspruchung, anderen zu Nächsten zu werden und andere als Nächste zuzulassen, im Bewusstsein der persönlichen Grenzen und befreit von der Vorstellung ‚karitativer Allmacht' […] In diesem Sinne löst sich eine […] Asymmetrie zwischen dem barmherzigen Samariter und dem von den Räubern Überfallenen auf in der Liebe als wechselseitiges Geben und Nehmen, Sich Zuwenden und Sich Öffnen." (ebd., S. 52) Unsere Abhängigkeit von anderen anzuerkennen, bedeutet anzuerkennen, „dass Dritte advokatorisch, mitleidenschaftlich für mich, meine Lebensinteressen, meine Werte und Wünsche einstehen, weil ich sie selber nicht mehr zur Geltung bringen kann." (Heller und Knipping 2006, S. 43) Die anthropologisch bedingte Abhängigkeit und die Haltung der Compassion bedingen einander. Compassion ist für Andreas Heller und Cornelia Knipping

„radikale Mitleidenschaft mit dem konkreten anderen Menschen, dessen Leben und Sterben mich nicht gleichgültig lassen kann." (ebd., S. 42) Dies anzuerkennen, „würdigt das Leiden und die Autorität des Leidens anderer." (ebd.) Compassion ist Ausdruck unserer Verantwortung füreinander, die sich in einer Haltung des Helfens in der Begegnung mit dem Fremden realisiert. Durch diese Haltung werde ich meiner Verantwortung, in die ich als Mensch gerufen bin, gerecht. Diese Haltung des 1) solidarischen, mitleidenschaftlichen Helfens bedingt eine Haltung der Aufmerksamkeit für andere, die sich in 2) Beziehungen, die aufgrund dieser Aufmerksamkeit erst Beziehungen sind, und in einer 3) Kommunikation der Aufmerksamkeit realisiert.

- **Solidarität:** Compassion realisiert sich in einer radikalen Orientierung an der Lebensrealität und an den Lebensäußerungen der Betroffenen. Diese radikale Orientierung gelingt im Bewusstsein einer existentiell verankerten Form der Solidarität, die sich in persönlichem Aushalten und engagiertem Dasein realisiert. Das Bewusstsein der eigenen Ohnmacht und Hilflosigkeit, gerade in der Begegnung mit Menschen in ihrer Gebrochenheit angesichts des Todes, verbindet Helfende und Betroffene miteinander. Durch die Begegnung mit Menschen in ihrer Gebrochenheit angesichts des Todes gerate ich als „Person in einen Prozess der Reflexion des eigenen Lebens [...], in dem Sterben und Endlichkeit, Abschied und Trauer Themen werden können." (ebd.) In unserer Endlichkeit und in unserer Erfahrung der eigenen Endlichkeit werden wir solidarisch füreinander. Trotz dieser solidarischen Verbundenheit bricht die Brücke der Verbundenheit mit dem Tod radikal ab. „Für uns, die wir überleben, stirbt ein Mensch. Für diesen Menschen stirbt die ganze Welt [...] Der Unterschied ist nicht überbrückbar. Insofern haben Menschen [...] Haltungen angesichts dieser Distanz entwickelt, die ihren Ausdruck finden im Verneigen, im rituell geformten Respekt, in der individuellen Würdigung, in der lebendigen Erinnerung, im liebend-dankbaren Verbundenbleiben." (ebd., S. 43)
- **Beziehung der Aufmerksamkeit:** Das individuelle Leiden von Patient*innen kann durch eine „offene, aufmerksame Haltung des mitleidenschaftlichen Berührtseins von den Betreuenden her" (Siegmann-Würth 2011, S. 52) erfasst werden. Die radikale Orientierung an den anderen realisiert sich in einer Haltung der Aufmerksamkeit in der Interaktion und Kommunikation mit den Betroffenen und deren Familien. Eine Haltung der Aufmerksamkeit schafft eine auf Vertrauen basierende Beziehung zwischen Care-Gebenden und Care-Empfangenden, die es ermöglicht, Leben und Leiden des Gegenübers in seiner

Multidimensionalität (physisch, psychisch, sozial, spirituell, kulturell) wahrzunehmen. Unsere conditio humana, dass wir beides zugleich sind, Hilfsbereite und Hilfsbedürftige, ist die Bedingung dafür, uns in anderen als ihren Nächsten wieder erkennen zu können. „Hilfsbedürftigkeit und Hilfsbereitschaft sind anthropologische Komponenten […] Die Hilfsbereitschaft selbst entspringt einer Intuition des Menschen, […] weil jeder Mensch auf Hilfe angewiesen sein kann und sich mit Leiden, Sterben und Tod auseinandersetzen muss." (ebd., S. 174) „Beides, die Sorge um den Anderen und die Sorge des Anderen, sind im ‚Care' aufgehoben." (ebd., S. 52)

- **Kommunikation der Aufmerksamkeit:** Radikale Orientierung am Gegenüber, an anderen und Fremden, realisiert sich in einer Kommunikation der Aufmerksamkeit. Eine solche Kommunikation überschreitet Grenzen, die Grenzen zwischen uns und anderen, zwischen Care-Gebenden und Care-Empfangenden. Erst in einer solch grenzüberschreitenden Kommunikation entsteht Verstehen und aus dem Verstehen erwächst Verständnis. Sorgendes Handeln ist im Verständnis einer anthropologisch grundgelegten Haltung der Compassion außerdem ein sorgendes Handeln über die Grenzen einer Institution hinaus in die Gesellschaft hinein.

Literaturhinweise

Hamburger, K. (1985). Das Mitleid. Klett Cotta: Stuttgart.

Heller, A./Knipping, C. (2006). Palliative Care – Haltungen und Orientierungen. In: Knipping, C. (Hrsg.) (2006). Lehrbuch Palliative Care. Huber Verlag: Bern, S. 39–47.

Mayer, H. (1986). Das mitleidlose Mitleid. Käte Hamburgers Bilanz einer uralten Frage. In: ZEIT online 14/1986. https://www.zeit.de/1986/14/das-mitleidlose-mitleid?utm_referrer=https%3A%2F%2Fwww.google.com%2F   (Zugriff: 22.05.2022)

Siegmann-Würth, L. (2011). Ethik in der Palliative Care. Theologische und medizinische Erkundungen. Reihe: Interdisziplinärer Dialog – Ethik im Gesundheitswesen. Bd. 10. Verlag Peter Lang: Bern.

3.3.5 Die Patientenverfügung – Wann gilt sie, brauche ich eine, will ich überhaupt eine?

a. Ankündigungstext

„Seit 2009 werden Patientenverfügungen auch in Deutschland rechtlich anerkannt. Ob man eine haben will oder nicht, muss jeder selbst entscheiden. Wer nicht abhängig von den Entscheidungen anderer sein will, kann mit diesem Dokument seinen Willen für das Lebensende schriftlich festlegen. Aber will ich diese ultimative Kontrolle über meinen Tod überhaupt? In diesem Ethik-Café diskutieren wir über riskante Grenzziehungen zwischen Autonomie und Fürsorge." (KEK 2015)

b. Hinführung zum Thema
Gesundheits- und Langzeitpflegeeinrichtungen fragen ihre Patient*innen/ Bewohner*innen und deren An- und Zugehörige (per Vollmacht/ Betreuung) zur Absicherung des Willens der Patient*innen und gleichzeitig zur Absicherung des eigenen Handelns und des Entscheidens für z. B. ein Sterben-Lassen (bisher „passive Sterbehilfe") zunehmend nach dem schriftlich vorausverfügten Willen der Patient*innen – deren Patientenverfügung. Obwohl Patientenverfügungen seit dem 01.09.2009 gesetzlich verankert sind (Gesetz zur Patientenverfügung: 3. Gesetz zur Änderung des Betreuungsrechtes), gehen Schätzungen davon aus, dass Zweidrittel der Deutschen keine Patientenverfügung haben. Nach Ralf Jox et al. (2014) verfügt nur jede/r 3. bis 4. Bundesbürger*in über eine Patientenverfügung – meist in therapiebegrenzender Absicht. Das heißt die meisten scheuen sich davor, sich planerisch mit ihrem Lebensende zu beschäftigen. Außerdem sind Schätzungen zufolge neun von zehn Patientenverfügungen unwirksam – weil sie die Erfordernis der Beschreibung von konkreten Situationen und die Zuordnung entsprechender Maßnahmen oder vielmehr des Unterlassens von entsprechenden Maßnahmen nicht präzise genug erfüllen.

Patentenverfügungen werden oft nicht aufgefunden, sind nicht aussagekräftig (belastbar), nicht verlässlich (valide) und werden ärztlicherseits nicht befolgt. (Sommer et al. 2012) Angesichts dieses Befundes kann im Rahmen dieses Ethik-Cafés über den Sinn und Unsinn von Patientenverfügungen nachgedacht und eine Öffnung für kritische Positionen angeregt werden. Des Weiteren kann über alternative Dokumente, die den Ansprüchen einer Patientenverfügung praxisnaher gerecht zu werden scheinen, nachgedacht werden (z. B. Esslinger INITIATIVE 2020). Die Teilnehmer*innen gewinnen Einsicht in die Perspektivenvielfalt durch die Erfahrung der anderen Teilnehmer*innen und durch den kritischen Forschungsbefund. Sie lassen sich für die Problematik des Abfassens von Patientenverfügungen und für das Menschenbild, das durch die Technik einer Patientenverfügung transportiert wird, sensibilisieren.

c. Planungsmatrix

Struktur/Phasen	Methoden/Inhalt
Begrüßung	Hinführung zum Thema
(1a) Impulse aufnehmen	Impulsvortrag – Geschichtlicher Einstieg: Warum Patientenverfügungsgesetz?

(1b) Impulse aufnehmen
(2) Ideen einbringen
	Diskussion: Sinn und Unsinn von Patientenverfügungen
	
	Leitfragen
	  ▪ Welche Bedeutung hat die Patientenverfügung?
	  ▪ Wie planbar sind Leben und Tod?
	  ▪ Will ich das überhaupt?
	
	Visualisierung: Zusammenfassung

(3) Ethisch reflektieren – abstrakt denken	Kritik aus soziologischer Perspektive
	
	Textarbeit: Stefanie Graefe (2008)
	
	  ▪ Hauptargumente?
	  ▪ Was ist neu gegenüber der bisherigen Diskussion?
	  ▪ Welches Argument möchten Sie diskutieren?
	
	Diskussion
	
	Visualisierung: Zusammenfassung

(4) Erkenntnisse gewinnen	Kurzvortrag: Thematischer Ausblick
	
	  ▪ Was brauchen wir stattdessen – statt einer Patientenverfügung?
	  ▪ Gibt es eine Alternative?
	  ▪ Welche Strukturen bräuchte man, um diese umzusetzen?
	
	Zusammenfassung

Abschluss	Ausblick aufs nächste Ethik-Café

d. Gedankenspeicher

In diesem Ethik-Café diskutieren wir, was für das Abfassen von Patientenverfügungen spricht und was dagegen – wir sprechen über den Sinn und Unsinn von Patientenverfügungen. Welchen Nutzen haben sie und welche Versprechen können sie womöglich nicht einlösen? Welche Bilder vom Sterben werden mit der Notwendigkeit ihres Abfassens assoziiert? Das

Ethik-Café weist auf eine vermeintliche Akzeptanz der Notwendigkeit von Patientenverfügungen hin, es versucht eine Öffnung der Perspektiven auf Patientenverfügungen und lädt die Teilnehmer*innen schließlich ein, darüber nachzudenken, was es am Lebensende stattdessen braucht.

Bürgerliches Gesetzbuch (BGB) § 1901a Patientenverfügung
(1) „Hat ein einwilligungsfähiger Volljähriger für den Fall seiner Einwilligungsunfähigkeit schriftlich festgelegt, ob er in bestimmte, zum Zeitpunkt der Festlegung noch nicht unmittelbar bevorstehende Untersuchungen seines Gesundheitszustandes, Heilbehandlungen oder ärztliche Eingriffe einwilligt oder sie untersagt (Patientenverfügung), prüft der Betreuer, ob diese Festlegungen auf die aktuelle Lebens- und Behandlungssituation zutreffen. Ist dies der Fall, hat der Betreuer dem Willen des Betreuten Ausdruck und Geltung zu verschaffen.

Eine Patientenverfügung kann jederzeit formlos widerrufen werden.

(2) Liegt keine Patientenverfügung vor oder treffen die Festlegungen einer Patientenverfügung nicht auf die aktuelle Lebens- und Behandlungssituation zu, hat der Betreuer die Behandlungswünsche oder den mutmaßlichen Willen des Betreuten festzustellen und auf dieser Grundlage zu entscheiden, ob er in eine ärztliche Maßnahme nach Absatz 1 einwilligt oder sie untersagt.

Der mutmaßliche Wille ist aufgrund konkreter Anhaltspunkte zu ermitteln. Zu berücksichtigen sind insbesondere frühere mündliche oder schriftliche Äußerungen, ethische oder religiöse Überzeugungen und sonstige persönliche Wertvorstellungen des Betreuten.

(3) Die Absätze 1 und 2 gelten unabhängig von Art und Stadium einer Erkrankung des Betreuten.

(4) Der Betreuer soll den Betreuten in geeigneten Fällen auf die Möglichkeit einer Patientenverfügung hinweisen und ihn auf dessen Wunsch bei der Errichtung einer Patientenverfügung unterstützen.

(5) Niemand kann zur Errichtung einer Patientenverfügung verpflichtet werden. Die Errichtung oder Vorlage einer Patientenverfügung darf nicht zur Bedingung eines Vertragsschlusses gemacht werden.

(6) Die Absätze 1 bis 3 gelten für Bevollmächtigte entsprechend."
(Bundesministerium der Justiz und Bundesamt für Justiz 2009)

Sterbeorte
Wenn wir sterben, ist es sehr wahrscheinlich, dass wir in einer Institution versterben. Auch wenn es keine zuverlässige Sterbeortstatistik gibt, wissen wir aus Forschungsarbeiten, dass etwa 50 % der Menschen heute

in Krankenhäusern und etwa 25 % in Pflegeeinrichtungen versterben. (Timmermans 2010, S. 22; Heiermann et al. 2020, S. 13; Destatis 2017; 2023) Je nachdem, welchen Schwerpunkt und welchen Versorgungsgrad das Krankenhaus hat, sterben dort bis zu 50 % der Menschen auf einer Intensivstation. (George und Banat 2015a, b) Das heißt wir werden am Lebensende vermutlich auf Menschen angewiesen sein, die uns mit unserem Leben, die uns mit dem, was uns wichtig war und nun im Sterben wichtig ist, nicht gut kennen. Und wir haben möglicherweise Sorge, dass wir, sobald wir in einen hilflosen Zustand geraten, zum Objekt ihres Handelns werden könnten und uns Maßnahmen gefallen lassen müssen, die wir eigentlich nicht wollen.

Patientenverfügungen und das Sterben rahmende Bilder
Wir haben Bilder und Vorstellungen in uns, die diese Sorge bestärken. Erfahrungen, die wir selbst gemacht haben, Erzählungen von Freund*innen und Bekannten. Außerdem Berichte über den Pflegenotstand in Krankenhäusern und Pflegeeinrichtungen – das wurde ganz aktuell in der Corona-Pandemie als Thema sehr präsent: dass alte und schwer kranke Menschen allein sterben mussten, dass Pflegende die Angehörigen während des ersten Lockdowns ersetzen mussten, dass es aber zu wenig Pflegende gibt, dass die Pflegenden auf den Intensivstationen erschöpft und ausgebrannt sind und dass uns nun ein weiterer Exodus der Pflegenden droht. Medizinethisch wird die Ökonomisierung und Kälte unseres Gesundheitswesens kritisch betrachtet. (Maio 2014) Und schließlich die Furcht vor unerträglichem Leid in den Debatten um Sterbehilfe. (Bozzaro 2015) Das sind keine vertrauenerweckenden Szenarien, wenn es darum geht, über unser Sterben nachzudenken und zu sprechen. Vielleicht können wir auch viele positive Erfahrungen und Bilder daneben stellen und dennoch bleiben wir mit dieser Wirklichkeit medial sehr präsenter Bilder konfrontiert. Eine solche Aussicht tut unserer Furcht vorm Sterben und vorm Tod nicht gut. Diese Aussicht kann unsere Furcht vorm Sterben verstärken. Was kann nun angesichts dieser düsteren Aussichten und angesichts unserer Furcht, auf andere angewiesen zu sein und ihnen eventuell zur Last zu fallen, zu mehr Sicherheit und Kontrolle über unser Sterben führen? Wie können wir unsere letzte Lebensphase wirksam sichern? Kann das durch eine Patientenverfügung gelingen?

Mögliche Argumente pro/contra Patientenverfügungen (Textarbeit Stefanie Graefe 2008)

Pro	Contra
▪ Patientenverfügungen sollen Patient*innenwillen verbindlich machen und durchsetzen helfen ▪ Dadurch: Stärkung der Patient*innenperspektive ▪ Dadurch: Sicherung der Möglichkeit zur Selbstbestimmung ▪ Versus „Pater-/Maternalismus" von Ärzt*innen bzw. des modernen Medizinsystems ▪ Keine Lebenspflicht, aber „Lebensschutz" ▪ Im Sinne einer Würde als Gestaltungsauftrag: Schutz von Würde und Freiheit des Menschen ▪ Entlastung von An- und Zugehörigen, Ärzt*innen und Pflegenden	**Verbindlichkeit?** ▪ Trifft die Patientenverfügung für diese „konkrete" Situation tatsächlich zu? ▪ Wenn eine Patientenverfügung doch immer auf eine konkrete Situation hin interpretiert werden muss, wie steht es dann um ihre Verbindlichkeit? ▪ Entspricht die Patientenverfügung noch dem „vermeintlich aktuellen" Willen von Patient*innen? ▪ Was dürfen/müssen/können Grenzen des Willens sein? ▪ Kann ich heute wissen, was ich morgen will? ▪ Gibt es die Kontinuität des Willens? ▪ Konkreter Umgang: Was tun im Notfall? **Reichweite?** ▪ Unabhängig von Art und Stadium einer Erkrankung? ▪ Wann noch Lebenswille/wann Lebenssattheit bei an Demenz Erkrankten? ▪ Wer hat die Deutungshoheit? **Beratung?** ▪ In Vorsorgeplanung Wertanamnese integrieren: Motive, Einstellungen zu Leben und Sterben, Wertvorstellungen, religiöse Anschauungen etc. ▪ Ist im Gesetz nicht vorgesehen. In der Praxis erstellen häufig Notar*innen medizinisch anspruchsvolle Vorausverfügungen

Die trügerische Sicherheit von Patientenverfügungen

Kritiker*innen sprechen von einer trügerischen Sicherheit, die durch die Möglichkeit von Vorausverfügungen in Aussicht gestellt wird. Was ist ihre Sorge?

- Zunächst dass die Lebenssituationen, die wir uns vorstellen sollen, zu abstrakt sind, zumal wir das meist aus gesunden Tagen heraus tun.
- Patientenverfügungen versprechen uns außerdem – so die Soziologin Stefanie Graefe (2008) –, dass wir unseren eigenen Willen auch dann umsetzen können, wenn wir selbst diesen Willen nicht mehr äußern können. Das aber würde die Kontinuität des eigenen, stets rationalen Selbst unterstellen, die bis zum tatsächlichen Eintritt des Todes ungebrochen funktionieren müsste. Und sie fragt kritisch: Werde ich im Sterben tatsächlich noch immer der/die sein, der/die ich jetzt bin? Denn warum sollte nur meine Fähigkeit, mich zu äußern, verändert sein, nicht aber meine konkreten Wünsche nach Behandlung, Nahrung, Zuwendung oder Weiterleben – in der Situation der Not? (Graefe 2008, S. 4) Die Philosophin Karin Michel (2017) spricht von der Diskrepanz von Vorstellung und Erfahrung. So können sich frühere Überzeugungen zur Priorität von Autonomie und Therapiebegrenzung im dann wirklichen gegenwärtigen Erleben schwerer Erkrankung hin zu einem besonderen Bedürfnis nach menschlicher Zuwendung, Nähe und verlässlicher Versorgung verschieben.
- Drittens: Wir sollen für schwer vorstellbare Lebenssituationen entsprechende medizinische Interventionen oder das Unterlassen oder den Verzicht auf diese Interventionen vorausplanen und sind damit immer schon in eine medizinische Logik eingebunden. Diese Logik setzt voraus, dass das medizinisch Machbare vom Einzelnen her begrenzt werden muss. Der oft beschworene Imperativ des medizinisch Machbaren wird damit zum Imperativ an den Einzelnen, sein Sterben zu planen. Karin Michel stellt dabei eine Tendenz zur Förderung der Vermeidung lebenserhaltender Maßnahmen am Lebensende fest. Patientenverfügungen sind schließlich kein Instrument der Einforderung sozialer Anspruchsrechte in Bezug auf eine optimale medizinische und pflegerische Versorgung. Es geht nicht um die soziale Gestaltung des Lebensendes, sondern sie sind als Abwehrrecht konzipiert: Selbstbestimmung ist so am Lebensende die negative Freiheit vom Diktat des medizinisch Machbaren bzw. die Freiheit zur Therapiebegrenzung. Gewollt ist nach Erika Feyerabend (2016) der Entscheidungstod. Getragen ist diese medizinische Logik von Bildern und Vorstellungen einer medizinisch bestimmten Zukunft, der ich nicht vertrauen mag. Und Erika Feyerabend gibt zu bedenken: Wer „mit allen möglichen denkbaren medizinischen Komplikationen und hypothetischen Sterbearten konfrontiert wird, kann gar nicht mehr unbelastet seinem Ende entgegensehen." (Feyerabend 2016, S. 5)

Die Kritiker*innen unterstellen dem modernen Menschen also einen Planungswillen hinsichtlich seines Sterbens. Wir nehmen etwas anderes wahr: dass aus dem ursprünglich selbstbestimmten „ich will verfügen" immer mehr ein „ich soll verfügen" werden könnte. Soweit zur Rahmung des Themas.

Was es braucht – Ideensammlung

- **Eine sprechende Medizin:** Ärzt*innen, die Zeit haben, sich mit den Wünschen ihrer Patient*innen auseinander zu setzen, und An- und Zugehörige mit Zustimmung der Patient*innen in diese Gespräche einbinden.
- **Vorsorgevollmachten:** Da Patientenverfügungen deutungsbedürftig bleiben, ist es unerlässlich, sie mit Vorsorgevollmachten zu verknüpfen. Das setzt voraus, dass An- und Zugehörige über Wünsche Bescheid wissen. Das birgt zugleich die Gefahr, dass An- und Zugehörige das Züngchen an der Waage sein sollen, wenn Ärzt*innen angesichts in ihrem Sinn zu hinterfragender Therapien die Entscheidungen den An- und Zugehörigen aufbürden – das kann zu Schuldgefühlen und Überforderung führen.
- **Care-ethisch betrachtet braucht es entsprechende Rahmenbedingungen**, um „Druck aus dem System" zu bekommen. Diskursanalytisch darf gefragt werden, was dazu geführt hat, dass die Notwendigkeit des Abfassens von Patientenverfügungen mit einer breiten gesellschaftlichen Akzeptanz beantwortet wird, während tatsächlich nur ein Drittel der Menschen in unserer Gesellschaft über eine solche, zumal in einem brauchbaren Format, verfügt. Diese Diskrepanz wird auch durch die Idee, alte Menschen in Pflegeeinrichtungen zum Abfassen von Patientenverfügungen zu motivieren, nicht aufgelöst. Das Problem ist unseres Erachtens nicht das Fehlen von (aussagekräftigen) Patientenverfügungen, sondern das Fehlen entsprechender Rahmenbedingungen für Pflege und Medizin – ohne zermürbenden kontinuierlichen Zeitdruck, Personalmangel und einen ständigen (Lebens- und Sterbens-)Entscheidungsdruck. Nicht das Entscheiden ist das Problem, das durch Patientenverfügungen vermeintlich erleichtert werden kann, sondern das Entscheiden-Müssen im Kontext druckhafter Rahmenbedingungen.

Literaturhinweise

Bozzaro, C. (2015). Assistierter Suizid zur Linderung unerträglichen Leidens? In: Forum 05/2015, S. 389–392.

Bürgerliches Gesetzbuch (BGB) (2022). § 630d Einwilligung. https://dejure.org/gesetze/BGB/630d.html (Zugriff: 16.07.2022)

Bürgerliches Gesetzbuch (BGB) (2022). § 1901a,b Patientenverfügung. https://www.gesetze-im-internet.de/bgb/__1901a.html (Zugriff: 16.07.2022)

Bundesministerium der Justiz und für Verbraucherschutz (Hrsg.) (2021). Betreuungsrecht. Mit ausführlichen Informationen zur Vorsorgevollmacht. https://www.bmj.de/SharedDocs/Publikationen/DE/Betreuungsrecht.pdf?__blob=publicationFile&v=10 (Zugriff: 16.07.2022)

Bundesministerium der Justiz und für Verbraucherschutz (Hrsg.) (2022). Patientenverfügung. Wie sichere ich meine Selbstbestimmung in gesundheitlichen Angelegenheiten? Broschüre. https://www.bmj.de/SharedDocs/Publikationen/DE/Patientenverfuegung.html (Zugriff: 16.07.2022)

Bundesministerium der Justiz/Bundesamt für Justiz (2009). Bürgerliches Gesetzbuch (BGB). § 1901a Patientenverfügung. https://www.gesetze-im-internet.de/bgb/__1901a.html (Zugriff: 26.07.2022)

Esslinger Initiative vorsorgen – selbst bestimmen e. V. (2020). Patientenverfügung. http://esslinger-initiative.ocular.de/index.php/downloads/send/3-vorsorgedokumente/15-b-patientenverfuegung (Zugriff: 22.07.2022)

Feyerabend, E. (2017). Moderne Planungsspezialisten – kritische Analyse einer Praxis. In: Praxis PalliativeCare 37/2017, S. 14–17.

Frewer, A./Fahr, U./Rascher, W. (Hrsg.) (2009). Patientenverfügung und Ethik. Beiträge zur guten klinischen Praxis. Reihe: Jahrbuch Ethik in der Klinik (JEK) 2. Verlag Königshausen & Neumann: Würzburg.

George, W. M./Banat, G.-A. (2015a). Sterbeort Hospiz. In: Deutsche Zeitschrift für Onkologie 47/2015, S. 1–3.

George, W. M./Banat, G.-A. (2015b). Sterbesituation in stationären Pflegeeinrichtungen. In: das Krankenhaus 04/2015, S. 330–336.

Graefe, S. (2008). Im Gewand von Autonomie. In: Bioskop 44/2008, S. 4 f.

Heiermann, A. et al. (2020). Auf ein Sterbenswort. Wie die alternde Gesellschaft dem Tod begegnen will. Berlin-Institut für Bevölkerung und Entwicklung: Berlin.

Heller, A. et al. (Hrsg.) (2014). Patientenverfügung? Beraten und vorsorgen! Praxis PalliativeCare 22/2014.

Jox, R. (2017). Streitpunkt „Natürlicher Wille". Wie sind Äußerungen Demenzkranker für die ethische Entscheidungsfindung zu bewerten? http://docplayer.org/66875018-Streitpunkt-natuerlicher-wille.html (Zugriff: 16.04.2019)

Jox, R./Ach, J./Schöne-Seifert, B. (2014). „Der natürliche Wille" und seine ethische Einordnung. In: Deutsches Ärzteblatt 111(10)/2014, S. 394–396.

Kutzer, K. (2009). Rechtslage und Entwicklung des parlamentarischen Verfahrens zur Patientenverfügung. In: Frewer, A./Fahr, U./Rascher, W. (Hrsg.) (2009). Patientenverfügung und Ethik. Beiträge zur guten klinischen Praxis. Reihe: Jahrbuch Ethik in der Klinik (JEK) 2. Verlag Königshausen & Neumann: Würzburg, S. 139–155.

Maio, G. (2014). Medizin ohne Maß? Vom Diktat des Machbaren zu einer Ethik der Besonnenheit. TRIAS Verlag: Stuttgart.

Michel, K. (2017). Vorsorgediagnose. Zu den juristischen, institutionellen und sozialen Dimensionen von Patientenverfügungen. In: Praxis PalliativeCare 37/2017, S. 18–20.

Schaider, A. et al. (2015). Ermittlung des mutmaßlichen Patientenwillens: eine Interviewstudie mit Klinikern. In: Ethik in der Medizin 27/2015, S. 107–121. https://link.springer.com/article/10.1007/s00481-013-0285-1 (Zugriff: 16.07.2022)

Sommer, S. et al. (2012). Patientenverfügungen in stationären Einrichtungen der Seniorenpflege. Vorkommen, Validität, Aussagekraft und Beachtung durch das Pflegepersonal. In: Deutsches Ärzteblatt 109(37)/2012, S. 577–583. https://www.aerzteblatt.de/pdf.asp?id=129545 (Zugriff: 16.07.2022)

Statistisches Bundesamt (Destatis) (2017). Gesundheit. Diagnosedaten der Patienten und Patientinnen in Krankenhäusern (einschl. Sterbe- und Stundenfälle). Fachserie 12. Reihe 6.2.1. https://www.destatis.de/DE/Themen/Gesellschaft-Umwelt/Gesundheit/Krankenhaeuser/Publikationen/Downloads-Krankenhaeuser/diagnosedaten-krankenhaus2120621167004.pdf?__blob=publicationFile (Zugriff: 12.05.2020)

Statistisches Bundesamt (Destatis) (2023). Sterbefälle. Fallzahlen nach Tagen, Wochen, Monaten, Altersgruppen, Geschlecht und Bundesländern für Deutschland. 2016–2023. Sonderauswertung. https://www.destatis.de/DE/Themen/Gesellschaft-Umwelt/Bevoelkerung/Sterbefaelle-Lebenserwartung/Tabellen/sonderauswertung-sterbefaelle.html (Zugriff: 12.05.2020)

Thöns, M. (2018). Patient ohne Verfügung. Das Geschäft mit dem Lebensende. Piper Verlag: München.

Timmermans, S. (2010). There's More to Dying than Death: Qualitative Research on the End-of-Life. In: Bourgeault, I. et al. (Hrsg.) (2010). The SAGE Handbook of Qualitative Methods in Health Research. SAGE Publications: London et al., S. 19–33.

3.3.6 Wohin mit den Dementen? Die Frage von Inklusion und Exklusion am Beispiel von Demenzdörfern

a. Ankündigungstext

„Am Beispiel der Errichtung von Demenzdörfern wollen wir in diesem Ethik-Café gemeinsam das Für und Wider solcher Dörfer diskutieren sowie Überlegungen zu Inklusion und Exklusion anstellen. Inklusion bedeutet, dass jeder Mensch die Möglichkeit erhält, sich vollständig und gleichberechtigt an allen gesellschaftlichen Prozessen zu beteiligen – und zwar von Anfang an und unabhängig von individuellen Fähigkeiten, ethnischer wie sozialer Herkunft, Geschlecht oder Alter. Was bedeutet das nun für den Umgang mit an Demenz erkrankten Menschen?" (KEK 2015)

b. Hinführung zum Thema

Demenzdörfer scheinen eine Antwort auf gesellschaftliche Entwicklungen zu sein: 1,6 Mio. an Demenz erkrankte Menschen (Deutsche Alzheimer Gesellschaft e. V. 2020), ökonomischer Druck auf die Gesundheitssorge, Fachkräftemangel, Aufbrechen traditioneller Familienstrukturen und der

Wunsch nach Selbstbestimmung bis zuletzt. Demenzerkrankte werden in einer für sie geschaffenen ganz eigenen Welt untergebracht und mit ihnen die Pflegenden. In den Diskussionen dieses Ethik-Cafés sollen Argumente gesammelt werden, die für oder gegen die Errichtung von Demenzdörfern sprechen. Wird mit der Idee von Demenzdörfern das Postulat der Inklusion aufgegeben oder besteht der Auftrag darin, Demenzdörfer in die Versorgungslandschaft der Kommunen zu inkludieren?

c. Planungsmatrix

Struktur/Phasen	Methoden/Inhalt
Begrüßung	Hinführung zum Thema
(1a) Impulse aufnehmen (2a) Ideen einbringen	Begriffsklärungen: Was wissen Sie über Demenzdörfer? ▪ Brainstorming ▪ Kartenabfrage ▪ Visualisierung der Ergebnisse der Diskussion
(1b) Impulse aufnehmen	Kurzvortrag: Definitionen zu Inklusion – Exklusion – Demenzdörfer
(2b) Ideen einbringen	Diskussion: Welche Haltung vermuten Sie hinter dem Konzept? Visualisierung nach den Kategorien ▪ Menschenbild/Menschenwürde ▪ Teilhabe ja/nein ▪ Lebensqualität ▪ Demenz als Krankheit/Behinderung ▪ Etc.
(3) Ethisch reflektieren – abstrakt denken	Diskussion: Multiperspektivische Betrachtung von Demenzdörfern (Mehr-Ebenen-Modell; systematischer Perspektivenwechsel) Visualisierung ▪ Pro/Contra ▪ Betroffene – An- und Zugehörige – Pflegende – Gesellschaft/Bürger*innen – Staat
(4) Erkenntnisse gewinnen	Ausblick: Was sind mögliche Alternativen? ▪ Brainstorming ▪ Erfahrungen ▪ Text austeilen: Gronemeyer/Rothe (2014): Demenz: eine gesellschaftliche Herausforderung – und Chance?
Abschluss	Ausblick aufs nächste Ethik-Café

d. Gedankenspeicher
In diesem Ethik-Café werden verschiedene ethische Themen und Debatten aufgegriffen und miteinander ins Gespräch gebracht.

- **Die Frage der Altersbilder:** Wie wirken sich Altersbilder auf das Konzept „Demenzdorf" und wie auf die im Ethik-Café geführte Diskussion aus? Welches Bild von Menschen, die an Demenz erkrankt sind, wird mit diesem Konzept transportiert? Wie wirkt sich dieses Bild wiederum auf unser Altersbild aus?
- **Die Frage der Caring Communities** und die Frage, ob Demenzdörfer die Idee der Caring-Communities ad absurdum führen. Können Demenzdörfer Teil einer Caring Community sein?
- **Die Frage von Inklusion.** Wichtig ist die Unterscheidung von Integration und Inklusion. Inklusionskonzepte müssen sich an der Frage messen lassen, ob es in ihnen um Integration oder Inklusion geht. Inklusion bedeutet nicht, ein System an Menschen mit einer Einschränkung anzupassen, sondern das System von ihnen her (neu) zu denken, aber nicht nur von ihnen her, sondern das System von den Bedürfnissen und Bedarfen der Menschen mit und ohne definierten Einschränkungen her zu denken und Sorge entsprechend zu planen. Wie kann echte Teilhabe gelingen?
- **Die Frage, was das für das Bild von Pflege und für deren Selbstverständnis bedeutet**, wenn ihr Arbeitsort ein Lebensort in Scheinwelten sein soll. Was bedeutet das care-ethisch, was bedeutet es für die Verletzlichkeit der Care-Empfangenden und was für die Verletzlichkeit der Care-Gebenden, an einem solchen Ort leben und arbeiten zu sollen?

Die Diskussion kann in drei Richtungen gelenkt werden.

- **Deontologisch:** Verwirklichung von Selbstbestimmung; Demenzerkrankte dürfen nicht angelogen werden; Inklusion oder Exklusion etc.
- **Teleologisch:** Welche Folgen hat die Unterbringung der Demenzkranken in sog. Demenzdörfern – für die Betroffenen, die An- und Zugehörigen, die Pflegenden und die Gesellschaft?
- **Care-ethisch:** Umgang mit Verletzlichkeit und Abhängigkeit; Fürsorge für Demenzerkrankte oder Lösung eines gesellschaftlichen Problems. Wer hat die Verantwortung wofür – auf allen Ebenen einer mehrdimensionalen Ethik? Fragen von Macht und Ohnmacht im Kontext des Lebens in Demenzdörfern – auch auf allen Ebenen.

Literaturhinweise

Brand, C. (2012). Ein Dorf für Vergessende. In: Tec21 40–41/2012, S. 27–31. https://www.e-periodica.ch/cntmng?pid=sbz-004:2012:138::3526   (Zugriff: 02.11.2021)

Bundesministerium für Familie, Senioren, Frauen und Jugend. Referat Öffentlichkeitsarbeit (Hrsg.) (2017). Siebter Altenbericht Sorge und Mitverantwortung in der Kommune – Aufbau und Sicherung zukunftsfähiger Gemeinschaften und Stellungnahme der Bundesregierung. 2. Aufl. Publikationsversand der Bundesregierung: Rostock. https://www.siebter-altenbericht.de/fileadmin/altenbericht/pdf/Der_Siebte_Altenbericht.pdf (Zugriff. 02.11.2021)

Deutsche Alzheimer Gesellschaft e. V. (2020). Die Häufigkeit von Demenzerkrankungen. Informationsblatt 1. Berlin. https://www.deutsche-alzheimer.de/fileadmin/Alz/pdf/factsheets/infoblatt1_haeufigkeit_demenzerkrankungen_dalzg.pdf (Zugriff: 24.07.2022)

Deutscher Ethikrat (2012). Demenz und Selbstbestimmung. Stellungnahme. Deutscher Ethikrat: Berlin. https://www.ethikrat.org/fileadmin/Publikationen/Stellungnahmen/deutsch/stellungnahme-demenz-und-selbstbestimmung.pdf (Zugriff: 16.07.2022)

Graefe, S. (2008). Im Gewand von Autonomie. In: Bioskop 44/2008, S. 4 f.

Gronemeyer, R./Rothe, V. (2014). Demenz: eine gesellschaftliche Herausforderung – und Chance? Neue Chancen für eine kommunale Sorgekultur. In: Praxis PalliativeCare 23/2014, S. 4–5.

Habekuß, F. (2013). Im Dorf des Vergessens. Dorf für Demente. In: ZEIT ONLINE. DIE ZEIT 05/2013. https://www.alzheimer-bw.de/fileadmin/AGBW_Medien/AGBW-Dokumente/Presseartikel/Demenzdorf-De-Hogeweyk-Alzey.pdf (Zugriff: 02.11.2021)

Kock, F. (2014). Eingezäunte Freiheit. 05.09.2014. 11:12 Uhr. Deutschlands erstes Demenzdorf. In: Süddeutsche.de. https://www.sueddeutsche.de/leben/deutschlands-erstes-demenzdorf-eingezaeunte-freiheit-1.2116704 (Zugriff: 02.11.2021)

Pawletko, K. W./Gronemeyer, R. (2014). Demenzdörfer. Pro – Contra. In: Dr. med. Mabuse (209) 05–06/2014, S. 18–19.

Stronegger, W. J./Attems, K. (Hrsg.) (2020). Altersbilder und Sorgestrukturen: 3. Goldegger Dialogforum Mensch und Endlichkeit. Bd. 8. Nomos Verlagsgesellschaft: Baden-Baden.

3.3.7 Hoffnung und Hoffnungslosigkeit

a. Ankündigungstext

„In schweren Situationen ist die Hoffnung der Geistes- bzw. Seelenzustand, der dem Menschen das Überleben ermöglicht. Hoffnungslosigkeit hingegen schwächt und führt in Gleichgültigkeit, bringt die Lebenskräfte zum Erliegen. Oft ist es notwendig, dass Mitarbeiter im Gesundheitswesen, aber auch Angehörige und Patienten selbst Hoffnung geben. In diesem Ethik-Café wollen wir darüber nachdenken, was wir unter Hoffnung bzw. Hoffnungslosigkeit verstehen und wie wir damit umgehen können." (KEK 2015)

b. Hinführung zum Thema

Im Ethik-Café soll über Narrative eine Annäherung an das Konzept „Hoffnung" und an Strategien zum Umgang mit Hoffnung, „falscher Hoffnung" und Hoffnungslosigkeit gelingen. Es soll danach gefragt werden, was Hoffnung und was Hoffnungslosigkeit begünstigt. Am Ende steht die Idee, dass eine hoffnungsfördernde Umgebung bewusst gestaltet werden kann. Was sind die Anteile und was die Verantwortung des Einzelnen, was die der Institution und welche Verantwortung hat die Gesellschaft für das Verständnis von Hoffnung im Sozial- und Gesundheitswesen und für hoffnungsfördernde Bedingungen?

c. Planungsmatrix

Struktur/Phasen	Methoden/Inhalt
Begrüßung	Hinführung zum Thema
(1a) Impulse aufnehmen (2a) Ideen einbringen	Narrative: Erinnern Sie sich bitte an eine Situation in Ihrem (beruflichen/privaten) Alltag, die etwas mit „Hoffnung" zu tun hatte. Bitte erzählen Sie!
(1b) Impulse aufnehmen	Visualisierung der Ergebnisse (Kartenabfrage) Clustern und theoretisch fundieren ▪ Definitionen von Hoffnung und Hoffnungslosigkeit ▪ Wer trägt Verantwortung für die Erfüllung von Hoffnungen? – Man selbst? – Autorität von außen? – Transzendente Macht? ▪ Philosophische – theologische – psychologische – soziologische „Brille"
(2b) Ideen einbringen (3) Ethisch reflektieren – abstrakt denken	Diskussion: Was begünstigt Hoffnung? – Was begünstigt Hoffnungslosigkeit? Visualisierung der Ergebnisse der Diskussion Clustern nach inneren und äußeren Ressourcen
(4) Erkenntnisse gewinnen	Hoffnungsfördernde Umgebung mitgestalten ▪ Im Krankenhaus ▪ In einer Pflegeeinrichtung ▪ Zu Hause ▪ Im Hospiz
Abschluss	Ausblick aufs nächste Ethik-Café

d. Gedankenspeicher

Voraussetzung einer Annäherung an hoffnungsfördernde Faktoren in der Gesundheitssorge ist unseres Erachtens die Klärung des Konzepts „Hoffnung" – auf individueller, Interaktionsebene und Institutionsebene. Der niederländische Theologe Erik Olsman (2015) beschreibt in seiner Studie die Hoffnung von Menschen mit einer lebensbedrohlichen Erkrankung, ihrer An- und Zugehörigen sowie die Hoffnung professionell Sorgender. Nadine Guerre (2015) beschreibt hoffnungsfördernde Faktoren in Sorgesettings. Mit diesen beiden Autor*innen möchten wir uns dem Thema dieses Ethik-Cafés annähern.

Hoffnung

Hoffnung ist eine psychische „Ressource, die in die Zukunft ausgerichtet ist […] entweder spezifisch (auf Bestimmtes hoffen) oder universell (Form des Seins) […] Die Perspektive eines Menschen wird durch die Hoffnung auf positive Dinge gelenkt, bildet eine Kraftquelle in schweren Zeiten und hilft somit bei der Krankheitsbewältigung und Akzeptanz der eigenen Lebenssituation." (Guerre 2015, S. 31) Für die eigene innere Stärke, Lebensfreude, Akzeptanz, Sinnfindung, Gesunderhaltung. Erik Olsman identifiziert vier Charakteristika von Hoffnung. (Olsman 2015, S. 8)

- **Futurity**: to hope for – Zukunftsfähigkeit: hoffen auf
- **Possibility:** possible, but uncertain outcome – Möglichkeit, jedoch mit ungewissem Ergebnis: Vertrauen auf positive zukünftige Möglichkeiten als Ressource (physisch-psychisch-spirituell-sozial). Die NANDA (North American Nursing Diagnosis Association) definiert Hoffnungslosigkeit als ein „Zustand, in dem ein Mensch begrenzte oder keine Wahlmöglichkeiten sieht und unfähig ist, Energien für eigene Interessen zu mobilisieren." (UniversitätsSpital Zürich 2005, S. 18)
- **Desirability**: to desire something good – Erwünschtheit: sich etwas Gutes wünschen
- **Agency**: to reach hope – Wer trägt Verantwortung für die Erfüllung von Hoffnungen? – Man selbst? Eine Autorität von außen? Eine transzendente Macht?

Olsman weist darauf hin, dass Hoffnung eine geteilte Hoffnung sein kann, „that healthcare professionals hope things as well, and that palliative care patients in their stories may hold inconsistent beliefs and experiences, such as hope for cure and prepration for death." (Olsman 2015, S. 116) Sein Fazit: Healthcare professionals „should employ a relational-ethical approach to hope, which means that empowerment and compassion should be part of the relationship between healthcare professionals and patients. Healthcare professionals need to take into account their own (experiences of) hope, hopelessness and despair as well." (ebd., S. 129)

Perspektiven auf Hoffnung
Mit theoretisch stark verkürzten Hinweisen auf das Verständnis von Hoffnung aus Perspektive verschiedener Disziplinen können Impulse zur weiteren Diskussion gegeben werden:

- **Philosophische „Brille":** Der Mensch wird nach Ernst Bloch als ein utopisches Wesen aufgefasst. Der Mensch zeichnet sich als Mensch durch sein Hoffen aus – es ist das Hoffen auf ein Noch-nicht-Sein. Nach Immanuel Kant gibt es vier Grundfragen der Philosophie: Was kann ich wissen? Was soll ich tun? Was darf ich hoffen? Was ist der Mensch?
- **Theologische „Brille":** Hoffen heißt, auf etwas Festes vertrauen zu können. (Psalm 23) Es ist die positive Erwartung des Heils von Gott. In dieser Hoffnung steht der Mensch und kann darin stets aufs Neue bestärkt werden.
- **Psychologische „Brille":** Hoffnung kann als Orientierung in Zeiten von Veränderung, bei Problemen und in Situationen von Unsicherheit aufgefasst werden.
- **Soziologische „Brille":** Hoffnung kann als Motiv für bestimmte Handlungen aufgefasst werden, das sich auf andere Personen oder das soziale Umfeld bezieht.

Hoffnungsquellen
„Um Hoffnung zu bewahren, bedarf es einfühlsamer Bezugspersonen, die trösten, bestärken, Mut machen." (Guerre 2015, S. 30) Guerre identifiziert in pflegewissenschaftlichen Studien folgende Hoffnungsquellen. An diesen Hoffnungsquellen kann sich hoffnungsförderndes Handeln von Mitarbeiter*innen des therapeutischen Teams orientieren.

- Persönliche Beziehungen mit An- und Zugehörigen, aber auch mit Mitarbeiter*innen des therapeutischen Teams.
- Die eigene spirituelle Einbettung kann beim Erspüren eines Sinns unterstützen. Es ist ein Hoffen auf…
- Zukunftsorientierung auf ein Ziel des Hoffens hin.
- Erinnerungen „lassen erspüren, wie Hoffnung sich in der Vergangenheit angefühlt hat." (ebd., S. 31)

- Sicherheitsgefühl im Geborgen-Sein durch Menschen und förderliche Rahmenbedingungen bedeutet, sich nicht allein zu fühlen.
- Selbstwertgefühl durch Anerkennung, Wertschätzung und das Bewahren des Gefühls der Selbstwirksamkeit.
- Das Leben spüren können.
- Die subjektiv empfundene Lebensqualität im Krank-Sein.
- Das Beste aus der Situation machen.

Der Hoffnung Raum geben aus care-ethischer Perspektive

- Aufmerksam zu sein heißt anzusprechen, was einen Menschen trägt (Sinn): Erfolgserlebnisse oder das Gefühl zu haben, die Kontrolle zu haben etc. Außerdem aufmerksam zu sein, wie einem Menschen seine Hoffnung präsent ist und wie er sie mitteilen kann, so dass sich andere dazu verhalten können. Es heißt, für die Hoffnung des anderen und für die eigene Hoffnung aufmerksam zu sein.
- Verantwortlich zu sein heißt auf die Hoffnung des anderen zu „antworten". Für uns bedeutet das in Anlehnung an Kant: Was weiß ich? Was soll ich tun? Was ist meine Hoffnung für Dich? Unsere Verantwortung bewegt sich innerhalb der guten Praxis des Helfens, Heilens und Linderns. Wir können möglicherweise eine hoffnungsvolle Atmosphäre verstärken. Wir können Hoffnung unterstützen, aufdecken und verstärken.
- In Beziehung zu sein, bedeutet, mich selbst in meinem Hoffen wahrzunehmen, die Präsenz von Hoffnung in den Mitarbeiter*innen eines therapeutischen Teams gut wahrzunehmen.

Literaturhinweise

Eisold, A. et al. (2009). Hoffnung als Pflegephänomen im Rahmen psychiatrischer Pflege. Ein systematischer Literaturüberblick. In: Zeitschrift für Pflegewissenschaft und psychische Gesundheit 03/2009, S. 12–28.
Frewer, A. et al. (Hrsg.) (2010). Hoffnung und Verantwortung. Herausforderungen für die Medizin. Jahrbuch Ethik in der Klinik. Bd. 3. Verlag Königshausen & Neumann: Würzburg.
Guerre, N. (2015). Pflege als Hoffnungsträger. In: Die Schwester Der Pfleger 54(07)/2015, S. 30–33.
Olsman, E. (2015). Hope in Palliative Care. A Longitudinal Qualitative Study. Ridderprint BV: Amsterdam.
Kränzle, S. (2018). Hoffnung. In: Riedel, A./Linde, A. C. (Hrsg.) (2018). Ethische Reflexion in der Pflege. Springer Verlag: Deutschland, S. 99–110.

UniversitätsSpital Zürich, Zentrum für Entwicklung und Forschung Pflege (2005). Anhang II: Pflegediagnosenliste (Stand: 01. Dezember 2005). http://www.samby.de/pflege/Liste%20aller%20Pflegediagnosen%20ZEFP%20und%20NANDA.pdf (Zugriff: 26.05.2022)

3.3.8 Caring Communities oder die Frage geteilter Verantwortung

a. Ankündigungstext

„Die menschenwürdige Versorgung alter Menschen könne nur dann gelingen, wenn alle Generationen und Gruppen der Gesellschaft einen Teil der Lasten tragen. So die Befürworter des Konzepts der Caring Communities, der sorgenden Gemeinschaften. Erweitern lässt sich dieses Konzept um Fragen der würdigen Sterbebegleitung und um den Umgang mit Menschen, die hilfesuchend in unser Land fliehen. Wir wollen uns in diesem Ethik-Café mit Fragen des Für und Wider des Konzepts beschäftigen. Wer trägt wofür die Verantwortung?" (KEK 2016)

b. Hinführung zum Thema

Das Sprechen über Caring Communities hat Hochkonjunktur. Können/müssen sie die Antwort auf aktuelle und künftige demografische und soziale Herausforderungen sein? Care meint hier die vorausschauende und anteilnehmende Verantwortungsübernahme für sich und andere. Communities umfassen die Vielfalt von Lebenskreisen, in denen das Soziale stattfindet. Mit Caring Communities ist „eine Konzeption und Praxis angesprochen, die das aufeinander bezogene Tätigwerden von Professionellen und Familienangehörigen, staatlichen Instanzen und engagierten BürgerInnen synergetisch und koproduktiv zu gestalten sucht [...] unabhängig vom Lebens- und Versorgungsort." (Klie 2014, S. 21) Ziele sind die Bündelung und Kooperation von Unterstützungsangeboten in der Kommune, die Stärkung der individuellen Mitverantwortung im öffentlichen Raum und das Fördern neuer Beteiligungsansätze (Partizipation). Wegbereiter*innen der Idee sind in Großbritannien Allan Kellehear, in Deutschland Thomas Klie und Andreas Kruse. Der siebte Altenbericht der Bundesregierung (2015) fordert Sorge und Mitverantwortung in der Kommune. In diesem Ethik-Café möchten wir Chancen und Risiken des Konzepts der Caring Communities diskutieren und eine Verbindung zum beruflichen Alltag der Mitarbeiter*innen im Sozial- und Gesundheitswesen herstellen.

c. Planungsmatrix

Struktur/Phasen	Methoden/Inhalt
Begrüßung	Hinführung zum Thema
(1a) Impulse aufnehmen	Impulsvortrag – Einführung: Was sind Caring Communities?
(1b) Impulse aufnehmen (2) Ideen einbringen	Diskussion: Caring Communities Hinführung und Zitat von Thomas Klie als Impuls: „Es gehört zu den Demütigungen des Menschen, dass sie in einer Situation der Verwiesenheit auf andere und Hilfe, nicht mehr und zu keiner Gemeinschaft zu gehören, in der sie bedeutsam sind." (Klie 2014, S. 22) Fortführung des Zitats am Ende des Ethik-Cafés Frage: Welche Assoziationen haben Sie bei dieser These? Inwiefern könnten Caring Communities eine mögliche Antwort auf diese Demütigung sein? Unter welchen Voraussetzungen? Diskussion Visualisierung
(3) Ethisch reflektieren – abstrakt denken	Zusammenfassung der Diskussion (Clustern) Clustern nach Kategorien: • Zielgruppen: Um wen geht es eigentlich – Wer sind die Hilfsbedürftigen – Wer sorgt für die Sorgenden? • Verantwortung: Wer hat welche Verantwortung in welcher Rolle – Staat/Politik/Gesellschaft, Institutionen; Individuen/Kranke/Mitarbeiter*innen, Ehrenamtliche etc. • Haltung: Damit Sorge demokratisiert wird – Mehr-Ebenen-Modell – Demokratisierung versus Institutionalisierung • Herausforderungen, Bedingungen, Voraussetzungen: geteilte Verantwortung – nicht zu entkoppeln von gesellschaftlichem Diskurs, Menschenbild
(4) Erkenntnisse gewinnen	Reflexionsprozesse nach Klie anstoßen: Thesen von Klie einzeln andiskutieren Hinführung Diskussion

Abschluss	Zitat Klie vervollständigen
	… "Caring Communities sprechen sowohl die Bedeutung von Zugehörigen an als auch die Potentiale, die in unseren sozialen Netzwerken – etwa in Nachbarschaften, Freundeskreisen, religiösen Gemeinschaften – liegen." (Klie 2014, S. 22)
	Ausblick aufs nächste Ethik-Café

d. Gedankenspeicher

Vor dem Hintergrund des demografischen Wandels ist klar, „dass die Sorgefähigkeit der Gesellschaft in Zukunft nicht alleine durch professionelle soziale Dienstleistungen oder den Staat selbst gewährleistet werden kann, sondern ganz wesentlich auf die eigenständige Leistung seiner Bewohnerinnen und Bewohner angewiesen sein werden." (ISS 2014, S. 3) Sorgende Gemeinschaften stehen für ein sektoren-, „zielgruppen- und themenübergreifendes Konzept zur Bewältigung sozialer Aufgaben [...]: für die Bündelung und Kooperation von Unterstützungsangeboten in der Kommune und für eine Stärkung der individuellen Mitverantwortung im öffentlichen Raum und damit einhergehend neuen Beteiligungsansätzen. Das Leitbild beruht [...] zentral auf dem Gedanken, interessierten Bürgerinnen und Bürgern darin zu stärken, eigenverantwortlich und gestaltend im öffentlichen Raum tätig zu sein." (ebd.)

Der Gedankenspeicher enthält Hinweise auf die Begriffsvielfalt hinsichtlich der Caring Community-Konzepte, zum Konzept selbst sowie zur Entstehung des Konzepts.

Begriffsvielfalt

Die Idee der Caring Communities findet sich in einer Vielzahl von Konzepten und Projekten wieder.

- Compassionate Communities
- Sorgenetzwerke
- Mitsorgende Gemeinschaften
- Kommunale Sorgekultur
- Community Engagement-Ansätze

Konzept: Who cares? – Geteilte Verantwortung

„Eine ‚Sorgende Gemeinschaft' ist das gelingende Zusammenspiel von Bürgerinnen und Bürgern, Staat, Organisationen der Zivilgesellschaft und professionellen Dienstleistern in der Bewältigung der mit dem demografischen Wandel verbundenen Aufgaben." (ebd., S. 4)

- Es geht um die **Verantwortungsteilung** zwischen Staat/Ländern/ Kommunen, Anbietern sozialer Dienste, Organisationen der Zivilgesellschaft und Bürger*innen.
- **Für wen?** Für alte, dementiell erkrankte Menschen, Menschen mit Behinderung, Migrant*innen, obdachlose Menschen, Gefängnisinsassen etc.

Historie
70er/80er Jahre: WHO-Konzept „gesunde Städte/gesunde Gemeinden"

- Compassionate Communities sind aus dem WHO-Konzept entstanden. „Public health" wurde als Ressource verstanden – in Bezug auf die eigenen Möglichkeiten der Gesundheitsförderung und Gesunderhaltung.
- Pro: Mehr Prävention und frühe Intervention, gesündere Lebensweise (Sport, Ernährung, Arbeitsumfeld etc.).
- Contra: Belastung mit schädlichen Substanzen (Tabak, Asbest etc.), belastende Lebensgewohnheiten (Bewegungsmangel, Stress etc.).

90er Jahre/Anfang 2000

- Der Palliative Care-Sektor wurde erreicht: Förderung der physischen, psychischen, sozialen und spirituellen Gesundheit.
- Care bedeutet für Patient*innen: Sterbebegleitung früher beginnen lassen; soziale Unterstützung und Einbettung; Schaden durch Unwissenheit, Angst, soziale Distanz, Isolation und Stigma verringern; Reduktion der Ängste der Patient*innen.
- Care bedeutet bezogen auf die Community: Das Voneinander-Wissen (Patient*innen als Lehrer*innen); der Umgang mit schweren Krankheiten und deren tödlichem Ausgang muss erlernt werden.

Literaturhinweise

Bundesministerium für Familie, Senioren, Frauen und Jugend. Referat Öffentlichkeitsarbeit (Hrsg.) (2017). Siebter Altenbericht Sorge und Mitverantwortung in der Kommune – Aufbau und Sicherung zukunftsfähiger Gemeinschaften und Stellungnahme der Bundesregierung. 2. Aufl. Publikationsversand der Bundesregierung: Rostock. https://www.siebter-altenbericht.de/fileadmin/altenbericht/pdf/Der_Siebte_Altenbericht.pdf (Zugriff: 02.11.2021)
Institut für Sozialarbeit und Sozialpädagogik e. V. (ISS) (Hrsg.) (2014). Sorgende Gemeinschaften – Vom Leitbild zu Handlungsansätzen. Dokumentation.

Fachgespräch am 16.12.2013 in Frankfurt am Main. Reihe. ISS im Dialog. ISS: Frankfurt am Main.

Kellehear, A. (2014). Sorgende Gemeinschaften. Sterbebegleitung als Verantwortung jedes Einzelnen. In: Praxis PalliativeCare 23/2014, S. 14–19.

Klie, T. (2014). Sorgende Gemeinschaften – Blick zurück nach vorn? Geteilte Verantwortung oder Deprofessionalisierung? Was steckt hinter Caring Communities? In: Praxis PalliativeCare 23/2014, S. 2022.

Wegleitner, K./Heller, A. (2014). Public Care: Die Demokratisierung der Sorge. Public Health und Palliative Care. In. Praxis PalliativeCare 23/2014, S. 10–13.

3.3.9 Enhancement oder die Optimierung des Menschen

a. Ankündigungstext

„Die Erweiterung des medizinisch Möglichen und Machbaren konfrontiert uns mit der ethisch brisanten Frage, was getan werden soll bzw. was getan werden darf, um den Menschen im Rahmen der erweiterten medizinischen Möglichkeiten immer weiter zu perfektionieren (Enhancement). Am Beispiel der PID (Präimplantationsdiagnostik) lenken wir die Aufmerksamkeit auf ethische Fragen am Beginn des Lebens." (KEK 2016)

b. Hinführung zum Thema

Enhancement bedeutet Verbesserung/Steigerung/Optimierung. Enhancement kann aufgefasst werden als Optimierung von Menschen unter dem Diktat der Effizienz. Das verändert die Medizin grundlegend: von der Hilfeleistung als Nachfrage (Heilung, Linderung, Prävention) hin zur wunscherfüllenden Dienstleistung als Angebot (Optimierung menschlicher Leistungen/Qualitäten). (Maio 2017) „Human Enhancement dient der Erweiterung der menschlichen Möglichkeiten und der Steigerung menschlicher Leistungsfähigkeit, letztlich also […] der Verbesserung und Optimierung des Menschen. Ausgangspunkt sind kranke oder gesunde Menschen, die mit Wirkstoffen, Hilfsmitteln und Körperteilen versorgt und mit Technologien verbunden werden." (Bendel 2021) Human Enhancement bezeichnet: „Medizinische oder biotechnologische Interventionen, deren Zielsetzung nicht primär therapeutischer oder präventiver Art ist und die darauf abzielen, Menschen in ihren Fähigkeiten oder in ihrer Gestalt in einer Weise zu verändern, die in den jeweiligen soziokulturellen Kontexten als Verbesserung wahrgenommen wird." (Biller-Andorno und Salathé 2013, S. 170) Giovanni Maio unterscheidet fünf Enhancement-Ansätze nach Zielen: Verbesserung der Erscheinungsform des Menschen, der Leistungsfähigkeit (körperlich und geistig), des emotionalen Bereichs, der gesamten menschlichen Existenz und je spezifischer individueller Präferenzen. (Maio 2017, S. 409 f.) In diesem Ethik-Café soll das Bewusstsein für das Phänomen des Enhancement geweckt, das Konzept in seiner Vielfalt betrachtet und dessen Relevanz für den eigenen beruflichen Alltag entdeckt werden.

c. Planungsmatrix

Struktur/Phasen	Methoden/Inhalt
Begrüßung	Hinführung zum Thema
(1) Impulse aufnehmen	Impulsvortrag: Was heißt Enhancement? Begriff, Bereiche nach Maio (2017)
(2) Ideen einbringen (3) Ethisch reflektieren – abstrakt denken	Wo befinde ich mich selbst bewusst oder unbewusst in Enhancement-Prozessen? ■ Diskussion/Brainstorming ohne Sammeln auf Karten In welchen Enhancement-Prozessen (Einteilung nach Maio) entsteht für mich persönlich bzw. in meinem Arbeitsleben ein Unbehagen? ■ Diskussion ■ Clustern der Karten nach den Kategorien (Visualisierung) Eigene Darstellung
(4) Erkenntnisse gewinnen	Ethische Fragen am Lebensanfang am Beispiel der PID entfalten ■ Landkarte (Fragen am Beginn des Lebens) ■ Begriffe klären: Gendiagnostik, Präkonzeptionelle Tests, PID, PND, IVF etc. ■ Ethische Fragen
Abschluss	Ausblick aufs nächste Ethik-Café

d. Gedankenspeicher

Der Gedankenspeicher enthält die fünf Enhancement-Ansätze nach Maio sowie Fragen zur ethischen Bewertung der Gestaltung des Menschen nach eigenen Vorstellungen. Es folgt die Betrachtung möglicher ethischer Fragen am Lebensbeginn.

Enhancement-Ansätze nach Maio (2017)

Verbesserung der Erscheinungsform des Menschen

- Körpermodifikationen ohne Krankheitsbezug
- Ästhetische Medizin: plastische Chirurgie; Dermatologie; Zahnmedizin
- Etc.

Verbesserung der Leistungsfähigkeit (körperlich und geistig)

- Körperliches Doping
- Geistiges Neuro-Enhancement: kognitiv, emotional, motivational
- Neuro-Enhancement durch Medikamente (Amphetamine; Antidementiva; Antidepressiva): Methylphenidat/Ritalin (leistungssteigernd; euphorisierend; unterdrückt Müdigkeit; steigert Konzentrationsfähigkeit); Modafinil (bei Narkolepsie; steigert Aufmerksamkeit); Betablocker (hemmt Angstgefühle; gegen Stress; gegen Lampenfieber)
- Etc.

Verbesserung des emotionalen Bereichs

- Stimmungsaufhellende Methoden
- Ausschalten von Emotionen
- Antidepressiva (sich besser als gut zu fühlen)
- Etc.

Verbesserung der gesamten menschlichen Existenz

- Optimierung der Anfangsbedingungen des Menschen
- Optimierung einer bestimmten Lebensphase: Anti-Aging, Verlängerung des Lebens
- Humangenomforschung: Eigenschaften durch Eingriff ins menschliche Erbgut zu optimieren?
- Etc.

Verbesserung je spezifischer individueller Präferenzen
• Optimierung der Reproduktionsphase: egg freezing • Sectio auf Wunsch • Erektionsfördernde Mittel • Etc.

Ethische Bewertung: Gestaltung des Menschen nach eigenen Vorstellungen?

- Welche Folgen hat das für eine Gesellschaft, wenn manche ihre Leistungsfähigkeit extrem steigern oder länger leben?
  - Fragen der Gerechtigkeit
- Sind die Risiken solcher Eingriffe zu kontrollieren?
  - Fragen der Risiken, die eingegangen werden
  - von Nutzen-Schaden-Abwägung
  - der Folgen
  - von Verantwortung
- Sind die Ergebnisse von Enhancement-Interventionen positiv zu bewerten oder steckt dahinter ein destruktiver Verbesserungs- und Optimierungsdrang unserer Leistungsgesellschaft?
  - Fragen von Zwang, Autorität, Macht und Ohnmacht, Diskurs
- Bedeutet die Kontrolle von Lebensbereichen die Verantwortungsübernahme für diese Bereiche?
  - Anthropologische Argumente zur Natürlichkeit: zunehmende Machbarkeit und Kontrollierbarkeit unserer eigenen Existenz

Ethische Fragen am Lebensbeginn
Für ethische Problemkonstellationen (Schwangerschaftsabbruch, PID, Embryonenforschung etc.) relevant sind folgende Fragen:

- Wann beginnt menschliches Leben?
- Ab wann ist menschliches Leben schützenswert?
  - Was ist der moralische Status menschlicher Embryonen und Föten?
  - Können menschliches Leben und schutzwürdiges menschliches Leben auseinanderdividiert werden?

– Gradualistische Argumentation als Lösung?

● Wie wird der Schutz menschlichen Lebens begründet?

– Wie kann ein „Recht auf Leben" begründet werden?

● Wie gehen wir mit frühem menschlichem Leben um?

– Kann menschliches Leben bewertet werden?
– Kultur des Umgangs mit vorgeburtlichem Leben?

Humangenetik
Im Folgenden eine Übersicht über Inhalte der Humangenetik (Abb. 3.3).

Gendiagnostikgesetz (01.02.2010)
„Ziel des Gendiagnostikgesetzes ist es, die mit der Untersuchung menschlicher genetischer Eigenschaften verbundenen möglichen Gefahren und genetische Diskriminierung zu verhindern und gleichzeitig die Chancen des Einsatzes genetischer Untersuchungen für den Einzelnen zu wahren. Zu den Grundprinzipien des Gesetzes zählt das Recht des Einzelnen auf informationelle Selbstbestimmung. Dazu gehören sowohl das Recht, die eigenen genetischen Befunde zu kennen (Recht auf Wissen) als auch das Recht, diese nicht zu kennen (Recht auf Nichtwissen). Mit dem Gendiagnostikgesetz werden die Bereiche der medizinischen Versorgung,

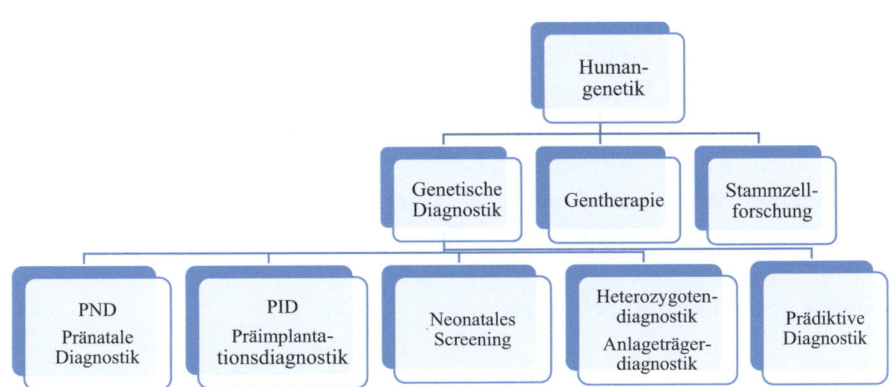

Abb. 3.3 Übersicht Humangenetik (Eigene Darstellung)

der Abstammung, des Arbeitslebens und der Versicherungen sowie die Anforderungen an eine gute genetische Untersuchungspraxis geregelt:

- Genetische Untersuchungen dürfen nur durchgeführt werden, wenn die betroffene Person in die Untersuchung rechtswirksam eingewilligt hat [...]
- Genetische Untersuchungen zu medizinischen Zwecken dürfen nur von einer Ärztin oder einem Arzt durchgeführt werden. Die genetische Beratung gehört zu den zentralen Elementen des Gesetzes [...]
- Die vorgeburtliche genetische Untersuchung wird auf medizinische Zwecke beschränkt, also auf die Feststellung genetischer Eigenschaften, die die Gesundheit des Fötus oder Embryos vor oder nach der Geburt beeinträchtigen können. Verboten werden allerdings solche vorgeburtlichen genetischen Untersuchungen auf Krankheiten, die erst im Erwachsenenalter ausbrechen können (spätmanifestierende Krankheiten).
- Genetische Untersuchungen zur Feststellung der Abstammung sind nur dann zulässig, wenn die Personen, von denen eine genetische Probe untersucht werden soll, in die Untersuchung eingewilligt haben [...]
- Im Arbeitsrecht sind genetische Untersuchungen auf Verlangen des Arbeitgebers grundsätzlich verboten [...]
- Versicherungsunternehmen dürfen beim Abschluss eines Versicherungsvertrages grundsätzlich weder die Durchführung einer genetischen Untersuchung noch Auskünfte über bereits durchgeführte Untersuchungen verlangen [...]
- Eine interdisziplinär zusammengesetzte, unabhängige Gendiagnostik-Kommission erstellt Richtlinien zum allgemein anerkannten Stand der medizinischen Wissenschaft und Technik, insbesondere zur Beurteilung genetischer Eigenschaften, zur Qualifikation von Personen zur genetischen Beratung, zu den Inhalten der Aufklärung und der genetischen Beratung, zur Durchführung von genetischen Analysen sowie an genetische Reihenuntersuchungen. Der Kommission gehören neben fachlichen Sachverständigen auch Vertreter von Patienten-, Verbraucher- und Behindertenverbänden an." (Bund 2016)

Weitere gesetzliche Regelungen

- Embryonenschutzgesetz (ESchG – 1990, geändert 2011)
- Präimplantationsdiagnostikgesetz (PräimpG – 2011) und Durchführungsverordnung (2014)

    - PID grundsätzlich verboten, aber in Ausnahmefällen erlaubt: hohe Wahrscheinlichkeit für eine schwerwiegende Erbkrankheit oder Gefahr

einer Fehl-/Totgeburt und vorherige Beratung mit Zustimmung einer
Ethikkommission
- Deutscher Ethikrat und Bundesärztekammer hatten sich für die
  Legalisierung der PID innerhalb enger Grenzen ausgesprochen

- § 218 Strafgesetzbuch: Schwangerschaftsabbruch
- Schwangerschaftskonfliktgesetz (SchKG – 1992, geändert 2015)

  - Gesetz zur Vermeidung und Bewältigung von Schwangerschafts-
    konflikten gewährleistet den Anspruch auf eine umfassende Beratung
    oder eine spezielle Schwangerschaftskonfliktberatung
- Stammzellgesetz (2002)

„Person" als voraussetzungsvolle Zuschreibung

Marianne Rabe unterscheidet mit Theda Rehbock zwei Positionen zum
„Person-Status". (Rabe 2009, S. 112 ff.)

Metaphysisch-konservative Position
Alle Menschen sind ihrem Wesen nach (naturhaft) Personen • Naturhafte Zuschreibung von Personalität in interpersonalen Beziehungen • Unantastbarkeit der Menschenwürde • Schutz des menschlichen Lebens • Gradueller Lebensschutz wird eher abgelehnt • Unbedingte Geltung und Achtung der Menschenwürde • Contra: Schwangerschaftsabbruch und aktive Sterbehilfe

Empiristisch-liberale Position
Personenstatus ist an Eigenschaften gebunden, die empirisch feststellbar sind • Singer: nicht Gattungszugehörigkeit, sondern das Vorhandensein von Interesse am Leben und von Leidensfähigkeit ist Voraussetzung moralischer Rücksichtnahme • Nicht alle Menschen sind Personen, da Zuschreibung von Personalität abhängig ist von bestimmten Eigenschaften/Fähigkeiten des Menschen als Person • Tötung menschlichen Lebens ohne diese Eigenschaften/Fähigkeiten grundsätzlich erlaubt – eingeschränkt allerdings durch utilitaristisches Nutzenkalkül (Gesamtmenge des Glücks in der Welt) (1) Zukünftige Lusterfahrung nicht mehr möglich (2) Trauer bei Angehörigen (3) Gesellschaft: Angst und Unsicherheit • D.h.: Das menschliche Leben hat keinen Wert an sich, sondern Glück oder Lust als entscheidende Werte • Pro: Selbstbestimmung – Wünsche und Interessen • Wunsch nach Schwangerschaftsabbruch und aktiver Sterbehilfe unter bestimmten Bedingungen moralisch vertretbar Der Personenstatus begründet den Lebensschutz der Person als moralisches Gegenüber

Literaturhinweise

Bendel, O. (2021). Human Enhancement. In: Gabler Wirtschaftslexikon. https://wirtschaftslexikon.gabler.de/definition/human-enhancement-54034 (Zugriff: 02.11.2021)

Biller-Andorno, N./Salathé, M. (2013). Human Enhancement: Einführung und Definition. In: Schweizerische Ärztezeitung 94/2013, S. 168–172.

Bund (2016). Glossarbegriffe. http://www.bmg.bund.de/glossarbegriffe/g/gen-diagnostikgesetz.html (Zugriff: 05.06.2016)

Dederich, M./Schnell, M. W. (Hrsg.) (2011). Anerkennung und Gerechtigkeit in Heilpädagogik, Pflegewissenschaft und Medizin. Auf dem Weg zu einer nichtexklusiven Ethik. transcript Verlag: Bielefeld.

Graumann, S. (2010). Pränataldiagnostik und Fragen der Anerkennung. In: Remmers, H./Kohlen, H. (2010). Bioethics, Care and Gender. Herausforderungen für Medizin, Pflege und Politik. Reihe: Pflegewissenschaft und Pflegebildung Bd. 4. V & R unipress: Göttingen, S. 133–145.

Koch, H.-G. (2010). Der rechtliche Status des menschlichen Embryos – Rechtsvergleich und Rechtspolitik. In: Remmers, H./Kohlen, H. (2010). Bioethics, Care and Gender. Herausforderungen für Medizin, Pflege und Politik. Reihe: Pflegewissenschaft und Pflegebildung Bd. 4. V & R unipress: Göttingen, S. 163–177.

Maio, G. (2017). Mittelpunkt Mensch. Lehrbuch der Ethik in der Medizin. 2., überarbeitete und erweiterte Aufl. Schattauer Verlag: Stuttgart.

Marckmann, G./Wiesing, U. (2004). Humangenetik. Einführung. In: Wiesing, U. (Hrsg.) (2004). Ethik in der Medizin. Ein Studienbuch. Reclam Verlag: Stuttgart, S. 354–366.

Rabe, M. (2009). Ethik in der Pflegeausbildung. Beiträge zur Theorie und Didaktik. Verlag Hans Huber: Bern.

Remmers, H./Kohlen, H. (2010). Bioethics, Care and Gender. Herausforderungen für Medizin, Pflege und Politik. Reihe: Pflegewissenschaft und Pflegebildung Bd. 4. V & R unipress: Göttingen.

Ritzmann, I. (2012). Vom gemessenen zum angemessenen Körper – Human Enhancement als historischer Prozess. In: Akademien der Wissenschaften Schweiz (Hrsg.) (2012). Medizin für Gesunde? Analysen und Empfehlungen zum Umgang mit Human Enhancement. Bericht der Arbeitsgruppe „Human Enhancement" im Auftrag der Akademien der Wissenschaften Schweiz. Akademien der Wissenschaft Schweiz: Köniz, S. 27–37.

Schnell, M. W. (2011). Anerkennung und Gerechtigkeit im Zeichen einer Ethik als Schutzbereich. In: Dederich, M./Schnell, M. W. (Hrsg.) (2011). Anerkennung und Gerechtigkeit in Heilpädagogik, Pflegewissenschaft und Medizin. Auf dem Weg zu einer nichtexklusiven Ethik. transcript Verlag: Bielefeld, S. 23–46.

Viehöver, W./Wehling, P. (Hrsg.) (2011). Entgrenzung der Medizin. Von der Heilkunst zur Verbesserung des Menschen? Transcript Verlag: Bielefeld.

Wehling, P. (2014). Kinderwunsch als genetisches Risiko? Gesellschaftliche Implikationen erweiterter präkonzeptioneller Anlageträgerscreenings. In: medizinische genetik 04/2014, S. 411–416.

3.3.10 Sterben oder das „Projekt Lebensende"

a. Ankündigungstext
„Wir sind es gewöhnt, alles selbst in die Hand zu nehmen, alles selbst zu bestimmen. Warum sollte das am Lebensende anders sein? So fragt der Soziologe Reimer Gronemeyer und bezeichnet das, was er diesbezüglich beobachtet, als ‚Projekt Lebensende' und meint hierzu: ‚Heute ist der Tod nichts mehr, das einfach kommt.' Im letzten Ethik-Café des Jahres werden wir diese Fragen einer planbaren Gestaltung des Lebensendes aufgreifen und kritisch diskutieren." (KEK 2016)

b. Hinführung zum Thema
Wir folgen in diesem Ethik-Café dem Theologen und Soziologen Reimer Gronemeyer mit seiner These, dass der moderne Mensch alles planen muss: neben seinem Leben auch seinen Tod. Er spricht vom „Projekt Lebensende", die Sozialwissenschaftlerin und Journalistin Erika Feyerabend vom „Planungszwang", der Freiburger Medizinethiker Giovanni Maio spricht vom „Sterben als Resultat eines Planungsmanagements", die Sorgeethikerin Helen Kohlen schließlich vom „Sterben als Regelungsbedarf". Leben, Sterben und Tod sind nicht mehr Schicksal, sondern Machsal.

Dass wir unser Sterben und unseren Tod gerne im Griff und unter Kontrolle haben würden, dass wir gerne selbstbestimmt sterben würden, zeigt sich wie unter einem Brennglas in den Debatten über Sterbehilfe, aber auch an den als notwendig erachteten Techniken der Patientenverfügung sowie der gesundheitlichen Versorgungsplanung (Advance Care Planning). Wenn wir so über unser Sterben nachdenken, könnte der Eindruck entstehen, dass wir unser Sterben planen könnten. Zumindest sollen wir es versuchen. Es gibt viel Kritik an dieser Planungslogik. Die Sorge kritischer Stimmen vor allem aus den Sozialwissenschaften und der Theologie ist die, dass unser Sterben und unser Tod zu medizinisch gesteuerten Ereignissen werden, dass unser Sterben also ein medizinischer Planungsvorgang ist und dass unser Tod ein Entscheidungstod ist.

Was spricht nun dafür, was spricht dagegen, unser Leben und Sterben in die eigene Hand zu nehmen? Wo entsprechen wir Gronemeyers Kritik, wo widersprechen wir ihm? Dazu soll dieses Ethik-Café einladen: uns mit unseren Erfahrungen anhand der These von Gronemeyer kritisch auseinanderzusetzen.

c. Planungsmatrix

Struktur/Phasen	Methoden/Inhalt
Begrüßung	Hinführung zum Thema

(1a) Impulse aufnehmen
(2a) Ideen einbringen
	Impulsfrage
	
	Motto: „De Dod gehört halt zum Lewe" (hessische Alltagsweisheit)
	
	Erste Frage: Der Tod gehört zum Leben – was bedeutet das für Sie?
	
	   • Diskussion
	   • Visualisierung

(1b) Impulse aufnehmen
(2b) Ideen einbringen
	Zweite Frage: Was bedeutet das, wenn ich sage, ich will „gut" sterben?
	
	   • Diskussion
	   • Visualisierung

(3) Ethisch reflektieren – abstrakt denken
(4) Erkenntnisse gewinnen
	Textarbeit: Gronemeyer (2007)
	
	Hinführung zum Text
	
	   • Erste Gedankenfigur: A-mortale Gesellschaft
	   • Zweite Gedankenfigur: Nicht mehr den Tod hinnehmen, sondern der Tod in eigener Regie
	   • Dritte Gedankenfigur: Sterben als Planungsaufgabe —Euthanasie oder Palliative Care
	
	Textausschnitt lesen
	
	Diskussion
	
	Visualisierung

Abschluss	Ausblick aufs nächste Ethik-Café

d. Gedankenspeicher

Wir folgen in diesem Ethik-Café Reimer Gronemeyers These, dass der moderne Mensch alles planen muss – sein Leben und auch seinen Tod. Wir greifen dabei seine drei Gedankenfiguren auf: die einer a-mortalen Gesellschaft, sodann die des Todes, der nicht mehr hingenommen, sondern der eigenen Regie aufgegeben wird, und schließlich die Gedankenfigur, dass das Sterben eine Planungsaufgabe geworden ist – in der Entscheidung für Euthanasie oder im Rahmen des Behandlungskonzepts der Palliative Care. Gestützt wird seine These durch Erika Feyerabends (2017) Kritik an ACP

(Advance Care Planning) und Allan Kellehears (2017) vier Sterbeoptionen unter medizinischer Begleitung.

Textauszug für Textarbeit (Gronemeyer 2007)

„Zur Lebensplanung tritt wohl zukünftig die Sterbeplanung als geradezu selbstverständlich hinzu. ‚Wilde Selbstmorde und wilde Sterbeverläufe' werden in den industrialisierten, reichen Regionen der Welt nur noch am Rande vorkommen. Aus diesem Areal des Lebens wird ein betreuter Bezirk werden. Dieses geplante Sterben dürfte sich als neues Ideal etablieren, das ‚einerseits allgemein gesetzlichen Normen entspricht, andererseits individuelle Spielräume zulässt.' [Zitat Klaus Feldmann] Sterben nach Maß. Der Suizid – so Klaus Feldmann – wird sich wahrscheinlich in einer humanisierten, individualisierten und rechtlich kontrollierten Form wie die Scheidung oder die Abtreibung gegen den erbitterten Widerstand von gesellschaftlichen Gruppen als Institution etablieren. Sie wird einen unverfänglichen Namen tragen und eigene professionelle medizinische, ökonomische, praktische und psychotherapeutische Beratung ausbilden. Soll man spekulieren? Wird man von Lebensabschnitt-Begleitung für das Ende reden? Von Ausgangsexperten? Vom Institut ‚Schlafes Bruder'? Das Sterbegeld, das man einmal bekam, um die Beerdigung zu sichern, dürfte auch unter anderem Namen wiederkehren und für die Abtritts-Kosten zu nutzen sein – ausgezahlt aus einer speziellen Versicherungspolice oder aus der Krankenkasse? [...] Die Vorbereitung auf das Sterben hätte in dieser Zukunft zuerst einen medizinischen, dann einen therapeutischen und schließlich einen praktischen Teil. Die Sterbevorsorge-untersuchung würde nach anfänglichen Widerständen so selbstverständlich werden wie die Vorsorgeuntersuchung für Schwangere oder für Krebs. Es könnten verschiedene Messungen von körperlichen Funktionen regelmäßig vorgenommen werden. Hierauf werden allgemeine Schwellenwerte oder Parameterkombinationen festgelegt, bei denen ärztliche oder persönliche Eingriffe der Beendigung des Lebens legal sind. Die tatsächliche Festlegung der terminalen Werte erfolgt jedoch durch die Person.' [Zitat Klaus Feldmann] Hier sieht man auch, dass die Patientenverfügung ein noch stümperhafter Anfang auf dem Wege zur Sterbeplanung ist." (Gronemeyer 2007, S. 58 f.)

Gronemeyers Thesen (2007)

Das Lebensende wird zum Planungsprojekt. Heute ist der Tod nichts mehr, was einfach kommt – er ist meist Folge von Krankheiten. Die sterbenden Konsument*innen organisieren in Absprache mit Expert*innen die Details ihres Lebensendes: ihren Kampf gegen Sterben und Tod mithilfe medizinischer Expert*innen und Kontrolle durch Patientenverfügungen und ACP.

Die Kennzeichen einer a-mortalen Gesellschaft
• Wir leben und sterben in einer a-mortalen Gesellschaft – die Toten sind nicht mehr anwesend • Unsere Ahnen sind verschwunden • Tote werden zunehmend anonym bestattet • Tod als Material der Unterhaltung: kein Tabu; Plappern über das Sterben; wenig bis keine unmittelbare Erfahrung des Sterbens/Todes; Beseitigung des Todes, der im konsumistischen Alltag aufgeht • Statt Sterbe-Dialekte (Sterbe-Rituale; ars moriendi*) gibt es heute einheitliche Sterbemuster (WHO/Palliative Care: medizinische und pflegerische Standardisierungen für den Umgang mit Sterbenden)
* Die ars moriendi (lat. die Kunst des Sterbens) ist eine im Spätmittelalter entstandene Gattung der Erbauungsliteratur. Sie leitet zur Vorbereitung auf ein gutes Sterben und einen guten Tod an. Eine ars moriendi für unsere Zeit hat der niederländische Theologe Carlo Leget (2021) verfasst: „Der innere Raum. Wie wir erfüllt leben und gut sterben können. Eine Ars moriendi für unsere Zeit."

Veränderungen im Umgang mit dem Lebensende
• **Institutionalisierung** von Sterben und Tod: 80% der Menschen sterben in Institutionen • **Ökonomisierung** des Lebensendes: etwa 80% der Kosten entstehen in den letzten Lebensmonaten eines Menschen • **Medikalisierung** des Sterbens: Sterben in Gegenwart medizinischer Expert*innen; Todesursache wird im Körper des Verstorbenen lokalisiert – Tod als Folge von Krankheiten; assistierter Suizid – Ärzt*innen sollen zu „Henker*innen" werden; Technisierung (Messung; Qualitätssiegel) • **Individualisierung** des Sterbens: Dem Menschen wird sein Tod angelastet – er hat mit Sterben und Tod in eigener Verantwortung umzugehen, er „muss gut sterben"; das Lebensende wird für die Planung und Interventionen erschlossen – um das Chaos des Todes in den Griff zu bekommen

Der Tod wird nicht mehr (als Schicksal) hingenommen, sondern der Tod gerät in die eigene Regie (als Machsal)
• Statt: Mensch als Objekt des Schicksals • Nun: Der Tod findet in eigener Regie statt: Der Mensch als Subjekt des eigenen Schicksals

Sterben als Planungsaufgabe – Euthanasie oder Palliative Care?
• Lebensende als Planungsprojekt – mit eigenen Planungsaufgaben; die sterbenden Konsument*innen organisieren in Absprache mit Expert*innen die Details ihres Lebensendes • Zwei Wege stehen offen: Euthanasie oder Palliative Care • Euthanasie: Fragen des Lebenswerts oder eines lebensunwerten Lebens sind eingebettet in einem Selbst- und Fremdentwertungsdiskurs; die Hochaltrigen repräsentieren das, was die Gesellschaft nicht sein will – gesellschaftlicher Imperativ wird in Individuum hineinverlegt, der Wunsch nach Euthanasie wird zum eigenen Wunsch einer Ethik der Nützlichkeit entsprechend

Erika Feyerabend (2017): Kritik an ACP

- **Advance Care Planning (ACP)**

  - Im Hospiz- und Palliativgesetz 2015 festgeschrieben – gesundheitliche Versorgungsplanung für die letzte Lebensphase; vgl. BVP: Behandlung im Voraus planen
  - ACP als Konzept: Es braucht und beschreibt einen Gesprächsprozess
  - Formulare:
    - Patientenverfügung
    - Idee einer Vertreterverfügung: berechtigt gesetzliche Vertreter*innen von bereits nicht mehr Entscheidungsfähigen, den mutmaßlichen Willen stellvertretend schriftlich zu erklären
    - Hausärztliche Anordnung für den Notfall

- **Kritik: Lebensende ist lebenslang zu planen**

  - Am besten für alle ab 60 Jahren?
  - Erika Feyerabend spricht vom „Entscheidungstod"
  - Giovanni Maio: Tendenz zur Abwertung verzichtvollen Lebens, zur Geringschätzung behinderten Lebens und zur Abschaffung gebrechlichen Lebens
  - Wer von professionellen Gesprächsbegleiter*innen mit allen möglichen und denkbaren medizinischen Komplikationen und hypothetischen Sterbearten konfrontiert wird, kann nicht mehr unbelastet seinem Ende entgegensehen
  - Sterbeplanung als kontrollierte Entsorgung?

Allan Kellehear (2017): Vier Sterbeoptionen unter medizinischer Begleitung

- **Palliativmedizin**

  - erleichtert das Sterben: Symptommanagement; natürlicher Verlauf des Sterbens; soziale Einbettung des Sterbens

- **Euthanasie**

  - erleichtert das Sterben: Verhinderung eines langen Lebens

- **Notfallmedizin**

  – verhindert Sterben bis zu dem Punkt, an dem auch sie den Eintritt des Todes nicht mehr aufhalten kann; Vermeidung des sozialen und emotionalen Akzeptierens des Sterben-Müssens

- **Pflegeheime**

  – für gebrechliche Alte – erleichtern das Sterben, das von der Medizin begleitet wird: Schutz vor Verlassenheit und Isolation

Literaturhinweise

Bell, B./Grüber, K. (2020). Gesundheitliche Versorgungsplanung für Menschen mit Behinderung. In: Dr. med. Mabuse 244(03–04)/2020, S. 28–30.

Borasio, G. D. (2014). Selbst bestimmt sterben: Was es bedeutet. Was uns daran hindert. Wie wir es erreichen können. C.H.Beck: München.

Coors, M./Jox, R. J./In der Schmitten, J. (Hrsg.) (2015). Advance Care Planning. Von der Patientenverfügung zur gesundheitlichen Vorausplanung. Kohlhammer: Stuttgart.

Deutscher Hospiz- und PalliativVerband e. V. (Hrsg.) (2016). Advance Care Planning (ACP) in stationären Pflegeeinrichtungen. Eine Einführung auf Grundlage des Hospiz- und Palliativgesetzes (HPG). Deutscher Hospiz- und PalliativVerband e. V.: Berlin. https://www.dhpv.de/files/public/themen/20160223_Handreichung_ACP.pdf (Zugriff: 04.11.2021)

Feyerabend, E. (2016). „Advance Care Planning": Zwischen Lebensklugheit und Planungszwang. Vortragsmanuskript zum Workshop beim 11. Kongress der Deutschen Gesellschaft für Palliativmedizin in Leipzig. https://www.bioskop-forum.de/media/erika_feyerabend___workshop____advance_care_planning____-_zwischen_lebensklugheit_und_planungszwang.pdf (Zugriff: 02.11.2021)

Feyerabend, E. (2017). Moderne Planungsspezialisten – kritische Analyse einer Praxis. In: Praxis PalliativeCare 37/2017, S. 14–17.

Graefe, S. (2008). Im Gewand von Autonomie. In: BIOSKOP 44/2008, S. 4 f. https://www.bioskop-forum.de/files/downloads/graefe-bioskop44-s4-5.pdf (Zugriff: 19.06.2022)

Gronemeyer, R. (2007). Von der Lebensplanung zur Sterbeplanung. Eine Perspektive der kritischen Sozialforschung. In: Gehring, P./Rölli, M./Saborowski, M. (Hrsg.) (2007). Ambivalenzen des Todes. wbg Academic: Darmstadt, S. 51–59.

Gronemeyer, R. (2012). Projekt Lebensende. Wo ist die Kunst des Sterbens geblieben. Essay von Reimer Gronemeyer. In: SPIEGEL WISSEN 04/2012, S. 124–127.

Heller, A./Pleschberger, S. (2017). Editorial. Unplanbares planen. In: Praxis PalliativeCare 37/2017, S. 1.

Kellehear, A. (2017). Current social trends and challenges for the dying person. In: Jakoby, N./Thönnes, M. (Hrsg.) (2017). Zur Soziologie des Sterbens. Aktuelle theoretische und empirische Beiträge. Springer VS: Wiesbaden, S. 11–28.

Kohlen, H. (2016). Sterben als Regelungsbedarf, Palliative Care und die Sorge um das Ganze. Editorial. In: Ethik in der Medizin 01/2016, S. 1–4.

Leget, C. (2021). Der innere Raum. Wie wir erfüllt leben und gut sterben können. Eine Ars moriendi für unsere Zeit. Patmos Verlag: Ostfildern.

Maio, G. (2014). Medizin ohne Maß? Vom Diktat des Machbaren zu einer Ethik der Besonnenheit. TRIAS Verlag: Stuttgart.

Michel, K. (2017). Vorsorgediagnose. Zu den juristischen, institutionellen und sozialen Dimensionen von Patientenverfügungen. In: Praxis PalliativeCare 37/2017, S. 18–20.

Neitzke, G. (2015). Gesellschaftliche und ethische Herausforderungen des Advance Care Plannings. In: Coors, M./Jox, R. J./In der Schmitten, J. (Hrsg.) (2015). Advance Care Planning. Von der Patientenverfügung zur gesundheitlichen Vorausplanung. Kohlhammer: Stuttgart, S. 152–163.

Streeck, N. (2017). Sterben, wie man gelebt hat. Die Optimierung des Lebensendes. In: Jakoby, Nina/Thönnes, Michaela. (Hrsg.) (2017). Zur Soziologie des Sterbens. Aktuelle theoretische und empirische Beiträge. Wiesbaden, S. 29–48.

Verrel, T./Schmidt, K. W. (2012). Sterbehilfe und Sterbebegleitung. Eine Orientierungshilfe zur ärztlichen Entscheidungsfindung aus juristischer und medizinethischer Sicht. In: Hessisches Ärzteblatt 08/2012, S. 501–502; 512–516.

3.3.11 Die Wahrheit über das Sterben

a. Ankündigungstext

„Im letzten Ethik-Café des Jahres möchten wir mit Ihnen über Ihre persönlichen Vorstellungen von Sterben und Tod sprechen und darüber, was Ernst Engelke unter der „Wahrheit über das Sterben" versteht. Im gleichnamigen Buch lässt er uns daran teilhaben, was er in seinen Begegnungen mit sterbenskranken und sterbenden Menschen, mit deren Angehörigen und mit Sterbebegleitern über das Sterben gelernt hat. Er ermutigt uns darin, besser, d. h. wahrhaftiger mit dem Sterben, Sterbenskranken und Sterbenden umzugehen, indem wir uns von eigenen Bildern und Vorstellungen vom Sterben befreien und uns stattdessen am wirklichen Erleben und Verhalten der Sterbenskranken orientieren." (KEK 2017)

b. Hinführung zum Thema

Die Thesen von Ernst Engelke sollen in die Selbstreflexion führen: was sind unsere Vorstellungen von Sterben und Tod, was ist unser Wissen über die Rahmenbedingungen von Sterben und Tod, was sind unsere eigenen Vorstellungen, Wünsche und Bedürfnisse und was die der Sterbenden? Wie können wir beides gut unterscheiden?

Engelke plädiert für eine hörende Haltung:

- Sterbenskranke Menschen erleben, was im Sterben wirklich geschieht.
- Ihnen müssen wir aufmerksam zuhören, um verstehen zu können.
- Sterbenskranke sind uns wegweisende Lehrer*innen.

„Unser Reden und Handeln mit Sterbenskranken sollte daher nicht durch eigensinnige Bilder und Vorstellungen vom Sterben geleitet werden. Wir haben uns am wirklichen Erleben und Verhalten der Sterbenskranken zu orientieren; deren Lebenswirklichkeit korrigiert unsere Annahmen nachhaltig." (Engelke 2015, S. 14)

c. Planungsmatrix

Struktur/Phasen	Methoden/Inhalt
Begrüßung	Hinführung zum Thema
(1) Impulse aufnehmen (2) Ideen einbringen	Thema „Sterben als Unterricht" ▪ Gedicht „Unterricht" von Hilde Domin als Intro des Buches von Ernst Engelke und damit Motto des Buches ▪ Gedicht vorlesen ▪ Diskussion über den ersten Satz des Gedichtes als These
(3a) Ethisch reflektieren – abstrakt denken	Impulsvortrag: „Buch und Thesen des Buches" ▪ Vorstellung von Buch und Thesen ▪ 1-2 Thesen auswählen durch Bepunkten ▪ Diskussion
(3b) Ethisch reflektieren – abstrakt denken (4) Erkenntnisse gewinnen	Fazit des Buches: „Doppelter Trost" Vortrag
Abschluss	Ausblick aufs nächste Ethik-Café

d. Gedankenspeicher

Das Ethik-Café eröffnet mit dem Gedicht von Hilde Domin „Unterricht an den Sterbebetten" und nimmt dabei den ersten Vers als Impuls für eine Diskussion: „Jeder, der geht, belehrt uns ein wenig über uns selber." Es folgt ein Impulsvortrag über die Thesen von Ernst Engelke, der als Seelsorger bei vielen Sterbenden gesessen hatte, die er in seinen Thesen zu Wort kommen lassen möchte, um sie hörbar zu machen für die, die sie begleiten, die oftmals ihren eigenen Vorstellungen vom Sterben aufsitzen oder an ihnen hängen bleiben, weil sie den Sterbenden nicht zuhören. Das Fazit des Buches und des Ethik-Cafés ist Engelkes Vorstellung vom „doppelten Trost".

Unterricht an den Sterbebetten – Hilde Domin

„Jeder, der geht,
belehrt uns ein wenig
über uns selber.

Kostbarster Unterricht
an den Sterbebetten.

Alle Spiegel so klar
wie ein See nach großem
Regen,
ehe der dunstige Tag
die Bilder wieder verwischt.

Nur einmal sterben sie für uns,
nie wieder.

Was wüssten wir je
ohne sie?

Ohne die sicheren Waagen,
auf die wir gelegt sind,
wenn wir verlassen werden.

Diese Waagen, ohne die nichts
sein Gewicht hat.

Wir, deren Worte sich
verfehlen,
wir vergessen es.

Und sie?

Sie können ihre Lehre
nicht wiederholen.

Dein Tod und meiner
der nächste Unterricht:

so hell, so deutlich,
dass es gleich dunkel wird."

Domin (2022)

Thesen Ernst Engelke: Die Wahrheit über das Sterben. Wie wir besser damit umgehen

„Die Wahrheit über das Sterben ist: Man kann ihm nichts von seinem Schrecken nehmen. Im günstigsten Fall finden wir einen Zipfel Trost. Gestehen wir uns aber ein: Wir fürchten uns vor dem Sterben und sind zugleich fasziniert. Die Angst vor dem Sterben werden wir nicht verlieren, weil wir das Leben lieben und uns nicht von den Menschen, die uns lieben und die wir lieben, verabschieden möchten. Machen wir uns da nichts vor, und lassen wir uns da nichts vormachen!" (Engelke 2015, S. 233)

„Sterben und Tod sind kein Tabu"
<ul><li>„Die Rede von der Tabuisierung des Todes geht völlig an der Wirklichkeit vorbei. Die Wahrheit ist vielmehr: Unser Verhältnis zu Sterben und Tod ist zwiespältig. Wir sind fasziniert und erschrecken zugleich. […] Der Lust, Sterben und Tod zu erleben, steht die Angst, selbst sterben zu müssen oder geliebte Menschen sterben zu sehen, gegenüber." (ebd., S. 20 f.)</li><li>„Beide Pole der Ambivalenz sollten wir wahrnehmen, um zu verhindern, dass ‚Blödsinn' über Sterben und Tod geredet wird und Sterbenskranke alleingelassen werden. Das kann uns auch davor schützen, von einem angenehmen oder gar von einem glücklichen Sterben zu sprechen. Wir neigen dazu, Sterbenskranken aus dem Weg zu gehen, um nicht von ihnen und ihrem Schicksal berührt zu werden. Über das ‚Phänomen Sterben' können wir stundenlang diskutieren, […] Bin ich aber eine Stunde mit einem Sterbenden zusammen gewesen und habe mich ihm geöffnet, dann brauche ich selbst jemanden, dem ich mein Herz ausschütten kann." (ebd., S. 41 f.)</li></ul>

Wo und von wem sterbende Menschen versorgt und gepflegt werden
<ul><li>**Doppelter Pflegenotstand:** „Der Pflegenotstand ist ein doppelter Notstand: Zum einen fehlen notwendige Pflegekräfte, und zum anderen sind die, die pflegen, oft überfordert." (ebd., S. 61)</li><li>**Unsichtbare, oft überfordernde Angehörigenpflege.**</li><li>**Zuweisung der Sorgearbeit an Frauen:** Dem Einzelnen so lange wie möglich ein selbstbestimmtes Leben zu ermöglichen, „ist eine grundlegende Verpflichtung unserer Gesellschaft. Verpflichtet dazu sind alle Mitglieder der Gesellschaft, nicht nur eine Minderheit, und schon gar nicht nur Frauen." (ebd., S. 62)</li><li>**Spezialisierung der Sterbebegleitung und Institutionalisierung der Sterbenden:** „Eine professionelle Spezialisierung auf Sterben und Tod […] ist ein Produkt der modernen Gesellschaft. Ich bin mir ziemlich sicher, dass mit ihr die Grenzen der Zumutbarkeit und damit die Grenzen der Arbeitsteilung überschritten werden." (ebd., S. 56)</li></ul>

Kein Sterben gleicht dem anderen
Dieses **Allgemeine** aber ist zugleich **individuell** zu verstehen: denn jeder stirbt unverwechselbar seinen eigenen Tod (ebd., S. 63) am Ende eines Kampfes um Leben und Tod. (ebd., S. 81) Für den Umgang mit Sterbenden bedeutet dies:<ul><li>Auf Phasenmodelle verzichten. Stattdessen **offen** zu sein für einen persönlichen Umgang mit den **typischen Erkenntnissen, Aufgaben und Einschränkungen.**</li><li>„Wir müssen ihnen zuhören statt reden, reden, reden." (ebd., S. 88)</li><li>Dieses offen Sein wirkt auf uns zurück: In der Sterbebegleitung erleben wir auch **uns selbst** ganz **unmittelbar.** „Die Lebensbilanz des Sterbenskranken provoziert bei uns, dass wir auch unser eigenes Leben kritisch ansehen." (ebd.)</li></ul>

Sterbenskranke wissen, dass sie bald sterben müssen

- Es „gibt nicht nur eine ,Wahrheit *am* Krankenbett', sondern auch eine ,Wahrheit *im* Krankenbett'. Ich bin überzeugt: Unheilbar erkrankte Menschen erkennen ihre Lage selbst und wissen Bescheid." (ebd., S. 89) „Der konsultierte Arzt bestätigt unsere Erkenntnis." (ebd., S. 113 f.)
- „Jetzt kann es nicht mehr darum gehen, über die Wahrheit, ob in oder am Krankenbett, zu diskutieren. Jetzt geht es nur noch darum, miteinander die schlimme und gefährliche Situation auszuhalten, gemeinsam zu klagen und zu hoffen, zu wüten und zu trauern. […] Man muss frühzeitig Formen der Begegnung und Begleitung finden und leben, die einander stützen und liebevoll ermutigen." (ebd., S. 114)

Sterbenskranke wollen nicht sterben, sondern leben, leben, leben

- Scharfe Worte findet Engelke gegen die Vorstellung und Erwartung, Sterbenskranke müssten ihre Erkrankung und ihr Sterben akzeptieren, da dies seinen Beobachtungen widerspricht und Sterbenskranke dadurch allein gelassen werden. Vielmehr müssen wir akzeptieren, „dass Sterbenskranke den Tod nicht akzeptieren". (ebd.) Er fährt fort: „Ich kenne niemanden, der es akzeptiert, wenn er *krank* wird. Nicht einmal einen einfachen Schnupfen akzeptieren wir. Mit welchem Recht darf dann gefordert werden, dass Sterbenskranke ihre Erkrankung und ihr Sterben akzeptieren? Das ist eine Anmaßung der Gesunden. Denn Tatsache ist, dass unheilbar Kranke sich noch bis kurz vor ihrem Tod gegen ihr Sterben wehren und auf ein Wunder hoffen." (ebd., S. 141 f.)

Unsere unberechtigten Erwartungen und Forderungen belasten die Patient*innen. „Wäre es nicht an der Zeit, dass Begleiter von Sterbenskranken deren Widerstand gegen das Sterben ernst nehmen und sie so begleiten?" (ebd.)

Angst und Hoffnung konkurrieren miteinander

Sterbenskranke haben ein **Recht** auf Angst, Hoffnung und Unruhe.

- Kann es gelingen, Sterbenskranken ihre Angst zu lassen, **ohne** die Hoffnung aufzugeben? Beide sind **gleichzeitig** vorhanden.
- „Ängste können dann überwunden werden, wenn wir bereit sind, sie uns einzugestehen und auszuhalten, und zwar so lange, bis sie nachlassen." (ebd., S. 145)
- Sprachlich kann ich Hoffnung und Angst mit dem Wort „und" verbinden. Der Arzt sagt zum Beispiel: „Die schlechte Nachricht ängstigt Sie, und Sie hoffen, dass es doch nicht so schlimm ist." (ebd., S. 165)
- „Sterbenskranke sind ängstlich und unruhig. Ihr Leben ist bedroht. Wir sollten ihnen zugestehen, dass sie unruhig sind." (ebd., S. 166)

Erschöpfung am Lebensende
„Manche Sterbende kämpfen bis zum Schluss, sie können oder wollen nicht aufgeben und sich dem Tod ergeben. Andere sind so erschöpft, dass sie zu einer ‚sanften Landung' ansetzen […] Vermutlich ist es so, dass es bei allen Sterbenden Zeiten gibt, in denen sie nicht mehr aushalten können und sich den Tod wünschen. Diese Zeiten werden zumeist durch Zeiten abgelöst, in denen der Wunsch zu leben stärker ist als der Wunsch zu sterben." (ebd., S. 192) Diese Wechsel können die Sterbenden und ihre Betreuer*innen anstrengen.

Wir dürfen die nicht vergessen, die Sterbende begleiten
• Die Menschen nämlich, die tagtäglich mit unermesslichem Leid, einer zeitfressenden Bürokratisierung und rigorosen ökonomischen Einschränkungen konfrontiert und belastet sind. (ebd., S. 218) • Nicht der Einzelne allein, sondern der Einzelne und der Staat gemeinsam müssen verantworten, dass menschenwürdiges Sterben möglich ist und bleibt. (ebd., S. 230) • Besonders problematisch und belastend für das Personal ist es, „dass die Verweildauer […] in den Pflegeheimen wie in den Krankenhäusern, Palliativstationen und Hospizen beständig sinkt" (ebd., S. 213) und so der Takt der Konfrontation mit dem Sterben und der Belastung gerade der beruflichen Sterbebegleiter*innen deutlich steigt. Deshalb sei in besonderer Weise auf die Würde der Sorgenden zu achten – da Sterbende am Fließband zu begleiten bedeutet, die Emotionen und die Empathie der Pflegenden und Ärzt*innen (und anderer Sterbebegleiter*innen) auszubeuten. (ebd., S. 230) • Der Pflegenotstand müsse so gedeutet werden: „Die Mehrzahl der Deutschen ist derzeit nicht bereit, Zeit und Geld für ihre Sterbenskranken und für ihre alten Eltern auszugeben; zugleich wächst jedoch die Furcht, selbst einmal so behandelt und vernachlässigt zu werden." (ebd.) So müsse der Staat nicht allein, sondern der Einzelne und der Staat gemeinsam verantworten, dass menschenwürdiges Sterben möglich ist. (ebd.) „Eine Veränderung der Einstellung und Haltung gegenüber Sterbenden und Tod ist […] überfällig." (ebd., S. 231)

Fazit: Der doppelte Trost

Die Wahrheit über das Sterben ist, dass man ihm nichts von seinem Schrecken nehmen kann, sondern bestenfalls tröstend dabeibleiben kann.
 	
Sterbende brauchen ein Gegenüber, das zuhört und nicht erklärt, abwehrt und wertet, sondern einfach bei ihnen ist und mit ihnen aushält.
 	
    • Ich höre auf Dich und bin Dir nahe.
    • Ich verlasse Dich nicht, was auch passiert.
    • Ich halte mit Dir aus, was allein nicht auszuhalten ist.
 	
Ein solcher Trost ist ein **doppelter Trost**:
 	
    • Für den **Sterbenden**, dass er nicht allein gelassen wird.
    • Für den **Tröstenden**, dass er den Sterbenden nicht allein gelassen hat.
 	
Sterbende brauchen ein Gegenüber,
    • das zuhört
    • und **nicht** erklärt, abwehrt und wertet,
    • sondern **einfach** bei ihnen ist und mit ihnen aushält.

Literaturhinweise

Baumann, M./Kohlen, H. (2016). Rezension Ernst Engelke, Die Wahrheit über das Sterben. Wie wir besser damit umgehen, Reinbek (Rowohlt) 2015, 256 Seiten. In: Zeitschrift für medizinische Ethik 64/2018, S. 79–80.

Domin, H. (2022). Unterricht. http://www.hospizgruppeschopfheim.de/hospiz-schopfheim-texte1-domin.pdf (Zugriff: 31.05.2022)

Engelke, E. (2015). Die Wahrheit über das Sterben. Wie wir besser damit umgehen. Rowohlt Taschenbuch Verlag: Reinbek bei Hamburg.

3.3.12 Ökonomie versus Ethik im Gesundheitswesen

a. Ankündigungstext

„In diesem Ethik-Café betrachten wir zwei Phänomene, in deren Sog unser Gesundheitswesen geraten ist: Seine Beschleunigung und seine Ökonomisierung. Wie können und wie sollen begrenzte Ressourcen gerecht verteilt werden? Wie kann im beschleunigten und ökonomisierten Gesundheitswesen das bewahrt werden, was der Kern von Medizin und Pflege ist? Welches Medizin- und Pflegeethos kann uns dabei unterstützen, die Menschenwürde nicht aus dem Blick zu verlieren?" (KEK 2018)

b. Hinführung zum Thema

Der Mensch ist im spätmodernen Gesundheitswesen unter Druck geraten. Als der, der Sorge empfängt, und als der, der Sorge gibt. Es wird darum gehen, im Ethik-Café Situationen zu identifizieren, in denen Menschen durch diesen Druck an ihre Grenzen kommen. Es soll aus einer ethischen Perspektive über Erfahrungen und mögliche Strategien, wie wir damit bereits umgehen und umgehen können, diskutiert werden. In einer Engführung sollen in diesem Ethik-Café zwei Phänomene betrachtet werden, in deren Sog unser Gesundheitswesen geraten ist. Mit Hartmut Rosa und Giovanni Maio können wir vom beschleunigten und ökonomisierten Gesundheitswesen sprechen. Der Mensch im spätmodernen Gesundheitswesen kommt dadurch unter Druck, dass der gesellschaftlich verbürgte Sorgeauftrag unter das Diktat beschleunigter Prozesse und unter das Diktat marktwirtschaftlicher Kriterien und Sprache geraten ist. Was bedeutet das für Sorgende und Umsorgte? Wie können und wie sollen begrenzte Ressourcen gerecht verteilt werden (Frage der Allokation)? Wie kann im beschleunigten und ökonomisierten Gesundheitswesen das bewahrt werden, was der Kern von Sorge ist: die Menschenwürde derer, die umsorgt werden, aber auch derer, die Sorgende sind? Und wie kann unser Ethos geschützt und gelebt werden, an dem wir als Sorgende unser Handeln ausrichten (Medizinethos, Pflegeethos etc.)?

c. Planungsmatrix

Struktur/Phasen	Methoden/Inhalt
Begrüßung	Hinführung: Der Mensch, der im Gesundheitswesen unter Druck geraten ist
(1) Impulse aufnehmen (2) Ideen einbringen	Einstiegsfrage: Was nehmen Sie an Druck und Beschleunigung im Gesundheitswesen wahr? ▪ Aus der Perspektive der Patient*innen/Kund*innen? ▪ Aus der Perspektive der Mitarbeiter*innen? ▪ Aus der Perspektive der Verantwortlichen in einer Institution? Visualisierung mit Karten
(3a) Ethisch reflektieren – abstrakt denken	Input: Kernthesen von Giovanni Maio plus Diskussion der vier Kernthesen Antwort von Maio: Medizin ist keine Handlung, sondern eine Haltung
(3b) Ethisch reflektieren – abstrakt denken (4) Erkenntnisse gewinnen	Was brauchen wir im Gesundheitswesen, um eine menschenwürdige Haltung nicht aus dem Blick zu verlieren (Frage nach dem Ethos)? ▪ Was muss sich verändern? ▪ Was können wir dazu beitragen? ▪ Frage der Verantwortung für soziale Gerechtigkeit?
Abschluss	Ausblick aufs nächste Ethik-Café

d. Gedankenspeicher

Zu Beginn des Ethik-Cafés findet eine Öffnung durch die Frage nach einer mehrdimensionalen Moral statt. Im Anschluss daran werden Maios Kernthesen zur Ökonomisierung des Gesundheitswesens dargestellt und diskutiert und abschließend danach gefragt, was das für uns bedeutet und wie es gelingen kann, eine menschenwürdige Haltung (Ethos der Medizin) zu bewahren.

Mehrdimensionale Moral

Die Einstiegsfrage, was die Teilnehmer*innen an Druck und Beschleunigung im Gesundheitswesen wahrnehmen, aus drei Perspektiven zu beantworten, fordert zum Brainstorming und zum Einbringen eigener Vorstellungen auf. Die Perspektiven einzufordern, bedeutet, vom Beginn des Ethik-Cafés an mit einer mehrdimensionalen Ethik zu arbeiten. Es wird nach der individuellen Moral der Patient*innen/Kund*innen und Mitarbeiter*innen gefragt. Die Perspektive der Mitarbeiter*innen beinhaltet die professionsmoralische Sicht und führt auf die Moral der Institution (die Verantwortlichen in der Institution) hin. Die System- und Gesellschaftsmoral kommt in den beiden Vertiefungen in den Blick.

Transformation von Care durch die Ökonomisierung des Gesundheitswesens

Giovanni Maio „weist in seiner Betrachtung der modernen Medizin in Gesundheitseinrichtungen kritisch auf die moderne ökonomisch motivierte Transformation der Medizin hin. Medizin als soziale Praxis wird in den Gesundheitsmarkt überführt, kategoriale Zuschreibungen des Marktes und der Industrie definieren Anspruch und Wirklichkeit moderner Medizin. Es kommt zur ökonomischen Überformung des Gesundheitswesens an sich. Wo die Dimensionen von Care aber durch den Primat der Ökonomisierung transformiert werden, Care also den Zielen der Ökonomie zu folgen hat und nicht umgekehrt die Ökonomie den Zielen von Care, ist Care an sich in Frage gestellt, da sie mit ihrer Identität, die sich in den Dimensionen von Motivation, Haltung und Arbeit äußert, sich selbst verloren hat." (Baumann 2013, S. 107 ff.) Wenn Maio fragt, ob das überhaupt noch Medizin ist (Maio 2011, S. 240), darf hinzugefügt werden: ist das überhaupt noch Care, wenn Anspruch und Wirklichkeit von Care nicht mehr in Übereinstimmung zu bringen sind?

Die vier Kernthesen von Giovanni Maio

Giovanni Maio nimmt die Problematik der Ökonomisierung des Gesundheitswesens wahr und als Medizinethiker kritisch dazu Stellung – in vier Kernthesen. Nach Maio leben wir in einer Zeit, „in der alle Bereiche des öffentlichen Lebens nach den Kategorien des Marktes organisiert und vom ökonomischen Denken durchdrungen werden." (ebd.) Das ökonomische Denken/Paradigma beherrscht also zunehmend auch die sozialen Bereiche. Es kommt zum Paradigmenstreit – zwischen dem Paradigma des sozialen Handelns in Feldern der Sorgearbeit und dem Paradigma der Ökonomisierung dieses Bereichs – und zum Identitätswandel: „Die Ökonomisierung der Medizin bedeutet einen Wandel von der Identität der Hilfe von in Not Geratenen zum unverbindlichen Angebot von frei wählbaren Dienstleitungen." (ebd.) Der Wandel der Identität bedeutet eine Aushöhlung von innen (setzt am Selbstverständnis an) und zugleich von außen (Veränderung des Fremdverständnisses). Diese zentrale These führt er aus, indem er deren Bedeutung für die Akteur*innen und den Medizinbegriff betrachtet. Er argumentiert jeweils care-ethisch gegen die Tendenz der Ökonomisierung des Gesundheitswesens.

Medizin als Dienstleitung
Das medizinische Handeln ist als Dienstleistung zur standardisierten Handlung geworden: • **Prozesse:** Die Abläufe in den Kliniken werden als Produktionsprozesse aufgefasst, die nach Effizienzkriterien beurteilt und verbessert werden sollen • **Machen:** Medizin wird als eine herstellende Tätigkeit verstanden. Ihr Produkt soll nach Qualitätskriterien beurteilbar sein. Es geht um ein Machen von Gesundheit, um die Produktion von Heilung • **Austauschbar:** Die Handlungen von Ärzt*innen werden zu beliebig austauschbaren, nur nach objektiv beurteilbaren und abprüfbaren technischen Werkzeugen, hinter denen nicht einzelne Ärzt*innen als Person, sondern ein Prozessmanagement steht, das sich an festgelegten Regeln orientiert • **Gewinnmaximierung**: Medizin steht an der Grenze, „wo die Medizin ökonomisches Denken nicht nur instrumentell in die Behandlung von kranken Menschen integriert, sondern das Diktat der Gewinnmaximierung zum identitätsstiftenden Moment erhebt." (ebd., S. 241) • **Kosten-Nutzen-Kalkül:** Statt um die Sorge um die Kranken (Paradigma der Medizin) geht es nun ökonomisch um die Maximierung des Nutzens (Kosten-Nutzen-Kalkül)
ABER: Einzigartige Situationen. Dem steht entgegen, dass die Situationen von Patient*innen einzigartige Situationen und nicht standardisierbar sind.

Abschaffung der persönlichen Zuwendung

Aus dem Dienst am Menschen wird eine personennahe Dienstleistung:
• **Keine Zeit:** Das Diktat des Marktes ist ein Diktat der Zeitökonomie und unterliegt damit den Bedingungen der Beschleunigung: die Abläufe in den Kliniken werden beschleunigt und damit die Zeit der persönlichen Zuwendung wegrationalisiert. Persönliche Beziehungen sind nicht vorgesehen, nicht messbar und werden deshalb wegrationalisiert
• **Dienstleister, ökonomisch motiviert:** Die persönliche Zuwendung wird wegrationalisiert – Ärzt*innen sind zu Anbieter*innen von Gesundheitsleistungen geworden. Wenn sie zu Dienstleiter*innen werden, ist die ärztliche Identität unterwandert. Ärzt*innen unterliegen einem entsprechenden Belohnungssystem, wenn
   • Patient*innen schnell durch Behandlungen geschleust werden
   • bei Diagnose und Therapie viel teure Technik angewendet wird
   • sie häufiger operieren
   • sie billigere Medikamente verschreiben
   Das sind rein ökonomische Anreize, die die Grundhaltung des Helfen-Wollens entwertet
• **Eine Beziehung ist nicht vorgesehen:** „Die Ökonomisierung führt zu der Einstellung, das Heilwerden sei eine Art Prozess, den man nahezu beliebig optimieren – sprich effizienter machen – könne. Vergessen wird dabei aber, dass die Heilung sich vor allem in einer Beziehung vollzieht. [… Eine] heilsame Beziehung, die von Verständnis und persönlichem Interesse am kranken Menschen bestimmt ist." (ebd., S. 242 f.)

ABER: Heilende Beziehungen. Dem steht entgegen: nicht die Technik an sich entfaltet ihre Wirkung am Kranken, sondern die Wirkung hängt davon ab, in welche Beziehung diese Maßnahmen eingebettet sind.

Patient*innen werden umdefiniert
Von existentiell in Not geratenen, angewiesenen Menschen zu selbstbestimmten Kund*innen: • **Konsument*innen:** Statt Patient*innen im Sinne notleidender Menschen nun: potentielle Verbraucher*innen von Dienstleistungen • **Autonomie:** Nun: wohlinformierte und autonome Bürger*innen • **Vertrag statt Vertrauen:** Statt Vertrauensbeziehungen zwischen Notleidenden und Helfer*innen nun eine Vertragsbeziehung
ABER: Der existentiell angewiesene Mensch. Dem steht entgegen: Patient*innen sind keine Kund*innen, sondern existentiell bedürftige Menschen, angewiesene Menschen.

Lösung: Medizin ist keine Handlung, sondern eine Haltung (Ethos)

• **Medizin UND Ökonomie:** Ethik und Ökonomie geraten dann nicht in Widerspruch, wenn die Ziele der Ökonomie in den Dienst der Medizin gestellt werden und nicht umgekehrt
• **Krise der Grundhaltung:** Die Krise der Medizin ist keine Krise der Ressourcen, sondern eine Krise der Grundhaltung. In diese soll investiert werden, bzgl.:
  • Patient*innen, dass sie Gesundheitsleistungen nicht als Konsumgüter betrachten
  • Ärzt*innen, dass sie lernen, sich vom Paradigma des Anbieters zu lösen
  • Medizin, dass die Sorge um andere der Kern dessen ist, was die Heilberufe ausmacht

Fazit: Medizin ist im Grundverständnis die bedingungslose Sorge um den anderen. Medizin ist keine Dienstleistung, sondern Dienst am Menschen, für die es kein sinnloses Sein gibt. **Medizin ist ein Hilfeversprechen der bedingungslosen Zuwendung.**

Literaturhinweise

Baumann, M./Kohlen, H. (2018). "Zeit des Bezogenseins" als Merkmal einer sorgeethisch begründeten palliativen Praxis. In: Bergemann, L./Hack, C./ Frewer, A. (Hrsg.) (2018). Entschleunigung als Therapie? Zeit der Achtsamkeit in der Medizin. Jahrbuch Ethik in der Klinik (JEK) Bd. 11. Verlag Königshausen & Neumann: Würzburg, S. 95–118.

Der Spiegel (2012). Spiegel-Gespräch. "Gier ist der Anfang von allem". Die Entwicklung des ökonomischen Ethos: der tschechische Wirtschaftswissenschaftler Tomás Sedlácek über Moral und Krise. In: Der Spiegel 12/2012, S. 112–116.

Deutscher Ethikrat (2011). Nutzen und Kosten im Gesundheitswesen – Zur normativen Funktion ihrer Bewertung. Stellungnahme. Deutscher Ethikrat: Berlin. https://www.ethikrat.org/fileadmin/Publikationen/Stellungnahmen/ deutsch/DER_StnAllo-Aufl2_Online.pdf (Zugriff: 16.07.2022)

Deutscher Ethikrat (2016). Patientenwohl als ethischer Maßstab für das Krankenhaus. Stellungnahme. Deutscher Ethikrat: Berlin. https://www.ethikrat.org/fileadmin/Publikationen/Stellungnahmen/deutsch/stellungnahme-patientenwohl-als-ethischer-massstab-fuer-das-krankenhaus.pdf (Zugriff: 16.07.2022)

Maio, G. (2011). Zur inneren Aushöhlung der Medizin durch das Paradigma der Ökonomie. In: ÄBW 04/2011, S. 240–243.

Maio, G. (2014). Medizin ohne Maß? Vom Diktat des Machbaren zu einer Ethik der Besonnenheit. TRIAS Verlag: Stuttgart.

Maio, G. (2017). Mittelpunkt Mensch. Lehrbuch der Ethik in der Medizin. 2., überarbeitete und erweiterte Aufl. Schattauer: Stuttgart.

Manzeschke, A. (2010). Das ökonomisch dominierte Spiel – Diakonie zwischen Glaubwürdigkeit und Wirtschaftlichkeit. In: Heller, A./Kittelberger, F. (Hrsg.) (2010). Hospizkompetenz und Palliative Care im Alter. Eine Einführung. Lambertus Verlag: Freiburg im Breisgau, S. 293–306.

Marckmann, G. (2021). Ökonomisierung im Gesundheitswesen als organisationsethische Herausforderung. In: Ethik in der Medizin 33/2021, S. 189–201.

Rosa, H. (2005). Beschleunigung. Die Veränderung der Zeitstrukturen in der Moderne. Suhrkamp Verlag: Frankfurt/Main.

Wehkamp, K.-H. (2021). Medizinethik und Ökonomie im Krankenhaus – die Kluft zwischen Anspruch und Wirklichkeit. Ergebnisse einer qualitativen Studie. In: Ethik in der Medizin 33/2021, S. 177–187.

3.3.13 Interkulturalität als Herausforderung

a. Ankündigungstext

„Im Gesundheitswesen treffen sowohl Mitarbeiter als auch Patienten mit ihren An- und Zugehörigen unterschiedlicher kultureller und religiöser Prägungen aufeinander. Sie sollen alle integriert werden und sich integrieren lassen. Menschen geraten dann unter Druck, wenn Menschenbilder miteinander kollidieren und die Vorstellungen eines guten Lebens und Sterbens unterschiedlich sind. Was wird von mir erwartet, wenn ich mich in ein Gesundheitssystem integrieren lassen soll, in dem ganz andere kulturell und religiös verbürgte Werte gelten, als sie mir vertraut sind?" (KEK 2018)

b. Hinführung zum Thema

Menschen unterschiedlicher kultureller und religiöser Prägungen geraten in der Gesundheitsversorgung unter Druck, wenn internalisierte und von extern an sie herangetragene Menschenbilder miteinander kollidieren, wenn die eigenen Vorstellungen eines guten Lebens und Sterbens mit denen derjenigen Menschen in Widerspruch geraten, die sie umsorgen. Diese Vorstellungen sind zutiefst kulturell und religiös verbürgt und haben Auswirkungen auf medizinische, pflegerische, soziale und karitative Tätigkeiten, auch in multikulturellen Behandlungsteams. Was wird von ihnen erwartet, wenn sie sich in ein Gesundheitssystem integrieren lassen sollen, in dem ganz andere kulturell und religiös verbürgte Werte gelten, als ihnen vertraut sind? Vor welche Herausforderungen sind wir gestellt, wenn wir die Sorgenden sein sollen in einer für uns fremden Welt in der Sorge für Menschen, deren Werte wir nicht kennen und nicht verstehen, und die unsere Werte nicht kennen und nicht verstehen?

c. Planungsmatrix

Struktur/Phasen	Methoden/Inhalt
Begrüßung	Hinführung
(1a) Impulse aufnehmen (2a) Ideen einbringen	Impulsfrage: Welche kulturellen Stolpersteine nehmen Sie in Ihrem beruflichen Alltag wahr? Diskussion und Visualisierung
(1b) Impulse aufnehmen (2b) Ideen einbringen	Kulturverständnis – Diskussion: Was bedeutet der Begriff „Kultur" für mich? Visualisierung
(3) Ethisch reflektieren – abstrakt denken	Vortrag: Interkulturelle Kompetenz Visualisierung
(4) Erkenntnisse gewinnen	Abschlussfrage: Wie stellt sich Ihr Verständnis von Kultur/Fremdheit (nach diesem Ethik-Café) in Ihrer beruflichen Haltung dar?
Abschluss	Ausblick aufs nächste Ethik-Café

d. Gedankenspeicher

Die Annäherung an das Thema dieses Ethik-Cafés erfolgt anhand der Impulsfrage, welche kulturellen Stolpersteine die Teilnehmer*innen in Ihrem beruflichen Alltag wahrnehmen. In den Gedankenspeicher hatten die Moderator*innen folgende Antwortmöglichkeiten aufgenommen:

- Sprachbarrieren
- Genderverhalten und -zuweisungen
- Wert und Bedeutung der Familie
- Rollenverteilung in der Familie
- Informationsverhalten/Aufklärung Patient*in/Familie
- „Masse" an Menschen

- Hygienisches Verhalten
- Compliance
- Essen
- Spirituelle Bedürfnisse
- Ausgrenzung
- Etc.

Die Antworten können in der Diskussion einem systematischen Perspektivenwechsel zugeführt werden, indem sie auf „Kolleg*innen" aus anderen Kulturkreisen angewendet werden:

- Sprachbarrieren etc.
- Berufliche Haltung/Professionsverständnis/paternalistische Haltung Patient*innen und Mitarbeiter*innen gegenüber
- Unterschiedliche Kompetenzniveaus
- Etc.

Die Visualisierung der daran anschließenden Diskussion über die Bedeutung des Begriffs der „Kultur" (Abb. 3.4) kann für den Vortrag über

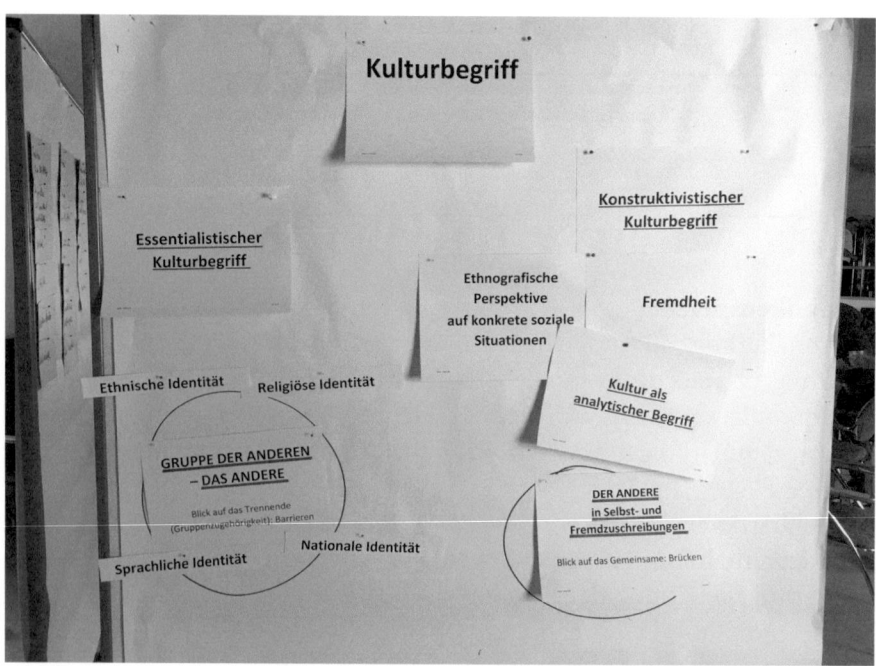

Abb. 3.4 Kulturbegriff (Darstellung im Ethik-Café am 18.06.2018)

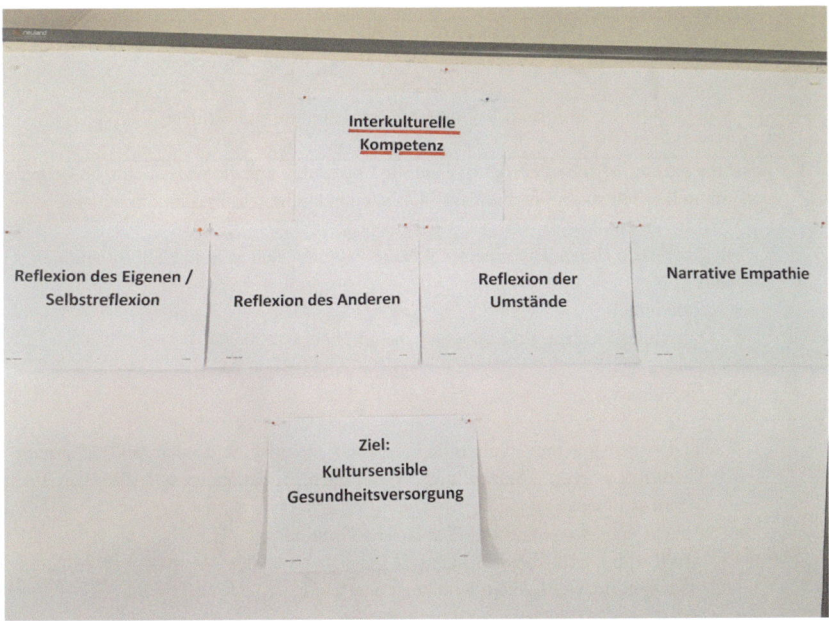

Abb. 3.5   Interkulturelle Kompetenz (Darstellung im Ethik-Café am 18.06.2018)

„Interkulturelle Kompetenz" (Abb. 3.5) genutzt werden. Im Vortrag werden zunächst zwei Kulturbegriffe unterschieden: der essentialistische vom konstruktivistischen. (Peters et al. 2014) Im Anschluss daran werden die Inhalte einer interkulturellen Kompetenz dargestellt und veranschaulicht. Ziel ist eine kultursensible Gesundheitsversorgung.

Essentialistischer Kulturbegriff
• Dieser entspricht dem umgangssprachlich alltäglichen Gebrauch
• Essentialistisch heißt: mit meinem Wesen verbunden – d.h. „typisch" für eine Gruppe
• Eine einheitliche kulturelle Prägung wird vorausgesetzt: **Der/die** „türkische" Patient*in
• Kultur als typische, das heißt objektiv bestimmbare Gesamtheit von Denk- und Verhaltensmustern, Wertepräferenzen, moralischen Orientierungen und sozialen Normen, die einen Menschen als Mitglied einer kulturellen Gruppe dauerhaft „prägen"
• Innere Homogenität und klare Abgrenzbarkeit solcher Gruppen gegenüber anderen Kulturen werden vorausgesetzt. Der Unterschied zwischen Kulturen wird betont und verfestigt

• **Die Gruppe der „anderen" – „das andere":** Blick auf das Trennende (Gruppenzugehörigkeit): Barrieren
  ▪ Religiöse Identität
  ▪ Ethnische Identität
  ▪ Nationale Identität
  ▪ Sprachliche Identität

Konstruktivistischer Kulturbegriff:
ethnografische Perspektive auf konkrete soziale Situationen
Konstruktivistisch: Kultur ist (wird durch uns) konstruiert

1. Es ist die **ethnografische Perspektive** auf die Entstehung und die vielschichtigen Bedeutungen kultureller Selbst- und Fremdidentifikationen in konkreten sozialen Situationen.

   • Biographische Herangehensweise: Welche Faktoren sind in konkreten Situationen relevant?
     • Individuell
     • Strukturell: welche Erfahrungen habe ich?
     • Sozial
     • Ökonomisch

   • Wie und warum gewinnen kulturelle Fremdheit, Identität und Distanz an Bedeutung?
     • Identifikation von Vorannahmen, Vorurteilen, Erwartungen und Zwecken solcher Identifikationen
     • Abkehr von Mutmaßungen, Phantasien, Vorurteilen
     • Annäherung an Lebenswirklichkeit/Lebensweisen der Menschen: Werthaltungen bzgl. Familie, Gesundheit, Krankheit und Tod
     • Heterogenität kulturell definierter Gruppen

2. **„Kultur" als Ausdruck von „Fremdheit"**

   Fremdheit: Fremdheit entsteht in der Begegnung von Menschen als Wahrnehmung und Bestimmung kultureller Differenz. Der ANDERE ist mir und ich bin dem ANDEREN fremd.

   Fremdheit ist also relational und veränderbar. Der Soziologe Zygmunt Bauman schreibt in seinem Buch „Die Angst vor den anderen": „Seit dem Beginn der Moderne klopfen Menschen, die vor den Gräueln des Krieges und der Despotie oder vor einem aussichtslosen Dasein fliehen, an die Türen anderer Völker. Für die Menschen hinter diesen Türen waren sie immer schon – wie sie auch heute noch – Fremde. Fremde lösen gerade deshalb oft Ängste aus, weil sie ́fremd́ sind – also auf furchterregende Weise unberechenbar und damit anders als die Menschen, mit denen wir täglich zu tun haben und von denen wir zu wissen glauben, was wir von ihnen erwarten können." (Bauman 2016, S. 13)

3. **Kultur als analytischer Begriff**

   • Frage: Wie und warum gewinnen kulturelle Fremdheit, Identität und Distanz Bedeutung und welche Faktoren (individuelle, strukturelle, soziale, ökonomische) sind relevant?
   • Identität und wahrgenommene Differenzen zu verstehen und zu verarbeiten
   • **DER ANDERE in Selbst- und Fremdzuschreibungen**
   • Blick auf das Gemeinsame: Brücken

Interkulturelle Kompetenz

Zu unterscheiden sind: Multikulturalität, Interkulturalität und Transkulturalität. Multikulturalität bezeichnet das Nebeneinander von verschiedenen Kulturen, Interkulturalität verbindet die Kulturen über ein gemeinsames Interesse und gemeinsame Themen und durch das Interesse füreinander. Transkulturalität ist Ausdruck einer Meta-Kultur. Das heißt die Kulturen suchen sich unter einer Theorie bzw. unter einer gemeinsamen Weltanschauung und durch geteilte Praktiken zu vereinen.

Interkulturelle Kompetenz umfasst folglich die Haltung und die Fähigkeit, sich auf einen kommunikativen Prozess des Verstehens der fremden kulturellen Identität und der mit ihr verbundenen ethischen Bewertungen einzulassen. Dies beinhaltet eine Reflexions- und Kommunikationskompetenz sowie die Fähigkeit zum Perspektivenwechsel.

1. **Reflexion des Eigenen – Selbstreflexion**

   - Reflexion der eigenen Erfahrungen und Einstellungen im Umgang mit Fremdheit
   - Reflexion der eigenen Vorbehalte, Ängste, Erwartungen und Werthaltungen
   - Was nehme ich als „typisch" wahr?
   - Was hat das mit meinen eigenen Prägungen zu tun?
   - Was ist meine „Brille"?
     - Vorerfahrungen?
     - Medien?
     - Kolleg*innen?
     - Die in der eigenen sozialen Gruppe als „normal" angesehenen Denk- und Verhaltensmuster, Normen und Werte?
   - Kritische Auseinandersetzung mit der eigenen kulturellen Identität und ihrem Einfluss auf die eigenen ethischen Bewertungen
   - Eigene Vorannahmen
   - Gefahr: Verallgemeinerungen, Stereotypisierungen, Kategorisierungen, Diskriminierung
   - Eigene Lebenswelt reflektieren
   - Am „Fremden" mich selbst kennenlernen. Erfahrungen des „ANDEREN" im Bewusstsein der eigenen Wertehaltung zu erfassen
   - Eigene Erwartungshaltung
   - Erwartungen aufgrund der Erfahrungen der „ANDEREN"

2. **Reflexion des anderen – Hintergrundwissen**

   - Biografische Differenzierungen (inkl. soziale, regionale Faktoren, aktuelle Lebensverhältnisse)
   - Verstehen von Krankheitsprozessen
   - Kenntnisse über unterschiedliche Sichtweisen auf Erkrankung im Erleben und in Zuschreibungen zu Familie, Gesundheit, Krankheit, Sterben und Tod
   - Posttraumatische Belastungsstörungen

---

3. Reflexion der Umstände

- Situation
- Kontext
- Soziale Differenzierungen
  Es sind professionelle Sprach- und Kulturmittler und Richtlinien für deren Einsatz wichtig

---

4. Narrative Empathie

- Dagmar Domenig (2007): Transkulturelle Pflege
- Interkulturelle Verständigung ist ein kommunikativer Prozess, der Verständnis und Respekt für das Wertesystem des Gegenübers anstrebt
- Annäherung an ein Verstehen der Lebenswelt des anderen durch narrative Techniken
- Verstehen des Menschenbildes, Verstehen von Ereignissen, Verstehen von Rollenzuweisungen (autoritär-paternalistisches Ärzt*innenverständnis), Verstehen von Wertehaltungen und Glaubensvorstellungen bzgl. Familie, Gesundheit, Krankheit und Tod (kulturelle Identität)

Kultursensible Gesundheitsversorgung

- In ihr begegnen ein ICH als „Kultur" einem DU als „Kultur" mit dem Ziel eines WIR als „Kultur"
- Patient*in ist dann kein typische/r Vertreter*in einer Kultur, sondern ein Mensch mit eigenen Wertvorstellungen und einer differenzierten (Migrations-) Biografie
- Moralische Fremdheit verstehen

In den Gedankenspeicher hatten wir ebenfalls die damals noch nicht veröffentlichten Ergebnisse einer Studie einer Forschungsgruppe unter Leitung von Nora Braun aufgenommen: ethnografische Forschungsarbeit mit Studierenden in Erstaufnahmeeinrichtungen für Geflüchtete – Konflikte und deren mögliche Ursachen. Sie hatte darüber im Rahmen des Tübinger „Studium Generale" des Wintersemesters 2016/2017 in einem Vortrag berichtet. (Braun 2016)

Erfahrungen von freiwilligen Helfer*innen in ihrer Arbeit mit Geflüchteten

- **Motivation von Helfer*innen**
  - Integration fördern
  - Unterschiedliche Vorstellungen von einem „guten Leben"
  - Wenn Dankbarkeit erwartet wird, muss mit Enttäuschungen umgegangen werden

- **Unterschiedliche Erfahrungshorizonte**

  – Unzuverlässige Regierungen
  – Angst vor Korruption und Diebstahl wird also ins neue Land mithineingetragen
  – Traumatische Erfahrungen

- **Unterschiedliche Wertvorstellungen**

  – Pünktlichkeit
  – Sauberkeit, Hygiene
  – Lautstärke
  – Gender
  – Bedeutung von Familie bei medizinischer Versorgung

- **Gegenseitige Wahrnehmung**

  – Das Bild vom anderen: Stereotypen, Vorurteile, Mutmaßungen
  – Medien

    Als Opfer: Behandlung als „unselbständig"; nichts zutrauen
    Als Täter*innen: Bedrohung unserer Werte; Frauen würden unterdrückt

  – Flüchtlinge wollen nicht als „Problem" betrachtet werden; Angst aufzufallen

- **Strukturelle Bedingungen – Ursachen von Hilfsbedürftigkeit**

  – Materielle Situation
  – Rechtliche Rahmenbedingungen – Bedeutung für Geflüchtete: „Flüchtling"
  – Opferstatus führt zu Abhängigkeit
  – Machtlosigkeit führt zu Frust

Literaturhinweise

Bauman, Z. (2016). Die Angst vor den anderen. Ein Essay über Migration und Panikmache. 5. Aufl. Suhrkamp Verlag: Berlin.
Bonacker, M./Geiger, G. (Hrsg.) (2021). Migration in der Pflege. Wie Diversität und Individualisierung die Pflege verändern. Springer Verlag: Berlin.
Braun, N. (2016). Von interkulturellen (und anderen) Hindernissen fürs Bleiben. Vortrag Studium Generale Wintersemester 2016/2017. Eberhard Karls Universität Tübingen: 22.12.2016.

Bundesministerium für Gesundheit (2020). Vielfalt Pflegen-eLearning Platt-form startet. https://www.bundesgesundheitsministerium.de/ministerium/meldungen/2020/vielfalt-pflegen.html (Zugriff: 23.07.2022)

Domenig, D. (Hrsg.) (2007). Transkulturelle Kompetenz. Lehrbuchbuch für Pflege-, Gesundheits- und Sozialberufe: Lehrbuch für Pflege-, Gesundheits- und Sozialberufe. 2., vollständig überarbeitete und erweiterte Aufl. Huber: Bern.

Knipper, M./Bilgin, Y. (2009). Migration und Gesundheit. Konrad-Adenauer-Stiftung e. V.: Berlin. https://www.kas.de/c/document_library/get_file?uuid=4a662078-1cdb-347a-9f80-d21698900d2d&groupId=252038 (Zugriff: 04.11.2021)

Peters, T. et al. (2014). Grundsätze zum Umgang mit Interkulturalität in Ein-richtungen des Gesundheitswesens. Positionspapier der Arbeitsgruppe Interkulturalität in der medizinischen Praxis in der Akademie für Ethik in der Medizin. In: Ethik in der Medizin 26(03)/2014, S. 65–75.

3.3.14 Die Unerträglichkeit des Leidens

a. Ankündigungstext

„Menschen geraten unter Druck durch die Unerträglichkeit des Leidens. Claudia Bozzaro weist darauf hin, dass die ‚Unerträglichkeit des Leidens‘ als Begründung herhalten muss im Rahmen von ethischen Entscheidungs-findungsprozessen am Lebensende. Doch was ist ‚unerträglich‘ und was ist ‚unerträgliches Leiden‘? Was verursacht dieses Leiden und wie begegne ich diesem Leiden? Wer spricht für wen und wer leidet?" (KEK 2018) Spricht der Umsorgte für sich selbst oder spricht der Sorgende stellvertretend für den Umsorgten? Über diese Fragen soll es einen Austausch im Ethik-Café (2018) geben.

b. Hinführung zum Thema

In diesem Ethik-Café soll der Denk- und Argumentationsfigur des „unerträglichen Leidens" nachgegangen werden. Diese Figur findet sich in Diskussionen zur Sterbehilfe (assistierter Suizid, Tötung auf Verlangen), im Rahmen der Praxis der „tiefen kontinuierlichen Sedierung zum Zwecke der Leidenslinderung" (umgangssprachlich „terminale Sedierung"/„palliative Sedierung") und bei Wunsch nach einem vorzeitigen Tod durch den „frei-willigen Verzicht auf Essen und Trinken". Das heißt immer wenn es um den Wunsch nach einem vorzeitigen Tod (Todeswunsch) oder um die Inkauf-nahme eines vorzeitigen Todes („Therapien am Lebensende" und „sterben lassen") geht, soll die Figur des unerträglichen Leidens entscheidungs- und dann auch handlungsleitend sein. Wir fragen in diesem Ethik-Café, welche

Erfahrungen die Teilnehmer*innen mit der Unerträglichkeit des Leidens gemacht haben, was sie darunter verstehen, wie Bozzaro argumentiert und welche Bedeutung die Figur in der Praxis hat.

c. Planungsmatrix

Struktur/Phasen	Methoden/Inhalt
Begrüßung	Hinführung zum Thema
(1) Impulse aufnehmen (2) Ideen einbringen	Impulsfrage: Wenn wir von der Unerträglichkeit des Leidens sprechen – welche Situationen haben Sie da vor Augen? Diskussion und Visualisierung nach den Kategorien „Leiden" und „unerträglich"
(3) Ethisch reflektieren – abstrakt denken	Kurzvortrag: Aufsatz von Claudia Bozzaro in Thesen Überleitung im Anschluss an Visualisierung: Was meint „Leiden", was meint „unerträglich" und was meint „unerträgliches Leiden"? Diesen Fragen geht Claudia Bozzaro in ihrem Aufsatz nach im Rahmen der Einbettung der Denkfigur des „unerträglichen Leidens" in die Sterbehilfedebatte. – Rahmung: Denkfigur in einer politischen Debatte Deshalb zunächst: Einführung in die Sterbehilfeformen Dann Thesen nach Bozzaro
(4) Erkenntnisse gewinnen	Diskussion: Sollte der assistierte Suizid aufgrund eines unerträglichen Leidens Ihrer Meinung nach also angewendet werden dürfen? Begründen Sie Ihr Votum Überleitung: Nach der Diskussion über unser Verständnis vom unerträglichen Leiden in erlebten Situationen und nach der theoretischen Vertiefung durch Claudia Bozzaro und ihrer Rahmung als Denkfigur in einer politischen Debatte möchten wir dies nun ganz konkret auf unser Verständnis und unsere ethischen Argumente in Bezug auf diese Debatte anwenden ▪ Stimmen Sie Frau Bozzaro und ihren Thesen zu? ▪ Was braucht es also für eine Legalisierung des assistierten Suizids hinsichtlich dessen besonderer Begründungsfigur? ▪ Dann: Frage auf Flipchart und Diskussion. Leitfragen: Was verursacht dieses Leiden und wie begegne ich diesem Leiden? Wer spricht für wen und wer leidet eigentlich?
Abschluss	Ausblick aufs nächste Ethik-Café

d. Gedankenspeicher

Das Ethik-Café führt vom eigenen Sprechen über die „Unerträglichkeit des Leidens" zur Verwendung des Konzepts des „unerträglichen Leidens" als Argumentationsfigur beispielsweise in der Sterbehilfedebatte. So werden nach der Frage nach dem eigenen Sprechen zunächst die Formen der Sterbehilfe unterschieden. Nach dem Kurzvortrag über Bozzaros Thesen zur Unerträglichkeit des Leidens als Argumentationsfigur schließt das Ethik-Café mit der Frage, ob der assistierte Suizid aufgrund eines unerträglichen Leidens nach Meinung der Teilnehmer*innen rechtlich zugelassen werden solle.

Einführung in die Formen der Sterbehilfe

- Literatur: Verrel und Schmidt (2012)
- Unterscheidung von: Sterbebegleitung und Sterbehilfe
- Unterscheidung von: Tötung auf Verlangen (verboten nach § 216 StGB; in Diskussionen subsummiert unter „aktive Sterbehilfe"); sterben lassen (vorher: passive Sterbehilfe; begriffliche Klärung BGH-Urteil 2010); Therapien am Lebensende (vorher: indirekte Sterbehilfe); assistierter Suizid

Claudia Bozzaro (2015): Assistierter Suizid zur Linderung unerträglichen Leidens?

1. **Begründungsfigur in öffentlichen Debatten:** „Unerträgliches Leiden" als Bedingung für die Hilfe zum Sterben – ohne inhaltliche Näherbestimmung dieser Begründungsfigur.
2. **Subjektivität des „Leidens":** Abhängig von der individuellen Empfindsamkeit und von subjektiven Bewertungsmaßstäben. Deutungshoheit haben Patient*innen, denn es ist keine objektive Beurteilung durch andere möglich.

   - „Nur die Äußerungen des Patienten, nicht aber der Leidenszustand selbst, sind intersubjektiv im Gespräch zugänglich." (Bozzaro 2015, S. 389) Grauzone, in der die intersubjektive Evidenz fehlt.
   - Unterschiedliche Auslegung durch Ärzt*innen und Patient*innen.
   - Weites Verständnis des Leidensbegriffs: Es ist eine Verschiebung weg von körperlichen hin zu sozialen, psychoexistentiellen und spirituellen Leidenszuständen zu beobachten – die als unerträglich leidvoll geschildert werden. Wie ist das dann also vermittelbar und

erfassbar? Über Skalen – angesichts Zeitknappheit? Studien zeigen, dass Ärzt*innen recht homogen sind in der Beurteilung körperlichen Leids und sehr heterogen in der Beurteilung psychoexistentieller Leiderfahrungen.

3. **Subjektivität der Beurteilung eines Zustands als „unerträglich":** „Unerträgliches Leiden" – normativ aufgeladen, erzeugt Handlungsdruck: Leid ist **nicht länger** aushaltbar.

- „Leiden" als moralisches Druckmittel zur Durchsetzung eigener Forderungen?
- Reichweitenbeschränkung? Wenn ja, wie kann diese begründet werden? Sorgfaltskriterien? Grenzen? Beispiel: Belgischer Sexualstraftäter, der dann Sterbehilfe verlangt. – „Ist jemand, der zur lebenslänglichen Haft verurteilt worden ist, in einer ähnlich ausweglosen Situation wie ein terminal schwer erkrankter Patient?" (ebd., S. 390)
- Menschen sind in Beziehungen.
- Exkurs: Johann-Christoph Student (2013) – zur aktiven Sterbehilfe gehören die Suizidalität der Betroffenen einerseits und die Homizidalität der Sterbehelfer*innen andererseits.
- Gesellschaftliches Denken und individuelles Erleben sind miteinander verwoben: wie gesellschaftlich über Leiden gesprochen und nachgedacht wird, beeinflusst das Erleben und Interpretieren des individuellen Leidens.

Literaturhinweise

Bozzaro, C. (2015). Assistierter Suizid zur Linderung unerträglichen Leidens? In: Forum 05/2015, S. 389–392.

Red, F. C. (2013). Pflegekonzept Leiden. Leiden erkennen, lindern und verhindern. Praxishandbuch für Pflegende. Deutschsprachige Ausgabe hrsg. von Diana Staudacher. Huber Verlag: Bern.

Staudacher, D. (2017). Leiden – verletztes Menschsein und seelisches Trauma. In: Steffen-Bürgi, B. et al. (Hrsg.) (2017). Lehrbuch Palliative Care. Hogrefe Verlag: Bern, S. 396–405.

Student, J.-C. (2013). Palliative Care versus aktive Sterbehilfe. 10 Thesen zur aktiven Sterbehilfe. In: Praxis Palliative Care 19/2013, S. 35 f.

Verrel, T./Schmidt, K. W. (2012). Sterbehilfe und Sterbebegleitung. Eine Orientierungshilfe zur ärztlichen Entscheidungsfindung aus juristischer und medizinethischer Sicht. In: Hessisches Ärzteblatt 73(08)/2012, S. 501 f.; 512–516.

3.3.15 „Sterbefasten"

a. Ankündigungstext
„Im letzten Ethik-Café des Jahres beschäftigen wir uns mit Fragen des ‚Freiwilligen Verzichts auf Nahrung und Flüssigkeit' – des Sterbefastens. Der Mensch ist in heutiger Zeit unter Druck geraten, sein Lebensende selbst bestimmen zu wollen und zu sollen. Und dort, wo er nicht länger zu leben braucht, dann auch Möglichkeiten zu finden, um sich selbst und anderen nicht zur Last zu fallen. Manche wählen den Weg des Sterbefastens. Welche Konsequenzen hat dies für die Betroffenen, die Institutionen im Gesundheitswesen und die Gesellschaft?" (KEK 2018)

b. Hinführung zum Thema
In diesem Ethik-Café setzen wir uns mit Fragen des „Freiwilligen Verzichts auf Nahrung und Flüssigkeit" (FVNF) bzw. von „Essen und Trinken" (FVET) – des „Sterbefastens" – auseinander. Wir fragen danach, was unter „freiwilligem Verzicht auf Nahrung und Flüssigkeit" zu verstehen ist und warum es irreführend ist, von „Sterbefasten" zu sprechen. Wir versuchen anhand der aktuellen Literatur eine ethisch-rechtliche Einordnung vorzunehmen. Wir diskutieren darüber, welche Konsequenzen ein solcher Schritt für die Sorgenden, die Umsorgten, die Institutionen und die Gesellschaft haben kann. Die Annäherung erfolgt also zunächst auf der Ebene der Metaethik (Frage nach Begriff und Konzept). Nach einer normativ ethisch-rechtlichen Einordnung (was darf/soll sein) folgt der mehrdimensional ausgerichtete Blick auf die Folgen einer Handlung (konsequentialistische Ethik), die als Leiderfahrungen für die Betroffenen oder als Erfahrungen des Vermeidens von Leid mit Hilfe des Utilitarismus näher betrachtet bzw. die mit dem deontologischen Blick auf den Wert des Lebens an sich bewertet werden können. Auf diese Weise nähern wir uns über mögliche Argumentationen der ethischen Komplexität einer solchen Praxis an.

c. Planungsmatrix

Struktur/Phasen	Methoden/Inhalt
Begrüßung	Hinführung zum Thema
(1a) Impulse aufnehmen (2a) Ideen einbringen	Impulsfrage: Was verstehen Sie unter „Sterbefasten"? In drei Schritten: • Brainstorming • Visualisierung • Input zur Klärung: Unterscheidung Sterben und Appetitlosigkeit als physiologische Prozesse versus bewusste Entscheidung zum Verzicht auf Essen und Trinken
(1b) Impulse aufnehmen (2b) Ideen einbringen	Was sind mögliche Motive, sich fürs „Sterbefasten" zu entscheiden? • Perspektivenwechsel – Begründungen – die "Not" dahinter • Visualisierung
(3) Ethisch reflektieren – abstrakt denken (4) Erkenntnisse gewinnen	Ist Sterbefasten die Lösung für fehlende gesellschaftliche Angebote? • Zitat: Christiane zur Nieden (2016), S. 132f. • Naturalistischer Fehlschluss und care-ethische Kritik der Argumentation von Zur Nieden
Abschluss	Ausblick aufs nächste Ethik-Café

d. Gedankenspeicher

Nach einer sehr offenen Frage, was die Teilnehmer*innen unter „Sterbefasten" verstehen, folgen erste Differenzierungen.

- Von „Fasten" darf in diesem Zusammenhang nicht gesprochen werden – Fasten ist ein religiös belegter Begriff und hat nichts mit dem hier Gemeinten zu tun.
- Besser also die Fachsprache verwenden: FVNF oder FVET. Hier braucht es eine Verständigung mit den Teilnehmer*innen darüber, ob es sich um den freiwilligen Verzicht (FV) auf Nahrung und Flüssigkeit (NF), was sich durchaus auch auf medizinische Maßnahmen beziehen könnte, oder nicht vielmehr auf Essen und Trinken (ET), wenn Menschen freiwillig darauf verzichten, handelt.

Weitere Grundlage der Diskussion ist das Wissen um die rechtlich-ethische Einordnung des FVET. Denn darum wird in der Medizin und angrenzenden Wissenschaften gerungen.

Rechtlich-ethische Abgrenzung: „Was" wird begleitet?	
Sterben lassen (passive Sterbehilfe)?	**Nein** Denn eine Begrenzung lebenserhaltender medizinischer Maßnahmen liegt hier nicht vor. Essen und Trinken sind keine medizinische Behandlung. Es würde sich sonst um einen Kategorienfehler handeln, da Sterben lassen im Sinne passiver Sterbehilfe ärztliches Handeln einschließt; FVET aber ist das Handeln von Patient*innen. Sterben lassen: ärztlich indizierte Behandlungsbegrenzung und Wille der Patient*innen kommen zusammen. Eine palliative Begleitung zielt nicht darauf, die Selbsttötung eines Menschen zu fördern, sondern belastende Symptome zu lindern (Basisbetreuung).
Assistierter Suizid?	**Nein** Denn: Tod durch Unterlassen, Essen und Trinken darf nicht erzwungen werden bei Freiverantwortlichkeit. Der Tod wird selbstständig herbeigeführt. Also: Keine Sterbehilfe, sondern Begleitung des Sterbens und des dann Sterbenden. • Nicht auf die Hilfe anderer angewiesen • Kein Mittel zur Selbsttötung • Keine Einwirkung von außen • Tod tritt nicht rasch ein • Entscheidung ist reversibel • Umsetzung ist umkehrbar DGP (2019): Alternative zur ärztlichen Suizidhilfe.
Suizid?	**Nähe zum Suizid** • Tod soll aktiv herbeigeführt werden durch Unterlassen von Essen und Trinken • Absicht, eigenen Tod herbeizuführen • Erwartung, dass infolge der Handlung der Tod eintritt • Handlung verursacht den Tod **Kein typischer Suizid** • Keine Gewalteinwirkung von außen, keine tödlich wirkenden Substanzen zugeführt

	• Wohlüberlegt und nicht impulsiv • Entscheidung ist reversibel, Umsetzung ist umkehrbar, nicht abrupt • Soziales Umfeld weniger belastet durch das Bild eines „natürlichen Sterbens" **„Natürlicher Suizid"** Walther (2014): „Da es sich um eine dem Menschen von Natur aus gegebene Möglichkeit des selbst gewählten Sterbens handelt, kann man es als natürliche Alternative zum Suizid oder, verkürzt, als ‚natürlichen Suizid' auffassen." (Walther 2014, S. 36) Kriesen et al. (2021): Todesbescheinigung: „nicht natürlich"; Dokumente an Polizei.
„Eigene Handlungskategorie?"	**Eigene Form der Lebensbeendigung:** Nähe/Ferne zum Suizid, endet mit natürlichem Tod. So DGP (2019): Die wesentlichen Unterschiede gegenüber dem Suizid und gegenüber einem Behandlungsabbruch sprechen dafür, FVET als eigene Handlungskategorie zu bewerten. Bei FVET laufen die normalen physiologischen Vorgänge beim Sterben ab. Anders als bei Gewalteinwirkung oder Vergiftung tritt der Tod aufgrund dieser natürlichen Abläufe ein. • Tod durch Unterlassen • DGP (2019): Handlungskategorie sui generis • Todesbescheinigung: natürlicher Tod
„Natürlicher Tod?"	Im Gegensatz zum Tod durch Suizidbeihilfe oder Euthanasie durchleben die Sterbenden einen „natürlichen Sterbeprozess" und die Entscheidung ist in den ersten Tagen reversibel. Am Lebensende: Die Art und Weise eines natürlichen Todes nach natürlichem Sterbeprozess. • Klein/Fringer (2013) • Bickhardt/Hanke (2014) **„Passiver Suizid":** Birnbacher • Suizid durch absichtliches Unterlassen • Wie natürlicher Tod zu behandeln Todesbescheinigung: natürlicher Tod

Nach der Klärung des Verständnisses des „Sterbefastens" oder besser des FVET werden Motive für einen solchen Wunsch nach einem vorzeitigen Tod und dessen Umsetzung diskutiert – im Rahmen einer mehrdimensionalen Moral und entsprechenden Verantwortlichen auf den verschiedenen Ebenen. Es folgt zuletzt die Abgrenzung vom naturalistischen Fehlschluss der Argumentation von Christiane zur Nieden, die aus schlechten Rahmenbedingungen für die Sorge die Notwendigkeit ableitet, den FVET zu befürworten und zu unterstützen – ohne die Rahmenbedingungen an sich in Frage zu stellen. Denn wäre das der Grund für FVET, hätte damit u. E. unsere Gesellschaft den Zweck des Schutzes der Verletzlichen in ihr verfehlt.

Zitat Christiane zur Nieden (2016)

Christiane zur Nieden hatte ihre Mutter beim FVET begleitet und über ihre Erfahrungen geschrieben. Leser*innen, die um eine kritische Perspektive auf die Vorannahmen des Diskurses eines vermeintlich selbstbestimmten Sterbens und um eine ethisch begründete Haltung zur Praxis des FVNF ringen, können durch das Beispiel dieses Buches zu weiterführenden ethischen Reflexionen angeregt werden: über die heikle Rolle der Begleiter*innen, denen als Begleiter*innen eines Suizids viel abverlangt wird. (Zur Nieden 2016, S. 146) Und zum anderen über das pessimistische Alter(n)sbild der Autorin, für die Sterbefasten als eine Art des selbstbestimmten Sterbens geeignet ist „für alte und hochbetagte Menschen, die lebensmüde sind." (ebd., S. 69) Denn „was lässt sich bei hochbetagten Menschen noch anbieten, ändern, verbessern?" (ebd., S. 132) „Ein ‚Auffangen' der vielen lebensmüden […] alten Menschen ist […] höchst problematisch. Überhaupt einen Teil von ihnen mit Maßnahmen zu erreichen[,] wäre nur durch eine völlige Umkrempelung des Gesundheitssystems und der Gesellschaft möglich, die mit viel Geld, Zeit und Aufwand verbunden wäre." (ebd., S. 133)

An dieser Stelle darf kritisch nachgefragt werden: darum sollte es besser sein, am schlechten Status quo festzuhalten und mit einer solchen Begründung, die im Gewand eines naturalistischen Fehlschlusses daherkommt, die Praxis des Bilanzsuizids durch FVNF zu rechtfertigen? Ist denn nicht bereits die Frage nach dem Lebenswert (ebd., S. 36) alter und hochbetagter Menschen eine Frage eines sich verselbständigenden Selbst- und Fremdentwertungsdiskurses? Gegen die Entwertung eines Lebens des Angewiesen-Seins darf aber aus care-ethischer Perspektive eingewandt werden, dass wir als Menschen immer schon fragil und abhängig und von daher aufeinander bezogen und angewiesen sind. Als solche sind wir immer schon in das Sorgen für ein System hineingerufen, das die auf andere angewiesenen Menschen sich selbst als Belastung eben nicht wie selbstverständlich ausschließen lässt, sondern uns alle einschließt in die verantwortungsvolle Sorge um die Sorgebedürftigen und die Sorgenden und für ein System, das dem gesellschaftlich akzeptierten Imperativ des Leisten-

Müssens und einer Ethik der Nützlichkeit nicht wie selbstverständlich das Wort redet. Wie selbstbestimmt nämlich kann das Sterben von Menschen sein, deren individuelle Not und Entscheidungen auf dem Boden solcher gesellschaftlicher Imperative erwachsen, die ins Individuum als vermeintlich selbstbestimmte Wünsche hineinverlegt werden?

Literaturhinweise

Bickhardt, J./Hanke, M. (2014). Freiwilliger Verzicht auf Nahrung und Flüssigkeit. Eine ganz eigene Handlungsweise. Ob der freiwillige Verzicht auf Nahrung und Flüssigkeit als Suizid anzusehen ist, wird kontrovers diskutiert. In: Deutsches Ärzteblatt 14/2014, S. 590–592.

Chabot, B./Walther, C. (2017). Ausweg am Lebensende. Sterbefasten – Selbstbestimmtes Sterben durch Verzicht auf Essen und Trinken. 5., aktualisierte und erweiterte Aufl. Ernst Reinhardt Verlag: München.

Deutsche Gesellschaft für Palliativmedizin (DGP) (Hrsg.) (2019). Positionspapier der Deutschen Gesellschaft für Palliativmedizin zum freiwilligen Verzicht auf Essen und Trinken. https://www.dgpalliativmedizin.de/phocadownload/stellungnahmen/DGP_Positionspapier_Freiwilliger_Verzicht_auf_Essen_und_Trinken%20.pdf (Zugriff: 04.11.2021)

Klein, U./Fringer, A. (2013). Freiwilliger Verzicht auf Nahrung und Flüssigkeit in der Palliative Care: ein Mapping Review. In: Pflege 26/2013, S. 411–420.

Kriesen, U. et al. (2021). Freiwilliger Verzicht auf Nahrung und Flüssigkeit und die Suiziddiskussion... nur akademisch oder auch relevant? In: Zeitschrift für Palliativmedizin 01/2021, S. 12–17.

Richter-Kuhlmann, E. (2019). Kontroverse Sterbefasten. In: Deutsches Ärzteblatt 41/2019, S. 1826.

Simon, A. (2017). Freiwilliger Verzicht auf Nahrung und Flüssigkeit („Sterbefasten"). Ein Ausweg am Lebensende? In: Wege zum Menschen. Zeitschrift für Seelsorge und Beratung, heilendes Handeln und soziales Handeln 06/2017, S. 487–497.

Walther, C. (2014). Ein sanfter, kein grausamer Tod. In: Dr. med. Mabuse 07–082.014, S. 36–38.

Zur Nieden, C. (2016). Sterbefasten. Freiwilliger Verzicht auf Nahrung und Flüssigkeit. Eine Fallbeschreibung. Mabuse-Verlag: Frankfurt am Main.

3.3.16 Advance Care Planning – Leben und Sterben im Voraus planen?

a. Ankündigungstext

„Im ersten Ethik-Café des Jahres werden wir uns über das sich im Gesundheitswesen etablierende Angebot des Advance Care Planning (ACP, gesundheitliche Vorausplanung) informieren und diskutieren. Wir betrachten die gute Absicht eines solchen Angebots, dass sich eine Behandlung konsequent am vorausverfügten Willen des Patienten orientieren soll, und wir betrachten seine Grenzen. Können und sollen Leben und Sterben im Voraus geplant werden? Kann der Mensch, der sich nicht mehr äußern kann, durch solche Angebote im Mittelpunkt bleiben?" (KEK 2019)

b. Hinführung zum Thema

Mit dem Hospiz- und Palliativgesetz von 2015 wurden die Rahmenbedingungen für Beratungen zur „gesundheitlichen Versorgungsplanung für die letzte Lebensphase" (§ 132 g SGB V) geschaffen – in anderen Ländern bekannt als Advance Care Planning (ACP). Einrichtungen der Alten- und Behindertenhilfe können ihren Bewohner*innen damit kassenfinanzierte Beratungen durch speziell geschulte und zertifizierte Gesprächsbegleiter*innen anbieten. Ziel der Gespräche ist es, die Bewohner*innen dazu anzuleiten, Vorstellungen über medizinische Abläufe, das Ausmaß, die Intensität und die Grenzen medizinischer Interventionen in der letzten Lebensphase zu entwickeln. Das schließt die Beratung über die Möglichkeiten und Konsequenzen eines Therapieverzichts und auch der Verweigerung eines Therapieverzichts mit ein. Es sollen außerdem Wünsche für das Sterben erfasst werden: wo man sterben möchte und wer dabei sein soll. Menschen sollen überhaupt zum Abfassen von Patientenverfügungen motiviert werden. Außerdem sollen die verfassten Patientenverfügungen künftig rechtssicherer formuliert und also anwendbarer gemacht werden.

c. Planungsmatrix

Struktur/Phasen	Methoden/Inhalt
Begrüßung	Hinführung zum Thema
(1) Impulse aufnehmen (2) Ideen einbringen	Impulsfrage und -vortrag: Was ist ACP? • Brainstorming: Was wissen Sie über ACP? • Vortrag: Sammeln, visualisieren plus ergänzender Input zur Klärung: Grundlagen, Hintergrund
(3) Ethisch reflektieren – abstrakt denken (4) Erkenntnisse gewinnen	Was spricht dafür (gute Absicht), was spricht dagegen (schlechte Folgen)? • Argumente für und wider (Diskussion) • Sammeln, visualisieren, zusammenfassen plus ergänzen durch Erika Feyerabend • Transfer: Ideologie? Menschenbild? Folgen fürs Handeln?
Abschluss	Ausblick aufs nächste Ethik-Café

d. Gedankenspeicher

Hinweise zur rechtlichen Verankerung und zu Inhalten der „gesundheitlichen Versorgungsplanung für die letzte Lebensphase" (ACP: Advance Care
Planning/BVB: Gesundheit im Voraus planen) haben wir in der Hinführung
zum Thema benannt. Hier folgen nun die Grundlagen des Konzeptes und
die Argumentationslinien, die in den Debatten um Pro/Contra von ACP
entdeckt werden können.

Grundlagen des Konzeptes

Das Pilotprojekt „beizeiten begleiten" in Grevenbroich im Rhein-Kreis
Neuss von 2008–2011 war Grundlage für die Verankerung von ACP im
Hospiz- und Palliativgesetz vom November 2015. Dessen Konzept ist
Grundlage für die neu eingeführte Krankenkassenleistung „Gesundheitliche
Versorgungsplanung" (§ 132 g SGB V). In diesem Projekt wurden u. a. in
drei Altenpflegeeinrichtungen Begleiter*innen qualifiziert, Hausärzt*innen
fortgebildet, Formulare entwickelt und Standards und Routinen im Netz-
werk (Altenheim, Rettungsdienst, lokales Krankenhaus, Betreuungsgericht,
Berufsbetreuer*innen) angebahnt. (Marckmann und In der Schmitten 2016)

Bei ACP handelt es sich um ein Konzept, das in den letzten 30 Jahren in
den U.S.A., Australien und Kanada entwickelt wurde. Es verfolgt die Zielsetzung, Menschen dabei zu unterstützen, Wünsche und Vorstellungen für
zukünftige medizinische therapeutische und pflegerische Situationen zu
bilden, auf dieser Basis wohlüberlegte Entscheidungen zu treffen und diese
so zu dokumentieren, dass Behandlungen auch dann verlässlich gemäß dem
eigenen wohlerwogenen Willen durchgeführt werden können, wenn dieser
nicht mehr geäußert werden kann. „ACP ermöglicht Menschen, ihre **Ziele**
und **Präferenzen** für **zukünftige medizinische Behandlungen** und **Pflege**
zu bestimmen, diese Ziele und Präferenzen mit ihren **Zu- und Angehörigen**
sowie dem **Gesundheitspersonal** zu **besprechen**, sie zu **dokumentieren**
und bei Bedarf zu **überarbeiten** [deutsche Übersetzung]." (Wosko 2017,
S. 36) Dadurch soll einerseits das soziale Bezugsnetz, die professionellen
Helfer*innen und die Einrichtungen des Versorgungssystems entlastet
werden. Wir wissen, dass hier Reibungsverluste und Verschiebungen
zuungunsten der Betroffenen mit hohen finanziellen und psycho-
sozialen Kosten entstehen können. Andererseits ist es an der Autonomie
der Betroffenen orientiert. Dem Selbstverständnis der demokratischen
Gesellschaft entsprechend soll die Selbstbestimmung von Menschen in
vulnerablen Lebenssituationen gestärkt werden, indem sie Behandlungs-
entscheidungen für die Zukunft und für den Fall, dass sie selbst nicht mehr

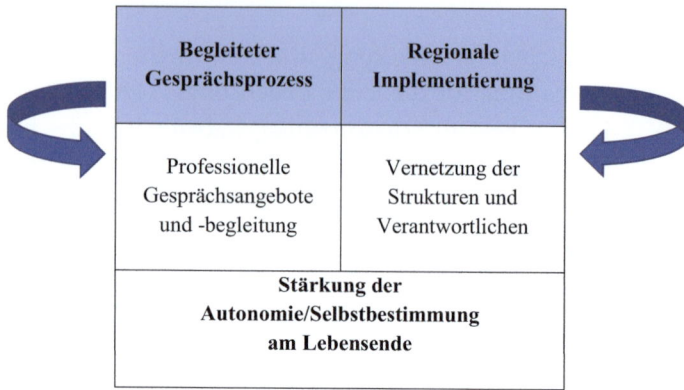

Abb. 3.6   Zwei Säulen des ACP (Eigene Darstellung)

entscheidungsfähig sind, vorausdenken und -planen. ACP besteht aus zwei Säulen (Abb. 3.6).

Mehrdimensionale Ethik und care-ethische Perspektive

Das Thema berührt mehrere Verantwortungsebenen: die Verantwortung des Individuums für sein Leben und die Art seines Sterbens sowie die Verantwortung des Familiensystems, in das die Betroffenen eingebettet sind. Darf ausgeschlossen werden, dass die Betroffenen sich sozial bedrängt fühlen könnten, wenn ein solches Angebot institutionell vorgesehen ist und wenn ihnen vor Augen geführt wird, wie belastend ihr Lebensende für sie selbst, für ihre An- und Zugehörigen und für das Gesundheitssystem und die beruflichen Sorgenden ist? Ist es nicht vernünftig, für das eigene Lebensende entsprechende Entscheidungen selbst zu treffen und An- und Zugehörigen und den beruflich Sorgenden auf diese Weise so wenig wie möglich zur Last zu fallen? Das alles ist sehr überspitzt formuliert, möchte aber zweierlei zum Ausdruck bringen: dass es bisher noch immer wenige Patientenverfügungen gibt, hat eine Bedeutung, über die ethisch nachgedacht werden soll und nicht einfach der Praxis gehorchend ignoriert werden. Zweitens werden hier Diskurse, das heißt in der Gesellschaft zunehmend verankerte Denkweisen, erlebbar. Diese Diskurse betrachten das Lebensende als dem Individuum aufgegebenes Projekt. Sie zeichnen zugleich düstere Bilder vom Lebensende verbunden mit dem Bild des abhängigen und einer Machbarkeitsmedizin ausgelieferten Menschen. Andere Versorgungsformen mit anderen Sterbe- und Todesbildern verblassen daneben. Ein dritter Diskurs ist greifbar – der des Bildes vom hochbetagten Menschen, der als Last für sich selbst, für An- und Zugehörige, für die beruflich Sorgenden und für das Gesundheitssystem betrachtet wird und zugleich als Risiko für rare Notfall- und Intensivplätze. Care-ethisch werden diese Diskurse mit Besorgnis wahrgenommen. Ihnen werden Bilder einer sorgenden Gemeinschaft entgegengesetzt mit Rahmenbedingungen für eine Sorge, in der verletzliche Menschen bis zuletzt gewürdigt und anerkannt werden und in denen auch familiär und beruflich Sorgende ihre Person und Arbeit würdigende Verhältnisse vorfinden, in der Sorge als gute Sorge gelingen kann.

Damit ist die ethische Ausrichtung eine zweifache. Einmal soll das Thema in seiner Mehrdimensionalität und zugleich in kritischer Distanz aus care-ethischer Perspektive betrachtet werden: Wie wirkt sich eine solche Praxis auf alte Menschen aus, die regelhaft auf ihr Versterben und das damit eventuell verbundene Leiden hingewiesen werden? Wie wirkt sich eine solche Praxis auf die Sorgenden aus? Verändert das ihre Praxis? Wie wirkt sich eine solche Praxis auf die Kultur von Pflegeeinrichtungen aus? Wird durch ein routiniertes Vorgehen eventuell ein sozialer Druck auf die Sorgeempfänger*innen und die Sorgenden ausgeübt? Wie wirkt sich eine solche Praxis auf die Gesellschaft auf, auf ihre Alters- und Sterbebilder?

Pro/Contra in der Literatur

Pro-Argumentationen
<ul><li>Selbstbestimmung respektieren</li><li>Keine unnötigen Krankenhauseinweisungen und inadäquaten Behandlungen<ul><li>Belastung der Patient*innen und des Gesundheitswesens ökonomisch und ressourcenbezogen</li><li>Kritik am Imperativ des Machbaren und Umsetzung von Therapien, die mehr schaden als nutzen</li></ul></li><li>Qualität der Versorgung verbessern</li></ul>

Contra-Argumentationen

1. Sozialer Druck? (Bsp.: Graefe 2008; Feyerabend 2016)

- Flächendeckendes, aktives Werben für die Beratung erzeugt sozialen Druck auf Bewohner*innen und ihre Familien
- Beratung bei Aufnahme ins Heim?
- Ist das noch Selbstbestimmung?
- Der Denkstil bei den Akteur*innen verändert sich: Das Lebensende **ist** zu planen und positive Haltung denen gegenüber, die mitmachen

Fazit: Mit Vertrauten statt mit Gesprächsspezialist*innen übers Lebensende sprechen!

2. Entscheidungstod (Bsp.: Erika Feyerabend 2017)

- Individuelles Entscheiden versus kritikwürdige Strukturen/ökonomische Orientierungen
- Ist durch individuelles Entscheiden das Problem zu lösen?

„Es geht nicht um eine soziale Gestaltung des Lebensendes oder schädigende und hoch technisierte Behandlungen ohne nachvollziehbare Indikationen. [Sondern:] Gesetz und Diskurs sind eine Einübung in den Verzicht auf Behandlungen bei schwer pflegebedürftigen Menschen [...] Gewollt ist der ‚Entscheidungstod'." (ebd., S. 16)

Fazit: Zuspruch und Wertschätzung sozialer Sicherungssysteme!

3. Medikalisierung des Lebensendes (Bsp.: Gronemeyer 2007; 2012)

Ziel der Vorsorgeplanung ist die stetige Kommunikation über
- Krankheitsverlauf
- Prognose
- Therapien
- Behandlungsoptionen
- Begleitungswünsche

4. Horrorszenario „Lebensende" (Bsp.: Baumann 2020)

- Mögliche Szenarien und Symptome am Lebensende
- Unerträglichkeit der Situationen
- Nicht unbelastet dem eigenen Lebensende entgegensehen können und dürfen

Fazit: Notwendigkeit, über Zukünfte zu sprechen (Advance Care Dialogue: ACD). (Heller und Pleschberger 2017)

5. **Intensivierung des Fremd- und Selbstentwertungsdiskurses** (Bsp.: Gronemeyer 2007; 2012; Maio 2014; Feyerabend 2016)

- Der hochbetagte Mensch als potentielles Problem und Kostenfaktor im System
- Reibungslose Abläufe sind für Akteur*innen praktisch und zeitsparend
- Handlungssicherheit ohne Zeitverlust
- Kennzeichnung von Akten und Betten – Armbänder?

Giovanni Maio: „Tendenz zur totalen Abwertung verzichtvollen Lebens, zur Geringschätzung behinderten Lebens und zur Abschaffung gebrechlichen Lebens." (Maio 2014, S. 171)

---

6. **Unplanbares planen – Planungsdynamik** (Bsp.: Heller und Pleschberger 2017)

- Ab dem 60. Lebensjahr lebenslang das Lebensende planen
- Aber Scheu, das zu planen:
  - Vertrauen in Nahestehende und Ärzt*innen
  - Hoffen auf gütiges Schicksal
  - Für kaum vorstellbare Lebenslagen den tödlichen Behandlungsabbruch außerhalb der Sterbephase zu verfügen

---

7. **Schicksal als Machsal** (Bsp.: Maio 2014; Feyerabend 2016)

Verkümmern des Bereichs des Schicksalhaften

Neitzke (2015): Bestimmte Lebensbereiche unverfügbar zu belassen?

Feyerabend (2017): Nicht der Versuchung erliegen, die Gestaltung des Lebens „als Vorabplanung zu verstehen, gewissenhaftes Urteilen und persönliche Verantwortung im Berufsalltag durch Formulare und Dokumentationen zu ersetzen und: Sterben als Managementaufgabe zu banalisieren und aus unser aller ‚Schicksal' ein ‚Machsal' zu machen." (Feyerabend 2017, S. 17)

---

8. **Selbstbestimmbares Lebensende?**

- Keine Beratung durch Ärzt*innen vorgesehen – Befähigung?
- „Vertreterverfügung"? – Die Autonomie des Lebensverzichts ad absurdum geführt!

Fazit: Sorge um selbstbestimmte Lebensumstände für Pflegebedürftige.

---

9. **Kontinuität der Person?** (Bsp.: Graefe 2008)

- Entwicklung des Menschen
- Standardisierte Instrumente
- Demenz: „von innen" nicht vorausschaubar

Fazit: Erika Feyerabend (2017)

„Was Menschen brauchen, ist nicht eine [...] Beratung zum tödlichen Behandlungsverzicht in Lebenskrisen, sie brauchen Zuspruch und Wertschätzung, mehr Personal mit mehr alltäglicher Gesprächszeit, eine bessere hausärztliche Versorgung und soziale Sicherungssysteme." (Feyerabend 2017, S. 15)

Literaturhinweise

Baumann, M. (2020). „Ich will sterben". Reflexionen über Todeswünsche und assistierten Suizid im Kontext hospizlicher Praxis. In: die hospizzeitschrift palliative care 03/2020, S. 43–47.

Baumann, M./Kohlen, H. (2018). „Zeit des Bezogenseins" als Merkmal einer sorgeethisch begründeten palliativen Praxis. In: Bergemann, L./Hack, C./Frewer, A. (Hrsg.) (2018). Entschleunigung als Therapie? Zeit der Achtsamkeit in der Medizin. Jahrbuch Ethik in der Klinik (JEK) Bd. 11. Verlag Königshausen & Neumann: Würzburg, S. 95–118.

Behringer, D. et al. (2021). Behandlung im Voraus Planen – ein Praxisprojekt zur Implementierung vorausschauender Versorgungsplanung in einer onkologischen Abteilung. In: Palliativmedizin 22/2021, S. 265–270.

Bell, B./Grüber, K. (2020). Gesundheitliche Versorgungsplanung für Menschen mit Behinderung. In: Dr. med. Mabuse 244(03–04)/2020, S. 28–30.

Bundesärztekammer (2019). Stellungnahme der Zentralen Kommission zur Wahrung ethischer Grundsätze in der Medizin und ihren Grenzgebieten (Zentrale Ethikkommission) bei der Bundesärztekammer. „Advance Care Planning (ACP)". In: Deutsches Ärzteblatt 2019 https://www.zentrale-ethik-kommission.de/fileadmin/user_upload/_old-files/downloads/pdf-Ordner/Zeko/2019-12-05_Bek_BAEK_ACP_Online_Final.pdf (Zugriff: 28.07.2022)

Coors, M./Jox, R. J./In der Schmitten, J. (Hrsg.) (2015). Advance Care Planning. Von der Patientenverfügung zur gesundheitlichen Vorausplanung. Kohlhammer: Stuttgart.

Deutscher Hospiz- und PalliativVerband e. V. (Hrsg.) (2016). Advance Care Planning (ACP) in stationären Pflegeeinrichtungen. Eine Einführung auf Grundlage des Hospiz- und Palliativgesetzes (HPG). Deutscher Hospiz- und PalliativVerband e. V.: Berlin. https://www.dhpv.de/files/public/themen/20160223_Handreichung_ACP.pdf (Zugriff: 04.11.2021)

Feyerabend, E. (2016). „Advance Care Planning": Zwischen Lebensklugheit und Planungszwang. Vortragsmanuskript zum Workshop beim 11. Kongress der Deutschen Gesellschaft für Palliativmedizin in Leipzig. https://www.bioskop-forum.de/media/erika_feyerabend___workshop____advance_care_planning____-_zwischen_lebensklugheit_und_planungszwang.pdf (Zugriff: 02.11.2021)

Feyerabend, E. (2017). Moderne Planungsspezialisten – kritische Analyse einer Praxis. In: Praxis PalliativeCare 37/2017, S. 14–17.

Fromm, C. (2021). Konzept Advance Care Planning – was ist der Nutzen für die palliative Praxis? Vortrag: Pflegefachtagung Palliative Care RKH Akademie Markgröningen. https://www.pflegeundethik.de/dokumente/Palliative_Care_RKH.pdf (Zugriff: 27.07.2022)

Graefe, S. (2008). Im Gewand von Autonomie. In: BIOSKOP 44/2008, S. 4–5. https://www.bioskop-forum.de/files/downloads/graefe-bioskop44-s4-5.pdf (Zugriff: 19.06.2022)

Gronemeyer, R. (2007). Von der Lebensplanung zur Sterbeplanung. Eine Perspektive der kritischen Sozialforschung. In: Gehring, P./Rölli, M./Saborowski, M. (Hrsg.) (2007). Ambivalenzen des Todes. wbg Academic: Darmstadt, S. 51–59.

Gronemeyer, R. (2012). Projekt Lebensende. Wo ist die Kunst des Sterbens geblieben. Essay von Reimer Gronemeyer. In: SPIEGEL WISSEN 04/2012, S. 124–127.

Haller, S./Schnell, M. (2016). Advance Care Planning (ACP) in der Palliativversorgung. Die Entwicklung und Bewertung eines Gesprächsleitfadens als Instrument für ACP anhand einer Delphi-Studie. In: Pflegezeitschrift 69(02)/2016, S. 103 g-o.

Heller, A./Pleschberger, S. (2017). Editorial. Unplanbares planen. In: Praxis PalliativeCare 37/2017, S. 1.

Heller, A./Schuchter, P. (2017). Patientenverfügungen und Planungseuphorie oder: Die politische Dimension der Vorsorge als ACD (Advance Care Dialogue). In: Praxis PalliativeCare 37/2017, S. 43–45.

Kohlen, H. (2016). Sterben als Regelungsbedarf, Palliative Care und die Sorge um das Ganze. Editorial. In: Ethik in der Medizin 01/2016, S. 1–4.

Marckmann, G./In der Schmitten, J. (2016). Advance Care Planning. Mit vorausschauender Behandlungsplanung zu effektiven Patientenverfügung. In: Bayerisches Ärzteblatt 04/2016, S. 152–153.

Maio, G. (2014). Medizin ohne Maß? Vom Diktat des Machbaren zu einer Ethik der Besonnenheit. TRIAS Verlag: Stuttgart.

Michel, K. (2017). Vorsorgediagnose. Zu den juristischen, institutionellen und sozialen Dimensionen von Patientenverfügungen. In: Praxis PalliativeCare 37/2017, S. 18–20.

Neitzke, G. (2015). Gesellschaftliche und ethische Herausforderungen des Advance Care Plannings. In: Coors, M./Jox, R. J./In der Schmitten, J. (Hrsg.) (2015). Advance Care Planning. Von der Patientenverfügung zur gesundheitlichen Vorausplanung. Kohlhammer: Stuttgart, S. 152–163.

Pleschberger, S. (2017). Von Sinn und Unsinn der Vorausplanung. Advance Care Planning. In: Universum Innere Medizin 03/2017, S. 90–91.

Wosko, P. (2017). Das EPAC White Paper on Advance Care Planning – ein internationales Konsenspapier. In: Praxis PalliativeCare 37/2017, S. 36–37.

3.3.17 Mythos Selbstbestimmung – Der Patient im Mittelpunkt?

a. Ankündigungstext

„Der über sich selbst bestimmen wollende und könnende Mensch ist das viel beschworene Ideal des mündigen Patienten im Gesundheitswesen. Was Selbstbestimmung für mich als Außenstehender bedeutet und was diese für mich als Betroffenen bedeutet, werden wir aus der Sicht zweier theoretischer

Ansätze, der prinzipienorientierten Ethik und der Care-Ethik diskutieren. Welche Rückschlüsse lassen diese prominenten ethischen Ansätze zu, Sorge aus der Perspektive des Betroffenen zu denken und zu leben?" (KEK 2019)

b. Hinführung zum Thema

Unser Wunsch, selbstbestimmt zu leben und zu sterben, ist nach Auffassung der Moderator*innen eine voraussetzungsvolle Idee und also mehr Wunsch als Wirklichkeit und damit „Mythos" – der Titel des Ethik-Cafés möchte provozieren. Aus der Perspektive zweier verschiedener Theorien möchten wir uns in diesem Ethik-Café dem Verständnis von Selbstbestimmung nähern und betrachten, wie sich dieses Verständnis auf unsere sorgende Praxis auswirkt. Dabei wird sich zeigen, wie unterschiedlich die Herangehensweise, wie verschieden die Menschenbilder und wie anders die Perspektiven auf die Praxis der Handelnden in den beiden Theorien sind. Während der Principlism in ethischen Fallbesprechungen ein weitverbreitetes Reflexionsmodell im Kontext der Medizinethik ist, sind care-ethische Ansätze im deutschen Raum noch wenig bekannt und sollen in diesem Ethik-Café deshalb einen besonderen Raum bekommen.

c. Planungsmatrix

Struktur/Phasen	Methoden/Inhalt
Begrüßung	Hinführung zum Thema
(1) Impulse aufnehmen (2) Ideen einbringen	Erfahrungsebene: Wo erlebe ich mich als Patient/Patientin selbstbestimmt im Krankenhaus? ▪ Situationen? ▪ Ich-Perspektive stärken (Im „ich" sprechen) An welche Bedingungen muss Selbstbestimmung geknüpft sein, dass sie im klinischen Kontext zum Tragen kommt?
(3) Ethisch reflektieren – abstrakt denken	Theorieebene: Betrachtung der diskutierten Themen aus zwei Perspektiven ▪ Principlism ▪ Care Ethik
(4) Erkenntnisse gewinnen	Transfer: Von welchen Voraussetzungen hängt es also ab, dass Selbstbestimmung im Krankenhaus überhaupt möglich sein kann?
Abschluss	Ausblick aufs nächste Ethik-Café

d. Gedankenspeicher

Im Gedankenspeicher stellen wir Überlegungen dazu an, wie unterschiedlich sich der Wunsch, selbstbestimmt sterben zu wollen, deuten lässt. Nach einer Gegenüberstellung des Autonomieverständnisses im Sinne des Principlism und der Care-Ethik fügen wir Fragen aus care-ethischer Perspektive an, um den Gegenstand der Selbstbestimmung vertiefend auszuleuchten.

Selbstbestimmt sterben oder Selbstbestimmung im Sterben

Der Wunsch, selbstbestimmt leben, entscheiden und sterben zu dürfen, kann motiviert sein durch Erfahrungen von Abhängigkeit, durch Erfahrungen mit einer Medizin, die für uns überfordernd, schwer verstehbar oder bevormundend sein kann, sowie durch die Furcht vor ungewollten Daseinsweisen: abhängig zu sein aufgrund körperlicher und psychischer Gebrechen, verzweifelt und hoffnungslos zu sein oder sozial isoliert, allein gelassen oder einsam zu sein. Wir wissen nicht, wie selbstbestimmt wir entscheiden können, wenn der Schatten des Todes plötzlich über uns hängt, wenn eine Krankheit uns bedroht, wenn wir wissen, dass wir nicht nur für uns selbst entscheiden, sondern andere von unserer Entscheidung mitbetroffen sind – egal, wie wir uns entscheiden.

Wir möchten unser Sterben und unseren Tod gerne im Griff und unter Kontrolle haben. Das zeigt sich in den Debatten über Sterbehilfe sehr deutlich. Dabei wird stets auf die Möglichkeit, selbst über Zeitpunkt und Art des Versterbens bestimmen zu wollen bzw. zu können, fokussiert. Daneben aber gibt es ein ganz anderes Verständnis von Selbstbestimmung am Lebensende: dass Menschen bestimmen möchten, wann sie gepflegt werden oder nicht mehr gepflegt werden, was und wann sie essen, wann sie aufstehen und zu Bett gehen, welche Besuche sie empfangen etc. Fragen zur Selbstbestimmung von Ort und Zeit eines vorzeitigen Todes scheinen abzulenken von den wichtigen Fragen und Wünschen Sterbender nach Selbstbestimmung im Sinne von Selbstwirksamkeit am Ende des Lebens und von unserer misslichen Lage, dass die Rahmenbedingungen alles andere als günstig sind, um Selbstwirksamkeit zu ermöglichen – angesichts Pflegenotstand, Ökonomisierung des Gesundheitswesens, einer manchmal nicht maßvollen Medizin (Maio 2014) und vor allem angesichts der fehlenden Zeit für Zuwendung. (Baumann und Kohlen 2018)

Selbstbestimmung aus prinziplistischer und care-ethischer Perspektive

Die häufig anzutreffende prinziplistische Herangehensweise in Fallbesprechungen nach dem Modell von Beauchamp und Childress (Näherbestimmen und Abwägen von Autonomie, Wohltun, Nichtschaden und Gerechtigkeit) könnte so verstanden werden, als sei der Mensch autonom und es müsse diese Autonomie geschützt werden. Der Wille wird zunächst individualistisch aufgefasst und erst im Laufe der Fallbesprechung kann durch die Moderation der Perspektivenwechsel angeregt werden, um deutlich zu machen, dass der Wille eines Menschen immer eingebettet ist in sozialen Kontexten, die diesen Willen beeinflussen oder die ihrerseits vom Willen eines Menschen beeinflusst werden.

Für die Care-Ethik ist die Idee des unabhängigen und autonomen Menschen ein Wunsch und also eher Fiktion als Wirklichkeit. (Kittay 2004) Care-Ethik begreift den Menschen in seinem Bezogen-Sein, als Beziehungswesen, der nur im Kontext dieser Beziehungen betrachtet werden kann. Das menschliche Leben in Beziehung geht dem eigenständigen Leben stets voraus. Für das Konzept der Selbstbestimmung bedeutet das, dass das Selbst nicht als etwas aus sich selbst heraus betrachtet werden kann, das irgendwie die Möglichkeit besitzen würde, autonom zu agieren, sondern dass das Selbst erst in der Auseinandersetzung und im Dialog mit anderen oder in der Auffassung seines Bezogen-Seins zu entdecken ist. Das führt zur Einsicht, dass wir erst durch ein Gegenüber zum Selbst werden und also erst im Gespräch mit diesem Gegenüber beispielsweise unsere Werte veräußerlichen und also für uns selbst transparent machen können. Das führt weiter dazu, den Blick kritisch auf die Rahmenbedingungen für private und berufliche Sorge zu lenken. Sorge braucht Zeit für Zuwendung. So braucht eine Sorge, in der Selbstbestimmung sein darf, andere Rahmenbedingungen, damit Selbstbestimmung im Sinne einer gewünschten Selbstwirksamkeit bis zum Schluss möglich sein kann. Care-Ansätze rücken in den Mittelpunkt, „dass es im Umgang mit Kranken und Sterbenden […] darum geht, selbstbestimmtes Handeln situations- und personenbezogen wieder herzustellen, aufrechtzuerhalten und bestmöglich zu gestalten." (Kohlen 2015b, S. 28) Nach Eva Feder Kittay, die stets als Philosophin **und** Mutter einer Tochter mit Behinderung (Kittay 2006) spricht, müssen wir nicht Abhängigkeit, sondern das Leugnen von Abhängigkeit fürchten, weil Abhängigkeit „eine reiche und unentbehrliche Quelle menschlicher Beziehung ist. Unsere Abhängigkeit auf diese Weise zu betonen, stellt menschliche Beeinträchtigungen, Gebrechlichkeit und Zerbrechlichkeit in das Zentrum dessen, was unser Menschsein ausmacht." (ebd.)

„Als tätiges Beziehungsgeschehen zwischen Menschen ist Care grundsätzlich ein asymmetrisches Tun." (Kohlen 2015b, S. 31) Mit dieser Ungleichheit ist eine Dynamik der Macht in Sorgebeziehungen verbunden. „Conradi (2001) betont, dass Fürsorgende stets neu herausgefordert sind, Machtdifferenzen wahrzunehmen, sie zu begrenzen und Konflikte zu thematisieren." (ebd.) Nur wenn wir diese Asymmetrie in Sorge-Beziehungen anerkennen, anerkennen wir auch den daraus abzuleitenden Auftrag:

1. Ausbalancieren der Asymmetrie: Selbstbestimmung immer erst herzustellen
• In der Anerkennung der Person als Person • Im Umgang mit Ekel und Scham • Im Umgang mit der Selbstbestimmtheit der Person
„Durch die achtsame Aktivität der Zuwendung werden die Möglichkeiten selbstbestimmten Handelns erweitert. Selbstbestimmtes Handeln ist nicht Voraussetzung, sondern ein Ergebnis der Zuwendung, Unterstützung und Hilfe." (Conradi 2001, S. 55 f.)
2. Kultur der Aufmerksamkeit füreinander und Bereitschaft zu unterstützen und Hilfe zu leisten
Gustav Heinemann: „Man erkennt den Wert einer Gesellschaft daran, wie sie mit den Schwächsten ihrer Glieder verfährt." (Heinemann 2022)
3. Balance zwischen Fürsorge für andere und Selbstsorge
• Gestalten von Nähe, Distanz und Grenzen (Conradi 2013, S. 10) • Wer hat welche Verantwortung? Für wen? Wem und was gegenüber?
4. Resonanz – Care-Receiving: Reaktion auf Aktion der Sorgenden
• Wurden Bedürfnisse richtig wahrgenommen? • War der Kontakt angemessen? • Wurde das Wohlbefinden verbessert?
5. Dynamik der Macht in Sorgebeziehungen nach dem Mehr-Ebenen-Modell
• Persönliche Macht • Macht in Teams (intraprofessionell) und zwischen Teams (interprofessionell)? • Institutionelle Macht • Gesellschaftliche Macht (Politik, Wirtschaft, Diskurs)

Fazit

Der Principlism erscheint in Fallbesprechungen als eine Ethik der Autonomie – Autonomie ist ein Recht, in der Praxis geht es um die Willensbestimmung. Care-Ethik dagegen ist eine Ethik der Achtsamkeit auf den Menschen in seinen Kontexten: Selbstbestimmung und Selbsttätigkeit sind darin erst herzustellen und näher zu bestimmen. Das hier zugrunde gelegte Mehr-Ebenen-Modell einer mehrdimensionalen Ethik stützt diese Perspektiven: die Perspektiven des auf Pflege angewiesenen Menschen,

der Sorgenden (der einzelne, das Team, die Teams, die Familie, die Nahestehenden), der Institution sowie die gesellschaftliche Perspektive. Das
Konzept der „Autonomie" ist in diesen Rahmen eingebettet – Autonomie
kann nicht vom Individuum, sondern von seiner multidimensionalen
Rahmung aus betrachtet werden.

Literaturhinweise

Beauchamp, T./Childress, J. (1994). Principles of Biomedical Ethics. 4. Aufl.
Oxford University Press: New York/Oxford.
Baumann, M. (2020). „Ich will sterben". Reflexionen über Todeswünsche und
assistierten Suizid im Kontext hospizlicher Praxis. In: die hospiz zeitschrift
palliative care 03/2020, S. 43–47.
Baumann, M./Kohlen, H. (2018). „Zeit des Bezogenseins" als Merkmal einer
sorgeethisch begründeten palliativen Praxis. In: Bergemann, L./Hack, C./
Frewer, A. (Hrsg.) (2018). Entschleunigung als Therapie? Zeit der Achtsam-
keit in der Medizin. Jahrbuch Ethik in der Klinik (JEK) Bd. 11. Verlag Königs-
hausen & Neumann: Würzburg, S. 95–118.
Conradi, E. (2001). Take Care. Grundlagen einer Ethik der Achtsamkeit. Campus
Verlag: Frankfurt am Main.
Conradi, E. (2002). Vom Besonderen zum Allgemeinen – Zuwendung in der
Pflege als Ausgangspunkt einer Ethik. In: Wiesemann, C. et al. (Hrsg.) (2002).
Pflege und Ethik. Leitfaden für Wissenschaft und Praxis. Kohlhammer Ver-
lag: Stuttgart, S. 30–46.
Conradi, E. (2013). Ethik im Kontext sozialer Arbeit. In: EthikJournal
01(01)/2013, S. 1–19. www.ethikjournal.de/fileadmin/user_upload/ethik-
journal/Texte_Ausgabe_1_04-2013/1_2013_1_Conradi_red__freigegeben__
Endversion_.pdf (Zugriff: 26.11.2017)
Conradi, E./Vosman, F. (Hrsg.) (2016). Praxis der Achtsamkeit. Schlüsselbegriffe
der Care-Ethik. Campus Verlag: Frankfurt am Main/New York.
Deutscher Ethikrat (2018).Hilfe durch Zwang? Professionelle Sorgebeziehungen
im Spannungsfeld von Wohl und Selbstbestimmung. Stellung-
nahme. Deutscher Ethikrat: Berlin. https://www.ethikrat.org/fileadmin/
Publikationen/Stellungnahmen/deutsch/stellungnahme-hilfe-durch-zwang.
pdf (16.07.2022)
Fölsch, D. (2017). Ethik in der Pflegepraxis. Anwendung moralischer Prinzipien
auf den Pflegealltag. 3., überarbeitete Aufl. facultas: Wien.
Graefe, S. (2008). Im Gewand von Autonomie. In: Bioskop 44/2008, S. 4 f.
Großmaß, R. (2006). Die Bedeutung der Care-Ethik für die Soziale Arbeit. In:
Dungs, S. et al. (Hrsg.) (2006). Soziale Arbeit und Ethik im 21. Jahrhundert.
Evangelische Verlagsanstalt: Leipzig, S. 319–328.
Heinemann, G. (2022). coronarchiv. https://coronarchiv.geschichte.uni-hamburg.
de/projector/s/coronarchiv/item/13216 (Zugriff: 03.07.2022)
Kittay, E. F. (2004). Behinderung und das Konzept der Care Ethik. In: Graumann,
S. et al. (Hrsg.) (2004). Ethik und Behinderung. Ein Perspektivenwechsel.
Campus Verlag: Frankfurt/New York, S. 67–80.
Kittay, E. F. (2006). Die Suche nach einer bescheideneren Philosophie. Mentalen
Beeinträchtigungen begegnen – herausfinden, was wichtig ist. Dankesrede

anlässlich der Verleihung des ersten IMEW-Preises am 23. Oktober 2006 in der Urania, Berlin. http://www.imew.de/de/imew-preis/imew-preis-2006/die-suche-nach-einer-bescheideneren-philosophie/ (Zugriff: 30.06.2015)

Kohlen, H. (2015a). Care-Ethik in der klinischen Praxis. In: LER 01/2015, S. 14–17.

Kohlen, H. (2015b). Ein Plädoyer für eine Ethik der Care-Praxis. In: Praxis Palliative Care, 28/2015, S. 28–31.

Kohlen, H./Kumbruck, C. (2008). Zur Entwicklung der Care (Ethik) und das Ethos fürsorglicher Praxis (Literaturstudie). Artec-paper Nr. 151. Bremen. www.uni-bremen.de/fileadmin/user_upload/single_sites/artec/artec_Dokumente/artec-paper/151_paper.pdf (Zugriff: 26.11.2017)

Maio, G. (2014). Medizin ohne Maß? Vom Diktat des Machbaren zu einer Ethik der Besonnenheit. TRIAS Verlag: Stuttgart.

3.3.18 Heiligt der Zweck die Mittel? Die aktuelle Debatte zur Organtransplantation

a. Ankündigungstext

„Bislang ist in Deutschland die Entnahme eines Organs nach dem Hirntod nur möglich, wenn die Person ausdrücklich zugestimmt hat. Aktuell geht die Zahl der Organspenden in Deutschland zurück. Es wird nun über Möglichkeiten diskutiert, die Zahl der Organspenden zu erhöhen. Ist die Widerspruchslösung hierfür die Lösung? Dass jeder Spender ist, der nicht widersprochen hat? Was bedeutet das aus ethischer Perspektive, wenn per Gesetzesentscheid jeder automatisch Spender ist? Heiligt der Zweck dann doch die Mittel? Gibt es gute Gründe dafür, dass dem so sein könnte und sollte? Wer ist hier der Patient im Mittelpunkt – der Spender oder der Empfänger?" (KEK 2019)

b. Hinführung zum Thema

In diesem Ethik-Café wird auf die seit Jahren geführte Debatte rund um Organ-Transplantation Bezug genommen:

- Hirntod-Debatte: Wann ist der Mensch tot? Ist der hirntote Mensch tot? Die Phänomenologie der Lebendigkeit des hirntoten Menschen
- Fragen der Allokation und verbindlicher Kriterien im Rahmen der Organ-Verteilung
- Fragen des guten Umgangs mit dem Menschen in der Phase der Konditionierung, die moralischen Konflikte bei den beruflich Sorgenden, Fragen von Schuld, Überforderung und Trauer der An- und Zugehörigen
- Fragen der Entscheidung in Situationen der Organ-Spende: Widerspruchslösung versus Zustimmungslösung. Ethische Theorien in der Wertesteuerung: deontologische und/oder utilitaristische Argumentationen

Die Diskussion nimmt auf die aktuelle politische und öffentliche Debatte Bezug: Zustimmungslösung oder Widerspruchslösung? Was steht damit auf dem Spiel? Welche deontologischen bzw. utilitaristischen Argumente sind Gründe für bzw. gegen das eine und für bzw. gegen das andere? Sowohl deontologische als auch utilitaristische Argumente sprechen für/gegen das eine oder für/gegen das andere. Im Ringen um die Komplexität der Argumentationslinien soll es gelingen, die eigene bisherige Position zu verlassen oder zu begründen.

c. Planungsmatrix

Struktur/Phasen	Methoden/Inhalt
Begrüßung	Hinführung zum Thema
(1) Impuls aufnehmen	Impulsvortrag: Information über aktuellen Stand • Allgemeine Einführung in die ethische Debatte rund um Organ-Transplantation („Mangel" als Stellschraube – welche anderen Stellschrauben gibt es?) • Voraussetzungen einer Organ-Entnahme • Aktuelle Gesetzeslage • Aktuelle Diskussion: Widerspruchslösung versus Zustimmungslösung
(2) Ideen einbringen	Diskussion: Welche Bedeutung hat die aktuelle Diskussion um „Widerspruchslösung versus Zustimmungslösung" für…? • Patient*innen • Angehörige • Professionelle • Institution • Gesellschaftlich verbürgte Haltung Doppelte Widerspruchslösung: Wollen Sie das? Visualisierung
(3) Ethisch reflektieren – abstrakt denken (4) Erkenntnisse gewinnen	Fazit: Visualisierung auf Metaplan erläutern und ethische Auflösung • Deontologie versus Utilitarismus • „Mensch als Selbstzweck" versus „Heiligt der Zweck die Mittel"?
Abschluss	Ausblick aufs nächste Ethik-Café

d. Gedankenspeicher
Der Gedankenspeicher enthält Hintergrundinformationen zum Thema Organtransplantation und führt hin zu den Argumentationslinien rund um eine Widerspruchslösung.

Warum beschäftigen wir uns heute mit dem Thema Organ-Transplantation (TX)

- Hoher Bedarf an Organen versus geringe Zahl an Spenderorganen
- Täglich sterben drei Menschen, weil sie ein lebenswichtiges Organ nicht bekommen konnten
- Was tun? – Mehr Organe:

  - Bedarf steigt weiter: durch Möglichkeiten der Medizin und durch Notwendigkeit von Re-TX (20 % aller TX)
  - Spendebereitschaft ankurbeln: Widerspruchslösung
  - Alternativen entwickeln: Xeno-TX; pluripotente Stammzellen (Organoide); alloplastische TX (Kunstherz)
  - Strukturen verbessern: Spender*innen besser und schneller identifizieren
  - Lebendspende forcieren

Historische Entwicklungen: Rechtslage in Deutschland

- 1954 (TX Niere), 1963 (TX Lunge/Leber), 1965 (TX Pankreas), 1967 (TX Herz)
- 1967 Gründung der Stiftung Eurotransplant (Organvermittlung)
- 1968 Ad-Hoc-Comitee der Harvard Medical School: Hirntod-Konvention
- 1984 Gründung der Deutschen Stiftung Organtransplantation (DSO)
- 1988 Dünndarm
- 1987 Multi-Organ-TX
- 1997 Transplantationsgesetz (TPG) – Erweiterte Zustimmungslösung; Hirntodfeststellung (Procedere)
- 2012 Änderung TPG – Entscheidungslösung; Kontrollmechanismen verschärft; Lebendspende geregelt; TX-Beauftragte
- 2016 Register TX
- 2019 Zweites Gesetz zur Änderung des TPG – TX-Beauftragte aufgewertet; bessere Vergütung einer TX; neurologischer Konsiliardienst; bessere Angehörigenbetreuung

Vergleich mit anderen Ländern

- **Widerspruchsregelung:** Organe dürfen entnommen werden, wenn potentielle Spender*innen einer postmortalen Organentnahme zu Lebzeiten nicht ausdrücklich widersprochen haben
Italien, Luxemburg, Österreich, Portugal, Slowenien, Spanien, Tschechien, Ungarn
- **Erweiterte Widerspruchslösung:** Angehörige haben Widerspruchsrecht
Belgien, Finnland, Norwegen
- **Erweiterte Zustimmungslösung:** Betroffene selbst oder Angehörige
Dänemark, Griechenland, Großbritannien, Niederlande, Schweiz, Deutschland
Japan: Angehörigen müssen zustimmen
- **Informationsregelung:** Organentnahme, wenn kein Widerspruch zu Lebzeiten; Angehörige zu informieren; kein Einspruchsrecht
Frankreich, Schweden

Procedere der Organspende

- Siehe Infos DSO!

Argumentationslinien Organ-TX

- **Begriff und Zeitpunkt des Todes:** Hirntod-Konvention 1968?
- **Fragen der Diagnostik:** Hinreichend exakt?
- **Fragen der Organ-Entnahme:** Konditionierung als organprotektive Behandlung nicht für betroffene Personen, sondern **für** Empfänger*innen; Rahmenbedingungen der Organentnahme in Deutschland; wenn Hirntod nicht gleich Tod, würde der Tod durch die Organentnahme herbeigeführt (dead donor rule einzuhalten)?
- **Risiken/Nutzen für Empfangende:** Aufklärung; Nebenwirkungen; Lebensqualität?
- **Xeno-TX:** Tier zum Zwecke der Organentnahme zu töten; Identität der Empfänger*innen?
- **Gerechte Organ-Allokation:** Gerechtigkeit und Nutzen; Spenderorgane nur an selbst Spendewillige?
- **Freiwilligkeit der Organspende:** Fragen der Einwilligung

Argumentationslinien Widerspruchslösung

1. Freiwilligkeit angesichts moralischen Drucks?
- Nächstenliebe
- Gemeinschaftliche Aufgabe
- Solidarität
- Warteliste (10.000)
- Drei Tote/Tag

Fazit: Statt Freiwilligkeit nicht eher **Pflicht**?

2. Praxis: Werbung statt Aufklärung (Bundeszentrale für gesundheitliche Aufklärung und DSO)
- Verunsicherung bleibt
- An Bildung gebunden
- Befähigung der Mitarbeiter*innen von Krankenkassen zur Aufklärung?

3. Verunsicherung
- Komplexe Materie
- Mensch tot im Hirntodverfahren?
- Bequemlichkeit und Trägheit durch eine solche Lösung gefördert?
- Erzwungene Beschäftigung mit Endlichkeit und Tod?
- Intransparenz des Systems
- 2010/2011 Skandale (Wartelisten manipuliert; 2012 aufgedeckt)
- Berichte über Organhandel/kriminelle Organ-Beschaffung

4. Keine „Spende" mehr bei Widerspruch-Notwendigkeit
- Nötigung zur Entscheidung und Auseinandersetzung
- Nötigung durch moralischen Druck?
- Heute schon keine enge Zustimmung: 70-80% der realisierten Spenden werden aufgrund der Zustimmung der Angehörigen entnommen, dann auch keine Spende, sondern fremdbestimmt
- Staatliche Bevormundung, wie sich gute Bürger*innen zu verhalten haben: zu spenden! Nötigung von Staats wegen

5. Beispiel Spanien „hinkt"
- Hatte zunächst nicht das Erwartete gebracht
- Effekt erst erhöht durch strukturelle Veränderungen im Krankenhaus

6. Selbstbestimmung der Bürger*innen verletzt
- Positives Recht: mein Selbstbestimmungsrecht zu schützen – bei Widerspruchslösung muss ich **mich** schützen

- Schweigen als Zustimmung? Versus GG – Würde des Menschen: Der eigene Körper ist für andere unverfügbar! Also absurde Argumentation: Jede/r ist Spender*in fürs Rote Kreuz – außer er/sie widerspricht…
- Kraft/Fähigkeit fehlt für Auseinandersetzung: rechnet mit Trägheit der Bevölkerung

7. **Verwechslung von Einstellung und Zustimmung (Bereitschaft) in konkreter Situation**
- 2016: 81% positive Einstellung gegenüber Organ-Spende, aber nur 32% haben einen Ausweis

Fazit: Der gute Zweck heiligt nicht jedes Mittel

- Denn „Trick" angewandt – Schweigen bedeutet nicht automatisch Zustimmung
- Keine Pflicht zur Spende
- Kein Recht auf Organe anderer

Stattdessen also: freie Entscheidung.

Literaturhinweise

Angstwurm, H. (2012). Hintergründe zu den Hirntodkriterien der Bundesärztekammer. In: Niederschlag, H./Proft, I. (Hrsg.) (2012). Wann ist der Mensch tot? Diskussion um Hirntod, Herztod und Ganztod. Reihe: Ethische Herausforderungen in Medizin und Pflege. Bd. 3. Matthias Grünewald Verlag: Ostfildern, S. 9–18.

Baumann, M./Kohlen, H./Brandenburg, H. (2014). „Ich pflege lebende Tote". Ethische Überlegungen zur Pflege hirntoter Patienten. In: Zeitschrift für medizinische Ethik 60(04)/2014, S. 339–353.

Bergmann, A. (2022). Organspende – tödliches Dilemma oder ethische Pflicht? Essay. In: Aus Politik und Zeitgeschichte 20–21/2011, S. 10–15.

Conrad, J./Feuerhack, M. (2006). Qualitative und quantitative Interviews mit Pflegenden im Bereich der Transplantationsmedizin/Intensivmedizin. In: Manzei, A./Schneider, W. (Hrsg.) (2006). Transplantationsmedizin. Kulturelles Wissen und Gesellschaftliche Praxis. Darmstädter interdisziplinäre Beiträge 11. agenda Verlag: Münster, S. 183–203.

Deutsche Stiftung Organtransplantation (DSO) (Hrsg.) (2022). DSO Leitfaden für die Organspende. https://dso.de/organspende/fachinformationen/organspendeprozess/leitfaden-f%C3%BCr-die-organspende (Zugriff: 03.07.2022)

Deutscher Ethikrat (2015). Hirntod und Entscheidung zur Organspende. Stellungnahme. Deutscher Ethikrat: Berlin. https://www.ethikrat.org/fileadmin/Publikationen/Stellungnahmen/deutsch/stellungnahme-hirntod-und-entscheidung-zur-organspende.pdf (Zugriff: 16.07.2022)

Deutsches Referenzzentrum für Ethik in den Biowissenschaften (DRZE) (2019). Organtransplantation. https://www.drze.de/im-blickpunkt/organtransplantation (Zugriff: 03.07.2022)

ER/aerzteblatt.de (2019). Bundestag beschließt Organspendegesetz. Donnerstag, 14. Februar 2019. https://www.aerzteblatt.de/nachrichten/101134/Bundestag-beschliesst-Organspendegesetz (Zugriff: 03.07.2022)

Feldmann, K. (2010). Tod und Gesellschaft. Sozialwissenschaftliche Thanatologie im Überblick. 2., überarbeitete Aufl. VS Verlag für Sozialwissenschaften: Wiesbaden.

Geisler, L. S. (2008). Ist die Hirntod-Definition aus biologisch-medizinischer Sicht plausibel? Vortrag am 19. Januar 2008 in Bonn anlässlich der Tagung der Evangelischen Akademie im Rheinland zum Thema: Die Seele und der Tod. Was sagt die Hirnforschung? II. Forum Neuroethik. http://www.linus-geisler.de/vortraege/dd/0801evak_hirntod-plausibilitaet.pdf (Zugriff: 03.07.2022)

Hiemetzberger, M. (2006). Leben und Tod – Pflegende als Grenzgänger. Eine Studie zur Pflege hirntoter Menschen. Facultas Verlag: Wien.

Kalitzkus, V. (2007). Postmortale Organspende im Erleben der Angehörigen. In: Graumann, S./Grüber, K. (Hrsg.) (2007). Grenzen des Lebens. LIT: Berlin, S. 153–164.

Manzei, A. (2012). Der Tod als Konvention. Die (neue) Kontroverse um Hirntod und Organtransplantation. In: Anderheiden, M./Eckart, W. U. (Hrsg.) (2012). Handbuch Sterben und Menschenwürde. Bd. 1. De Gruyter: Berlin/Boston, S. 137–173.

Moskopp, D. (2015). Hirntod. Konzept – Kommunikation – Verantwortung. Thieme Verlag: Stuttgart.

Müller, S. (2011). Wie tot sind Hirntote? Alte Fragen – neue Antworten. In: Aus Politik und Zeitgeschichte 20–21/2011, S. 3–9.

Oduncu, F. (2010). Grundlagen und Konzepte. Hirntod. Hirntod – medizinisch. In: Wittwer, H./Schäfer, D./Frewer, A. (Hrsg.) (2010). Sterben und Tod. Geschichte – Theorie – Ethik. Ein interdisziplinäres Handbuch. J. B. Metzler Verlag: Stuttgart/Weimar, S. 98–103.

Schneider, W./Manzei, A. (2006). Einleitung: Transplantationsmedizin – Kulturelles Wissen und gesellschaftliche Praxis. In: Manzei, A./Schneider, W. (Hrsg.) (2006). Transplantationsmedizin. Kulturelles Wissen und Gesellschaftliche Praxis. Darmstädter interdisziplinäre Beiträge 11. agenda Verlag: Münster, S. 7–25.

Stoecker, R. (2010). Grundlagen und Konzepte. Hirntod. Hirntod – philosophisch. In: Wittwer, H./Schäfer, D./Frewer, A. (Hrsg.) (2010). Sterben und Tod. Geschichte – Theorie – Ethik. Ein interdisziplinäres Handbuch. J. B. Metzler Verlag: Stuttgart/Weimar, S. 103–109.

3.3.19 Der einsame Mensch als Patient im Mittelpunkt?

a. Ankündigungstext

„Wer einsam sei, erkranke häufiger an Krebs, einem Herzinfarkt, Schlaganfall, an Depressionen oder Demenz, so die These von Thomas Hax-Schoppenhorst. Einsamkeit ist ein großes Thema in unserer Gesellschaft und in unserer gesundheitlichen Versorgung. Im letzten Ethik-Café des Jahres wollen wir uns deshalb aus unterschiedlichen Perspektiven dem Phänomen der Einsamkeit widmen. Welche Erfahrungen haben wir im Umgang mit Einsamkeit? Welche Strategien haben wir selbst entwickelt? Wie soll und kann im Gesundheitswesen mit Einsamkeit umgegangen werden?" (KEK 2019)

b. Hinführung zum Thema
Einsamkeit ist ein bedeutendes Phänomen unserer Zeit und Risiko für unsere Gesundheit bzw. Risiko für die Gesundheitssorge – weil Einsamkeit krank machen kann und weil einsame Menschen aus Sorgesystemen verschwinden. Das Phänomen der Einsamkeit soll in diesem Ethik-Café aus der Perspektive der beruflich Sorgenden betrachtet werden und Aufträge für den Umgang mit Einsamkeit in unserer Zeit formuliert werden – als persönliche, berufliche, institutionelle und gesellschaftliche Verantwortung.

c. Planungsmatrix

Struktur/Phasen	Methoden/Inhalt
Begrüßung	Hinführung zum Thema
(1) Impuls aufnehmen (2) Ideen einbringen	Eingangsfrage: Wo und wie erleben Sie Einsamkeit in Ihrem privaten und im beruflichen Umfeld? Diskussion Visualisierung
(3) Ethisch reflektieren – abstrakt denken	Was ist Einsamkeit? Definition
(4) Erkenntnisse gewinnen	Vortrag + Diskussion
Abschluss	Ausblick aufs nächste Ethik-Café

d. Gedankenspeicher
Im Gedankenspeicher wird das Phänomen „Einsamkeit" aus der Perspektive aktueller Literatur näher beschrieben und fasst die dort genannten Ergebnisse zusammen. (Schoppenhorst 2018a, b; Spitzer 2018; Spiewak 2019)

1. Einführung „Einsamkeit" – Warum ist Einsamkeit ein wichtiges Thema unserer Zeit?

- **Einsamkeit ist ein gesellschaftliches Phänomen und ein gesundheitswirksames Phänomen**
  Martin Spiewak (DIE ZEIT) schreibt 2019: „Das unfreiwillige Alleinsein ist eine Epidemie, die sich in der Gesellschaft ausbreitet und viele Menschen krank macht." (Spiewak 2019)
- **Einsamkeit macht krank**
- **Einsamkeit erhöht das Sterberisiko**
  Martin Spiewak (DIE ZEIT) berichtet: „Eine Welle medizinischer Studien erkundet die gesundheitlichen Folgen der Einsamkeit. Vivek Murthy, der oberste Gesundheitsverantwortliche unter Präsident Obama, nannte die Einsamkeit eine Epidemie mit ähnlichen Folgen wie starkes Übergewicht oder das Rauchen von 15 Zigaretten am Tag." (ebd.)
- **Seit 2018 ist das Phänomen Einsamkeit in aller Munde**
  Thomas Hax-Schoppenhorst hat 2018 das Einsamkeits-Buch herausgegeben.
- **Das Einsamkeitsrisiko wird auf den Einzelnen abgeschoben**
- **Definition**
  Einsamkeit „ist das quälende Bewusstsein eines inneren Abstands zu den anderen Menschen und die damit einhergehende Sehnsucht nach Verbundenheit in befriedigenden, sinngebenden Beziehungen." (Reinhold Schwab in Schoppenhorst 2018b)
- **Einsamkeit als Thema der persönlichen, gesundheitlichen und gesellschaftlichen Sorge**

2. Relevanz des Themas: Einsamkeit als Folge und Ursache von Krankheit

- **Gesellschaftliches Phänomen (Spiewak stellt in DIE ZEIT folgende Zahlen zusammen: ZEIT 2019)**

  - Seit 2018 in aller Munde
  - 10–15 % der Deutschen leiden zeitweise unter Einsamkeit (Studie Psychologin Maike Luhmann)
  - Bei den über 85jährigen: 20 % Einsamkeit
  - Die Zahl der Hochbetagten steigt – ohne Geschwister und Freund*innen
  - 42 % der Deutschen wohnen in einem Single-Haushalt
  - 20 % der Paare kinderlos

- 30 % der Ehen enden mit einer Scheidung
- Amtsbestattungen: 2000 3 %, heute 6 %; keine Angehörigen; von Behörden bestattet
- Sozial isolierte Menschen sind anfällig für Verschwörungstheorien
- Einsamkeitsrisiko auf den Einzelnen abgeschoben

- **Einsamkeit hat viele Gesichter**

  - Einsamkeit tut weh: schmerzhaft
  - Heimweh, Trauer, Liebeskummer als Varianten des Einsamkeitsschmerzes
  - Wochenlang niemand zum Reden haben
  - Einsamkeit macht stumm: viele ältere Menschen sprechen oft über einen Monat mit niemandem
  - Soziale Pflegebedürftigkeit (Praxisbesuche)
  - Einsames Sterben

- **Gesundheitswirksames Phänomen**

  - Einsamkeit macht krank oder ist die Folge von Krankheit
  - Erhöhtes Sterberisiko

3. Definitionen: sich einsam fühlen

- **Definition 1: R. Schwab**
  Einsamkeit als „das quälende Bewusstsein eines inneren Abstands zu den anderen Menschen und die damit einhergehende Sehnsucht nach Verbundenheit in befriedigenden, sinngebenden Beziehungen." (Schwab in Schoppenhorst 2018b)
- **Definition 2: K. S. Rook**
  Einsamkeit als Zustand seelischer Belastung in Situationen des Rückzugs, der Zurückweisung, des Fehlens geeigneter Sozialpartner für Aktivitäten, die ein Gefühl sozialer Einbindung und Möglichkeiten emotionaler Vertrautheit bieten. (Rook in ebd.)
- **Definition 3: T. Hax-Schoppenhorst**
  Gefühl, nicht mit anderen Menschen verbunden zu sein. (ebd.)

4. Risikofaktoren für Einsamkeit

- **Körperliche, psychische, mentale Beeinträchtigungen**

  - Chronisch kranke und psychisch kranke Patient*innen

- Schmerzpatient*innen
- Menschen mit Behinderungen
- Menschen mit körperlichen Veränderungen: Stigma durch Amputationen/ Hautveränderungen/Haarverlust
- Massiv übergewichtige Menschen
- Beeinträchtigte Mobilität: Lähmung, Amputation etc.
- Unfähigkeit, Wohnung zu verlassen
- Inkontinenz
- Veränderte Sinneswahrnehmungen (sehen/hören)
- Kommunikationsbarrieren: Sprechstörung etc.
- Mentale Beeinträchtigungen
- Fatigue
- Therapeutisch bedingte Isolation: Immunsuppression, Infektiöse Erkrankungen
- Scham führt zu Einsamkeit

- **Alter**

  - Singlehaushalte
  - über 65 J.: Frauen (50 %), Männer (20 %)
  - über 85 J.: Frauen (75 %), Männer (30 %)
  - Jugend: Urbanisierung (Anonymisierung); Mediatisierung; 17 % der 18–29-Jährigen fühlen sich ständig oder häufig einsam
  - 200.000 Senior*innen in GB sind vollständig allein: sprechen oft über einen Monat mit niemand
  - Bis 2030: Verdoppelung der Zahl der Single-Haushalte auf 80 %? Bei den über 60-Jährigen mindestens 40 %

- **Soziale Faktoren**

  - Sozioökonomischer Status: Armut, Erwerbslosigkeit
  - Migrationshintergrund
  - Sprache
  - Bildung
  - Hautfarbe
  - Religionszugehörigkeit
  - Rückzug in virtuelle Welten

- **Verlusterfahrung: Bezugsperson**

  - Tod
  - Scheidung

- **Flüchtlinge**

  – Flüchtlinge: Einsamkeit in der Fremde
  – Sehnsucht nach der alten Heimat

- **Menschen in sozialen Berufen**
  Bsp.: Menschen in Gesundheitsberufen, die unter der Last des Alltags leiden, ohne sich mitteilen zu können

  – Burnout
  – Coolout

5. Einsamkeit im Verborgenen – Einsamkeit wird versteckt

- Unfreiwilliges Allein-Sein wird versteckt
- Einsame Entscheidungen
- Einsamkeit erzeugt Scham
  Einsamkeit als Makel
  Teufelskreis Scham-Einsamkeit
- Telefonseelsorge 2013: 2,4 Mio. Anfragen – (1) Familiäre Beziehungen, (2) Alltagsbeziehungen, (3) Einsamkeit
- Einsames Sterben: Tod in der Wohnung, nicht vermisst

6. Einsamkeit macht krank

Anthropologische Voraussetzungen: Mensch ein soziales Wesen. Mensch auf Inklusion, auf positive emotionale Zuwendung, auf Bindung existenziell angewiesen.

- **Lebensqualität allgemein**
  Lebensqualität schwindet

- **Körperliche, psychische, mentale Symptome**
  Metastudie: US-Psychologin Julianne Holt-Lunstadt (Spiewak 2019)

  Wirkung und Wirkendes

  – Beeinträchtigung des Immunsystems: arbeitet in Gesellschaft besser
  – Stress
  – Ungesunde Ernährung
  – Reduktion körperlicher Aktivität
  – Schlafstörungen
  – In Krankheit allein

Auswirkungen

- Begünstigung depressiver Symptome
- Beeinträchtigung der psychischen Gesundheit
- Beeinträchtigung der kognitiven Leistungsfähigkeit: eher dement
- Probleme der Alltagsbewältigung
- Begünstigung von Bluthochdruck – Langzeit-Studie in Neuseeland: sozial isoliert aufgewachsene Kinder haben als 26-Jährige ein höheres Risiko eines dauerhaft erhöhten Blutdrucks und eines erhöhten Kortisol-Spiegels (Stress)
- Begünstigung von Gefäßschäden: 42 % erhöhtes Herzinfarktrisiko; höheres Risiko für Schlaganfall
- Begünstigung von Adrenalinanstieg
- Begünstigung von Entzündungen

- • **Vorzeitiges Sterben**

7. Was ist zu tun?
Reduktion von Isolation und Einsamkeit – bevor Menschen sich zurückziehen. Danach kaum mehr zu erreichen. Soziale Einbettung als Schutzfaktor. Gemeinschaft gezielt herstellen.

- • **Persönlich**

  - Frühe Kindheit, Bindung (gesundheitliche Schäden bereits in den 20ern)

- • **Institutionell: Förderung von Gemeinschaftsaktivitäten**

  (1) Strukturelle wohnliche Rahmenbedingungen
  (2) Nachbarschaftlichkeit
    - Vereine
    - Nachbarschaftsinitiativen, Kontaktbörsen, Besuchsdienste etc.
    - Initiative Silbernetz: Gesprächshotline (Berlin) – „einfach mal reden" – www.silbernetz.org (Silverline: Silverline-Freund) (Bsp.: Wann zuletzt mit einem Menschen gesprochen? – Vor drei Wochen im Krankenhaus.)
    - nebenan.de: Nachbarn im Viertel kennen lernen
    - Chatter tables: in Großbritannien wurden „Plaudertische" eingerichtet, damit Menschen, die Lust zum Reden haben, auch wenn sie sich nicht kennen, sich dort spontan treffen können
    - Großelterndienste

(3) Kommunale Steuerung
   – Kommunale Angebote
   – Kommunale Information

- **Gesellschaftlich**

(1) Steuerpolitik
   – Schere zwischen arm/reich
   – Sicherung der Grundbedürfnisse

(2) Öffentliche Kampagnen gegen Einsamkeit
   – Dänemark
   – Australien

(3) Britisches Modell: Einsamkeitsministerin
   – + 2016 Jo Cox: Für Menschen, die vom Rest vergessen sind
   – Kommission gegen Einsamkeit
   – 2018 Tracey Crouch: erste Einsamkeitsministerin Großbritanniens (minister of loneliness) – versus chronische Einsamkeit
   – 2019: Mims Davies
   – 2020: Diana Barrau
   – Mehr Mittel für lokale Initiativen
   – Auftrag an Wissenschaft (Ursachen)
   – Öffentliche Kampagne vs. Stigmatisierung
   – Ärzt*innen (GB): jede/r 10. Praxisbesucher*in nicht krank, sondern einsam
      – Statt Pillen soziale Kontakte verschreiben: social prescribing
      – Über Hilfsangebote im Stadtteil informieren
      – Vermittlung von Besuchsdiensten

Literaturhinweise

Hax-Schoppenhorst, T. (Hrsg.) (2018a). Das Einsamkeits-Buch. Wie Gesundheitsberufe einsame Menschen verstehen, unterstützen und integrieren können. Hogrefe Verlag: Bern.
Hax-Schoppenhorst, T. (2018b). „Einsamkeit – eine zentrale Herausforderung an das Gesundheitswesen". Vortrag in Wien am 19. Oktober 2018. https://dreilaenderkongress.at/wp-content/uploads/2018/10/Hax-Schoppenhorst.pdf (Zugriff: 30.07.2022)
Spiewak, M. (2019). Gegen die Einsamkeit. In ZEIT ONLINE 03.04.2019.
Spitzer, M. (2018). Einsamkeit – die unerkannte Krankheit: schmerzhaft, ansteckend, tödlich. Droemer Knaur GmbH: München.

3.3.20 Robotik in der Pflege alter und kranker Menschen

a. Ankündigungstext

„Das Thema Robotik gewinnt in Deutschland an Bedeutung. Die gesellschaftliche Debatte um die Herausforderungen der demografischen Entwicklung wird genutzt, um technologische Lösungsoptionen für soziale Problemlagen zu erproben. Was sind die Potenziale und Risiken von Pflegerobotik? Was meinen die potenziellen Zielgruppen von morgen dazu? Was bedeutet Robotik für die Idee einer professionellen Pflege als personenbezogene Dienstleistung und für die Idee einer sorgenden Gesellschaft?" (KEK 2020)

b. Hinführung zum Thema

Robotechnik im Gesundheitswesen umfasst sehr unterschiedliche Formen der technischen Assistenz. Deshalb fragen wir zu Beginn des Ethik-Cafés nach den Vorstellungen und möglicherweise auch Erfahrungen, die die Teilnehmer*innen von Robotik in der Pflege haben. Die Ergebnisse des Brainstormings ordnen wir metaethisch den unterschiedlichen Formen der Assistenz durch Robotechnik zu. Ausgehend vom nun gemeinsamen Verständnis von Robotik suchen wir nach Argumentationen, die für oder gegen Robotik sprechen – und das aus drei verschiedenen Perspektiven: der auf Pflege angewiesenen Menschen, der beruflich Sorgenden und der Gesellschaft. Welche Bedeutung hat Robotik für sie? Welchen primären Zweck hat die Robotik im Gesundheitswesen? Die Verbesserung der Situation von auf Pflege angewiesenen Menschen und der beruflich Sorgenden oder kompensieren Roboter den Pflege- und Zeitmangel im System Gesundheitswesen und ist die Verbesserung der Situation von auf Pflege angewiesenen Menschen und der (beruflich Sorgenden) ein sekundärer Benefit? Am Ende des Ethik-Cafés wird diese Frage aus der Perspektive einer Repräsentativbefragung beantwortet werden. (Zwick/Hampel 2019)

c. Planungsmatrix

Struktur/Phasen	Methoden/Inhalt
Begrüßung	Hinführung zum Thema
(1) Impuls aufnehmen (2) Ideen einbringen	Impulsfrage: Welche Vorstellung von Robotik in der Pflege haben Sie?
(3) Ethisch reflektieren – abstrakt denken	Konkretion im Vortrag: Beispiele für Robotechnik Bilder und Erläuterung
(4a) Erkenntnisse gewinnen	Für und Wider Pflegerobotik – aus drei Perspektiven • Bedeutung für Menschen, die auf Pflege angewiesen sind • Bedeutung für Pflegende • Bedeutung für Gesellschaft – dass wir Pflegerobotik brauchen… Diskussion und Visualisierung
(4b) Erkenntnisse gewinnen	Vorstellung einer Studie
Abschluss	Ausblick aufs nächste Ethik-Café

d. Gedankenspeicher

Im Gedankenspeicher werden zunächst vier Zwecke der Robotik benannt. Wir weisen anschließend auf die Stellungnahme des Deutschen Ethikrates (2020) zur Robotik in der Pflege hin, der aus ethischer Perspektive drei Einsichten benennt, die ihm in diesem Zusammenhang bedeutsam sind. Es folgt die Unterscheidung der Robotik-Systeme nach Einsatzbereich und Funktion nach Hülsken-Giesler und Daxberger. (2018) Abschließend findet sich eine Gegenüberstellung des Für und Wider von Robotik in der Pflege.

Vier Zwecke der Robotik lassen sich unseres Erachtens unterscheiden:

1. **Roboter ersetzen Menschen.** In der Industrie ersetzen Roboter für routinierte Produktionsprozesse Menschen. Aus der Perspektive der Ersetzten haben Roboter Menschen aus diesen Prozessen verdrängt. Aus der Perspektive der Ökonom*innen bedeutet das eine höhere Effektivität bei verminderter Fehlerquote und eine höhere Effizienz durch Einsparen von Personalkosten und durch eine qualitätskonstante Produktionskette. Im Gesundheitswesen könnten Pflegende durch Roboter aus bestimmten Handlungsroutinen (kontinuierliches Anbieten von Getränken) verdrängt werden, der Einsatz in sozialen Handlungsfeldern bleibt vermutlich auch künftig begrenzt.

2. **Roboter ergänzen Menschen.** Im OP können Roboter Menschen nicht ersetzen, aber ergänzen durch eine höhere Präzision bei chirurgischen Eingriffen. Roboter können auch in der Prothetik menschliche Funktionen wiederherstellen oder ergänzen.

3. **Roboter assistieren Menschen.** Aus Sicht der Betroffenen finden sie Assistenz in häuslichen Tätigkeiten, möglicherweise auch in Pflege-handlungen. Aus Sicht der beruflich Sorgenden assistieren Roboter bei Routineaufgaben wie oben beschrieben oder aber bei körperlich schwierigen Pflegetätigkeiten. Transportroboter befördern leichte und schwere Güter von A nach B.

4. **Roboter entlasten Menschen.** Sie entlasten Betroffene bei häuslichen Tätigkeiten. Sie entlasten die beruflich Sorgenden von Routinehand-lungen, zeitlich und körperlich.

Stellungnahme des Deutschen Ethikrates (2020)

Der Deutsche Ethikrat (2020) gibt unseres Erachtens hilfreiche Hinweise zur Orientierung in diesem Thema. Seine Stellungnahme „befasst sich mit Robotik in der Pflege, vermeidet es jedoch, von *Pflegerobotern* zu sprechen. Dieser Begriff könnte als Prognose missverstanden werden, Roboter würden künftig gleichrangig neben oder anstelle von menschlichen Pflegekräften agieren. Ein solches Szenario ist nach Überzeugung des Deutschen Ethik-rates nicht realistisch – und auch nicht wünschenswert. Was die Realisierbarkeit vollwertiger robotischer Pflegekräfte betrifft, ist zunächst darauf hinzuweisen, dass ihre Einschätzung nicht nur vom technischen Fortschritt, sondern wohl auch von begrifflichen Vorentscheidungen abhängt. Es ist unklar und erscheint vielen zweifelhaft, ob es sinnvoll ist, das äußere Verhalten eines Roboters in Begriffen menschlichen Handelns, seine Reaktionen auf externe Stimuli in Begriffen mentaler Zustände und seine Interaktionen mit Menschen in Begriffen personaler Kommunikation zu beschreiben." (Deutscher Ethikrat 2020, S. 11)

Für den Deutschen Ethikrat erscheinen in Handlungsabläufen, „in denen technische Produkte zum Zweck der Funktionssteigerung oder zur signifikanten Entlastung menschlicher Akteure eingesetzt werden, [...] aus ethischer Perspektive drei Einsichten besonders bedeutsam:

Erstens bedarf das Nachdenken über ein gutes Zusammenspiel von Mensch und Maschine gerade im Kontext sensibler Handlungsformen an und mit besonders vulnerablen Personengruppen einer *umfassenden* Betrachtung. Dabei sollte nicht nur die Anwendung robotischer Systeme vor dem Horizont der besonderen Bedürfnisse und Gefährdungen sämtlicher für das Handlungsfeld der Pflege relevanter Akteursgruppen reflektiert, sondern schon die technologische Entwicklung solcher Systeme von Anfang an kritisch begleitet und das System von Designer, Anwender und Produkt als funktionale Einheit betrachtet werden.

Zweitens sind in diesen Prozessen unterschiedliche Verantwortungsformen und -ebenen voneinander zu unterscheiden. Um einer Erosion von Verantwortung vorzubeugen, bedarf es der Etablierung transparenter Verantwortungsstrukturen, die individuelle und kollektive Zuständigkeiten klar identifizierbar und die tatsächliche Verantwortungsübernahme auch wirksam kontrollierbar machen.

Drittens ist im Blick auf die qualitativ hochwertige Erbringung pflegerischer Leistungen festzuhalten, dass Robotertechnik grundsätzlich ein *komplementäres* und nicht ein *substitutives* Element der Pflege darstellt, das immer in ein personales Beziehungsgeschehen eingebettet sein muss." (ebd. S. 12 f.)

Unterscheidung der Systeme nach Einsatzbereichen und Funktion
(Hülsken-Giesler und Daxberger 2018)

Sozio-assistive Systeme inkl. Emotionsroboter

Effekt
- Unterstützung der sozial-kommunikativen Aspekte im Bereich der Pflege
- Unterstützung von Menschen mit Demenz
- Verbesserung der Kommunikation
- Erhöhung der Unabhängigkeit
- Verbesserung der Lebensqualität
- Entlastung pflegender An- und Zugehöriger
- Verringertes Allergiepotential und Pflegeaufwand (im Vergleich zu lebenden Tieren)
- Entspannung

1. Humanoide Roboter

„Pepper"
- 2014, 1,20 m, 28 kg. Etwa € 20.000.- 12 Stunden Laufzeit
- Hat die Größe eines Kindes, einen runden Kopf mit überproportional großen Augen, ein niedliches Gesicht, die Sprechweise in einer hohen kindlichen Stimmlage
- Besitzt vorinstallierte Apps für Sprache und Bewegung
- Durch Gesichtserkennung kann er Personen identifizieren
- Er kann durch eine Analyse von Mimik und Gestik sowie durch die akustische Analyse der Lautstärke der Stimme und der Wortwahl emotionale Grundstimmungen erkennen
- Er kann anhand der Analyseresultate der emotionalen Zustände auf sein menschliches Gegenüber adäquat reagieren: in Form von nachgeahmter Mimik (Imitation des Lidschlags, Augenfarbe) sowie von Gesten und Körperhaltungen
- Kognitive Spiele: Witze; unterhält ältere Menschen; Entertainer
- Bewegungstherapie: Animiert ältere Menschen - gegen Langeweile

„Ri-Man"
- Riken, Japan, 2006, 1,58 m, 100 kg
- Soll als Roboter in der Altenpflege einsetzbar sein – als künstlicher Altenpfleger
- Soll künftig bis zu 70 kg schwere Personen aufheben und herumtragen können
- Kann sehen und hören und zwischen acht unterschiedlichen Gerüchen unterscheiden
- Derzeit kann er bis zu zwölf kg schwere Testdummies orten, ihr Gewicht bestimmen, diese aufheben und durch den Raum tragen
- RIBA 2009 I + 2011 II (230 kg) wurden weiterentwickelt zu Robear (140 kg)
- Robear ist besser geeignet für enge Räume, sein Fahrwerk ist kleiner, er kann Teile davon zur besseren Kippsicherheit ausfahren

„Elevon"
- Teilautonomer Lifter für die Aufnahme und den Transport von Personen

2. Roboter in Tiergestalt

„Emotionsrobbe PARO"
- 2001 (seit 2004 im Verkauf), 60 cm lang, dem Jungen einer Sattelrobbe nachempfunden, etwa € 5.000.-
- www.parorobots.com
- Emotionsroboter bei dementiell erkrankten Menschen: soll beruhigend wirken – entsprechend den Erfahrungen der tiergestützten Therapie

- PARO hat unter seinem flauschigen hellen Fell eine taktile Sensorik. Er nimmt wahr, wenn er gestreichelt wird. Er reagiert darauf mit der Bewegung des Schwanzes, des Kopfes und der Augen.
- PARO reagiert auf Geräusche und macht selbst Geräusche, die denen von Sattelrobbenjungen ähneln. Er kann Namen lernen

Serviceroboter für Pflegende sowie für Menschen mit Hilfsbedarf

Effekt
- Serviceleistungen
- Logistisch-organisatorische Aspekte der Pflegearbeit
- Bisher kaum Unterstützung der direkten, patient*innennahen Pflegearbeit
- Unterstützung von Mobilität

1. Transportsysteme für Pflege

„Intelligenter Pflegewagen"
Er kann per Smartphone zum gewünschten Einsatzort bestellt werden, an den er selbstständig navigiert – auch unter Nutzung eines Fahrstuhls. Er erkennt mithilfe eines 3D-Sensors und einer Objekterkennungs-Software entnommenes Material. Der Verbrauch wird automatisch dokumentiert. Wenn Pflegeutensilien zur Neige gehen oder die Akkuleistung knapp wird, fährt er nach Freigabe durch das Pflegepersonal ins Lager/an die Ladestation. Er ist modular aufgebaut, so dass er an verschiedene Einsatzszenarien und Praxisanforderungen angepasst werden kann: in der Altenpflege stellt er Wäscheutensilien bereit, im Krankenhaus Verbandsmaterial. Er ist immer abgeschlossen - die Pflegenden öffnen ihn per Tablet. Er kann auf diese Weise Materialien transportieren, die sonst in abgeschlossenen Räumlichkeiten gelagert und bei Bedarf erst geholt werden müssten.

„Casero"
- Fahrerloses Transportsystem
- Mittels Sensoren und Kameras fährt der Robo-Packesel über die Gänge, ohne gegen eine Wand oder einen Menschen zu stoßen. Er kann Aufzug fahren, den er über einen drahtlosen Internetzugang ruft
- Er kann bis zu 100 kg schwere Lasten schleppen
- Zweck: Wäschetransport, Unterstützung der Nachtschicht

2. Mobiler Roboterassistent zur aktiven Unterstützung im häuslichen Umfeld und im Pflegeheim

„Care-O-Bot 3"
- Mannshoher Roboter, Bildschirm vorne, Greifarm im Rücken, etwa € 250.000.-
- Er kann Bewohner*innen von Pflegeheimen Wasser reichen. Er verneigt sich dabei. Er fragt: "Guten Morgen, mögen Sie etwas trinken?" Er fügt den Namen der Bewohner*innen hinzu, die er mittels eingebauter Kamera erkennt
- Er führt ein Trinkprotokoll
- Über sein Display können die Bewohner*innen spielen
- Er spielt Lieder
- Auch zu nutzen als mobiler Info-Kiosk (Museum, Flughafen etc.) und Hol- und Bringedienst (Heime, Büros etc.)

Rehabilitationsrobotik

Unterstützung bei bestimmten Erkrankungen (Schlaganfall, Autismus, MS, Parkinson etc.).

Robotergestützte Assistenzsysteme für die Bewegungsrehabilitation bilden die Vielfalt menschlicher Bewegungen sowie das komplexe haptische Interaktionsverhalten von Therapeut*in und Patient*in ab. Sie erfüllen sehr hohe Sicherheitsanforderungen: sie verfügen über sichere Kinematiken und interaktive Robotersteuerungen. Sie wurden in Patient*innenstudien evaluiert.

Für und Wider von Robotik in der Pflege
(Zwick/Hampel 2019)

Definition: Autonome Systeme nach dem Prinzip „sense-think-act". Maschinelle Wahrnehmung wird in maschinelle Handlung überführt.

Für	Wider
Auf Pflege angewiesene Menschen	
Versorgungssicherheit und -qualität angesichts des demografischen Wandels	Bisher wenig Nutzer- und Alltagsorientierung, eher technikorientiert (technologische Innovation) • Soziotechnische Innovation erforderlich • Fokussierung auf spezifische Bedarfe, Bedürfnisse und Besonderheiten in den verschiedenen Handlungsfeldern der Pflege
Sicherheit	
Mobilität	
Ernährung	
Kommunikation	Menschliche Zuwendung
	Gute Pflege = Menschliche Zuwendung
Vernetzung mit informeller und formeller Pflege verbessern	Nutzung/Schulung (Unterschied bei Erwartungen an smart home und Erfahrungen damit)
Alltags- und lebensweltnahe Unterstützung	
Längerer und selbstständigerer Verbleib im gewünschten Wohnumfeld	
Autonomie	
Freundlich	„Freundlich"
	Das hochtechnisierte Pflegeheim
Intime Situationen • Intimpflege • Toilettengang	Bestimmte Situationen • Beratung während einer Schwangerschaft • Körperpflege

Pflegende	
Psychische und physische Entlastung	Versus Pflegende ersetzen
Entlastung führt zu mehr Zeit	
Erhebung medizinisch-pflegerischer Daten und Transfer per Internet in Echtzeit	Nutzung/Schulung
	Reflexive Kompetenz auszubilden, wann Einsatz von Pflegerobotik indiziert ist
	Entpersonifizierung
	Deprofessionalisierung

	Charakteristika professioneller Pflege als Maßstab
	
	  • Personenbezogene Dienstleistung
	  • Interaktions- und Beziehungsarbeit
	
	D.h.:
	  • Kooperationsbereitschaft (Vernetzung der Dienstleitungssysteme)
	  • Gefühlsarbeit
	  • Subjektivierendes Arbeitshandeln

Gesellschaft, Politik	
Einsatz von Robotern in sozialen Bezügen paradigmatisch und pragmatisch vorbereitet (Akzeptanz) für künftige Gesellschaften	Eher technikgetrieben, weniger bedürfnisorientiert
Ökonomische Effizienzkriterien	Ökonomische Effizienzkriterien
	Nur Wohlhabende erhalten künftig Menschen als Pflegende?

Literaturhinweise

Becker, H. (2018). Robotik in der Gesundheitsversorgung: Hoffnungen, Befürchtungen und Akzeptanz aus Sicht der Nutzerinnen und Nutzer. In: Bendel, O. (Hrsg.) (2018). Pflegeroboter. Springer Gabler: Wiesbaden, S. 229–248.

Bendel, O. (Hrsg.) (2018). Pflegeroboter. Springer Gabler: Wiesbaden. https://link.springer.com/content/pdf/10.1007/978-3-658-22698-5.pdf (Zugriff: 05.07.2022)

Deutscher Ethikrat (Hrsg.) (2020). Robotik für gute Pflege. Stellungnahme. Deutscher Ethikrat: Berlin. https://www.ethikrat.org/fileadmin/Publikationen/Stellungnahmen/deutsch/stellungnahme-robotik-fuer-gute-pflege.pdf (Zugriff: 05.07.2022)

Früh, M./Gasser, A. (2018). Erfahrungen aus dem Einsatz von Pflegerobotern für Menschen im Alter. In: Bendel, O. (Hrsg.) (2018). Pflegeroboter. Springer Gabler: Wiesbaden, S. 37–62.

Hülsken-Giesler, M./Daxberger, S. (2018). Robotik in der Pflege aus pflegewissenschaftlicher Perspektive. In: Bendel, O. (Hrsg.) (2018). Pflegeroboter. Springer Gabler: Wiesbaden, S. 125–139.

Kehl, C. (2018). Wege zu verantwortungsvoller Forschung und Entwicklung im Bereich der Pflegerobotik. Die ambivalente Rolle der Ethik. In: Bendel, O. (Hrsg.) (2018). Pflegeroboter. Springer Gabler: Wiesbaden, S. 141–160.

Kreis, J. (2018). Umsorgen, überwachen, unterhalten – sind Pflegeroboter ethisch vertretbar? In: Bendel, O. (Hrsg.) (2018). Pflegeroboter. Springer Gabler: Wiesbaden, S. 213–228.

Krüger-Brand, H. E. (2020). Robotik in der Pflege. Ethikrat sieht großes Potenzial. In: Deutsches Ärzteblatt 117(12)/2020. https://www.aerzteblatt.de/archiv/213177/Robotik-in-der-Pflege-Ethikrat-sieht-grosses-Potenzial (Zugriff: 05.07.2022)

Pijetlovic, D. (2020). Das Potential der Pflege-Robotik. Eine systemische Erkundungsforschung. Reihe: Systemaufstellungen in Wissenschaft und Praxis. Springer Gabler: Wiesbaden.

Remmers, H. (2018). Pflegeroboter: Analyse und Bewertung aus Sicht pflegerischen Handelns und ethischer Anforderungen. In: Bendel, O. (Hrsg.) (2018). Pflegeroboter. Springer Gabler: Wiesbaden, S. 161–179.

Zwick, M. M./Hampel, J. (2019). Cui bono? Zum Für und Wider von Robotik in der Pflege. Ergebnisse einer Repräsentativbefragung. In: Zeitschrift für Technikfolgenabschätzung in Theorie und Praxis 28(02)/2019, S. 52–57.

3.3.21 Ethische Konflikte in Zeiten einer Pandemie

a. Ankündigungstext

Was lernen wir aus der Corona-Krise? – Die COVID-19-Pandemie fordert die Mitarbeiter*innen von Einrichtungen des Gesundheitswesens in beispielloser Weise heraus. Die Maßnahmen, die getroffen werden, um die Gesundheit zu schützen, werfen vielfältige ethische Fragen auf, die nach Klärung verlangen. Es sind Fragen nach gerechten Verteilungskriterien bei begrenzten Ressourcen, Fragen nach dem gesundheitlichen Schutz des Personals, Fragen der Auswirkung der Pandemie auf die Mitarbeiter*innen und Fragen der Auswirkung der Maßnahmen auf die Patient*innen in Krankenhäusern und auf die Bewohner*innen in Pflegeeinrichtungen. Was sind unsere Fragen angesichts der Corona-Krise? (Ausschreibungstext für Klinik und Hospiz)

b. Hinführung zum Thema

Das Jahr 2020 war in vielerlei Hinsicht ein besonderes Jahr. Völlig unerwartet brach ein Virus in unser Leben ein. Ein Virus, das unser aller

Leben durcheinanderwirbelte, das Menschen in die soziale Isolation zwang, das einsame Menschen noch einsamer machte, das Vielen das Leben nahm und ins Leben der Hinterbliebenen oft tiefe Wunden riss. Auf einmal war alles ganz anders. Plötzlich ist unser aller Leben bedroht und auch die Erfahrung der Selbstverständlichkeit sozialer Nähe hat sich verändert. Nähe muss begründet werden. In diesem Ethik-Café sprechen wir über die Schwierigkeit eines gut begründeten Handelns in Zeiten einer Pandemie, in der es kein richtig oder falsch gibt, sondern nur gut begründetes Handeln, das mit einem Rest-Risiko behaftet bleibt. Welche ethischen Konflikte können identifiziert werden? Sind die weltweit getroffenen Maßnahmen zum Schutz vor dem Corona-Virus ethisch gerechtfertigt? Gesundheitsdienste arbeiten seit Beginn der Pandemie in der Grundspannung, einerseits eine kontinuierliche Begleitung von Patient*innen aufrechtzuerhalten und gleichzeitig sich selbst, die eigene Familie und Kolleg*innen schützen zu wollen. Außerdem mussten Antworten auf die Frage einer gerechten Verteilung knapper Ressourcen im Gesundheitswesen gefunden werden.

c. Planungsmatrix

Struktur/Phasen	Methoden/Inhalt
Begrüßung	Hinführung zum Thema
(1) Impuls aufnehmen (2) Ideen einbringen	Impulsfrage: Mit welchen ethischen Konflikten sind wir konfrontiert in Zeiten von Corona? Diskussion Visualisierung
(3) Ethisch reflektieren – abstrakt denken (4) Erkenntnisse gewinnen	Organisationsethische Fokussierung: Wie gehen Einrichtungen des Gesundheitswesens mit ihrer Verantwortung ihren Patient*innen und Mitarbeiter*innen gegenüber um? Diskussion Visualisierung
Abschluss	Ausblick aufs nächste Ethik-Café

d. Gedankenspeicher

In den Gedankenspeicher fügen wir Forschungsergebnisse ein, wie sich die Pandemie auf die Mitarbeiter*innen im Gesundheitswesen und wie sie sich auf Patient*innen ausgewirkt hat. Die Forschungsergebnisse können die persönlichen Erfahrungen der Teilnehmer*innen ergänzen. Es folgt eine Übersicht über möglicherweise zu diskutierende ethische Kernkonflikte in Zeiten einer Pandemie. Der Gedankenspeicher schließt mit einer Zuordnung der identifizierten ethischen Fragestellungen zu ausgewählten ethischen Theorien.

Wie hat sich die Pandemie auf die Mitarbeiter*innen im Gesundheitswesen ausgewirkt? Wie hat sich die Pandemie auf die Patient*innen ausgewirkt?

Hier fassen wir Ergebnisse von Baumann et al. (2021) sowie Elsbernd und Heidecker (2021) zusammen.

- Fachkräfte arbeiten seit Beginn der Pandemie in einer **Grundspannung:** es ist für alle ein ständiger kräftezehrender Balanceakt und Verantwortungsdruck, die Versorgung der Familien zu gewährleisten und zugleich weder diese besondere Hochrisikogruppe noch sich selbst mit der eigenen Familie zu gefährden.
- Fachkräfte fühlen sich durch den ständigen **Verantwortungs- und Entscheidungsdruck** belastet.
- Fachkräfte müssen Arbeitsprozesse **ständig neu organisieren:** Leitungskräfte mussten in der allgemein vorherrschenden Angst und Verunsicherung gemeinsam mit ihren Teams immer wieder neu einen eigenen Weg und Umgang mit der neuen Situation finden.
- Fachkräfte müssen **neue Kommunikationswege** nutzen. Die neuen digitalen Formate werden als hilfreich und zugleich hinderlich für die Qualität der Kommunikation bewertet.
- Sie fühlen sich **erschöpft** und berichten von einer erhöhten Arbeitsbelastung: Ermüdung und Frust durch Mehrbelastung.
- Die Pandemie hat **Probleme sichtbar gemacht**, die bereits vor der Pandemie vorhanden waren, und verstärkt.
- Unsichtbarkeit der **Langzeitpflege** in der Gesellschaft („isolierte Welt") und neue Sichtbarkeit.
- In internationalen Studien berichten die Befragten von **ökonomischer Unsicherheit.**
- **Schwerste Belastungen** durch die Krise wahrnehmen und aufarbeiten.

- Gibt es möglicherweise auch **positive Erfahrungen**, die nach der Pandemie tragen können?

  - Worauf es wirklich ankommt im Leben.
  - Was alles gelungen ist in der Krise. Manche haben die Gelegenheit genutzt, sich beruflich weiterzuentwickeln: Die Fachkräfte waren stets offen für neue Wege und mit viel Kreativität auf der Suche nach tragfähigen Lösungen.
  - Sinnhaftigkeit und Wertigkeit des eigenen Berufs bestätigt. Die Fachkräfte fühlen sich während der Pandemie in ihrer Arbeit sehr bestärkt, sie erleben ihre Angebote als bedeutsam und sinnvoll.
  - Teams als Ressource in der Corona-Pandemie neu entdeckt. Das Team wird als Team neu wertgeschätzt und als Ressource wieder bewusster wahrgenommen – im gemeinsamen Abwägen, Entscheiden, Unterstützen und Stärken. Teambesprechungen in Präsenz vermisst; gegenseitige Unterstützung.
  - Als wichtige Erfahrung aus der Pandemie wurde schließlich die gegenseitige Unterstützung, das Verständnis füreinander, Solidarität und Wertschätzung benannt.

Welche ethischen Kernkonflikte können identifiziert werden?

Sicherung eines dauerhaft hochwertigen, leistungsfähigen Gesundheitssystems versus Verhältnismäßigkeit schwerwiegender Nebenfolgen für Bevölkerung und Gesellschaft
<ul><li>Die Verwobenheit sozialethischer und individualethischer Perspektiven können im Mehr-Ebenen-Modell betrachtet werden</li><li>Was bedeutet das Prinzip: Verantwortungsvoll handeln?</li><li>Bewertung der Maßnahmen als sinnvoll? Anhand welcher Kriterien?</li><li>Wie kann das ethisch eingeordnet werden: Niemand will etwas Falsches machen?</li><li>Schwächen unseres Gesundheitssystems wurden sichtbar</li><li>Haben wir ausreichend Intensivbetten und Personal?</li><li>Aussetzung von medizinischen Behandlungen – was bedeutet das individual-, professions-, organisations-, system- und sozialethisch?</li><li>Wer entscheidet über Maßnahmen/über Lockerung?</li><li>Eigenverantwortung (Gewissen) versus staatliche Verordnungen?</li><li>Herdenimmunität – Bedeutung: Tod der Alten und Kranken? Darf deontologisch und teleologisch und sorgeethisch befragt werden</li><li>Welche Folgen/Auswirkungen haben die Maßnahmen für unsere Gesellschaft? Wirtschaft, Isolation, wie Menschen künftig zusammenleben etc.</li></ul>

Zwischen persönlichem Wohl und Gemeinwohl –
Freiheitsbeschränkungen, Isolation, Besuchsverbot –
Folgen

- Soziale Isolation – Bedeutung und Folgen? Individual- oder sozialethisch zu rechtfertigen? Was bedeutet das aus einer care-ethischen Perspektive?
- Pflegeheim: nicht rein, nicht raus – wie kann das begründet werden?
- Menschen, die das nicht verstehen können – wie gehen wir mit ihnen um? Welche Verantwortung haben wir? Für wen? Wie begründen wir das Setzen von Prioritäten und wie begründen wir Entscheidungen?
- Alte Menschen vereinsamt; Hunger nach Zuwendung
- Folgen: Aggression gegen Ältere; gegen Fremde; häusliche Gewalt
- Nicht Abschied nehmen können – Bedeutung und Verantwortung?
- Welche Lebensrisiken sind akzeptabel?
- Welche neue Bedeutung haben Gesundheit und Leben in der Pandemie?
- Gesundheit verkürzt wahrgenommen (statt in körperlicher, seelischer, sozialer und spiritueller Dimension)
- Familie und Privatleben
- Persönliche Freiheit und Bewegungsfreiheit
- An- und Zugehörige als Bittsteller*innen
- Wirtschaftliche Folgen und Verantwortung – Auswirkung auf soziale Versorgungsstrukturen?
- Versorgungswirtschaft (Hygiene)

Zwischen Fürsorge und Selbstbestimmung –
Fürsorge vor Selbstbestimmung?

- Priorität: Leben retten? Wie zu begründen und wie abzuwägen gegen andere Interessen?
- Exklusion und Diskriminierung von Risikogruppen?
- Besuchsverbote – Bedeutung; Erlaubnis hierfür; Werte und Rechte, die verletzt werden
- Besuchsverbot wird nicht diskutiert. Und danach?
- Bewohner*innen nicht befragt – keine Entscheidungsbeteiligung!
- Freiheit zur Selbstschädigung?
- Selbstbestimmung, Inklusion und Teilhabe als Prinzipien diakonischer Arbeit

Behindertenwerkstätten geschlossen – Bedeutung?

- Sind zu Hause. Soziale Teilhabe?
- Sind einsam
- Familien belastet
- Wie steht es um Solidarität und Verantwortung?
- Gegenseitige Hilfe?

Gefährdung und Überforderung der ehrenamtlich und beruflich Sorgenden
• Pflegende als An- und Zugehörigen-Ersatz? • Lebensschutz der Sorgenden – wie gehen damit verantwortlich um? Muss man Mitarbeiter*innen einbeziehen oder darf der Arbeitgeber in seinem Verständnis der Fürsorgepflicht das bestimmen? • Pflegeheime personell überfordert!

Moralischer Rigorismus führt zu Beschimpfungen und Denunziationen
• Corona-Regeln helfen? Sind eindeutig? Sind hinreichend? • Potentielle Fremdgefährdung? • Wer sich nicht an Regeln hält, gefährdet mutwillig Leben - was wird negativ unterstellt?

Zu wenige Beatmungsgeräte – zu viele Patient*innen (Triage-Situation)
• Nach welchen Kriterien entscheiden? • Wessen Leben ist wichtiger? • Empfehlungen (medizinischer Fachgesellschaften)? • Dramatische Handlungs- und Entscheidungssituationen! • Ziel: Vermeidung von Triage-Situationen! • Ärzt*innen müssen entscheiden: implizite Rationierung (Allokation)! Staat darf Leben nicht bewerten und nicht vorschreiben, wer zu retten ist und wer nicht • Fragen der Verteilungsgerechtigkeit und der Verteilung knapper Ressourcen • Lebensrettende Intensivmedizin versus leidenslindernde Palliativbehandlung? **Vorgaben der Verfassung (deontologisch)** • Diskriminierungsschutz • Lebenswertindifferenz **Orientierung für Handeln durch Fachgesellschaften (Handlungsmaximen)** • Kriterien • Gewissensentscheidung?

Schutz der älteren Menschen und Menschen mit Vorerkrankungen.
Entwicklung effektiver und erträglicher Schutz- und Isolationsstrategien für Risikogruppen

- **Begründung/Rechtfertigung der Maßnahmen**
  - Lockdown und Lockerung unter den Bedingungen von Unsicherheit
  - Akzeptanz eines allgemeinen Lebensrisikos
  - Runde Tische

- **Solidarität**
  - Bereitschaft, sich selbst in zumutbaren Grenzen zu gefährden
  - Höchstpersönliche Eigenverantwortung
  - Verantwortung für mein persönliches Umfeld – Eigenverantwortung ist immer relational
  - Die Verantwortung der Genesenen

- **Lockerung**
  - Abwägung von Erforderlichkeit und Angemessenheit – Verhältnismäßigkeit
  - Rechtfertigungsbedürftigkeit
  - Systemgefährdungen: Wissenschaftlicher Austausch; Bildungssystem; Sport und Kultur

- **Verhältnismäßigkeit**
  - Maß – Verhältnis
  - Übel gegeneinander abwägen

Wie lassen sich die ethischen Fragestellungen in Zeiten von Corona ethischen Theorien zuordnen?

Aus einer prinzipienethischen (prinziplistischen) Perspektive geht es...

- Um das Abwägen von Nutzen und Schaden beispielsweise von Hygienekonzepten, Impfungen etc.
- Um das Einschränken der Selbstbestimmungsmöglichkeiten des Einzelnen
- Um Fragen der Verteilungsgerechtigkeit/um Fragen der Allokation: gerechte Verteilung knapper Güter wie Intensivkapazitäten, Personal, Medikamente, Triage-Szenarien
- Etc.

Aus einer verantwortungsethischen Perspektive geht es...

- Um den Kernkonflikt: Sicherung eines dauerhaft hochwertigen, leistungsfähigen Gesundheitssystems vs. Verhältnismäßigkeit schwerwiegender Nebenfolgen für Bevölkerung und Gesellschaft
- Um das Abwägen individueller gegen soziale Interessen
- Um die Prinzipien Verantwortung und Solidarität
- Um die Impfpflicht
- Etc.

Aus einer sorgeethischen Perspektive geht es...

- Um die Balance zwischen Sorge und Selbstsorge
- Um die Einschränkungen von Beziehungen in schwerer Krankheit und im Sterben und was das für das Wohl des Einzelnen und die Familie bedeutet
- Um Macht (durch Information) oder Ohnmacht (durch das Gefühl des Ausgeliefert-Seins)
- Um die Perspektive auf die eigene Verletzlichkeit und was es bedeutet, in dieser Zeit in sorgender Verantwortung zu sein – für sich selbst und seine Familie
- Um die Frage: Wie gehen wir mit Mitarbeiter*innen um, die tagtäglich mit extrem belastenden Situationen konfrontiert sind?
- Etc.

Literaturhinweise

Baumann, M. (2021). Ethisch relevante Fragen im Jahr der Pandemie 2020. In: Hospiz Stuttgart (Hrsg.) (2021). Die Menschen im Hospiz Stuttgart im Jahr der Corona Pandemie 2020. Hospiz Stuttgart: Stuttgart, S. 77–82.

Baumann, M./Lammer, A./Guilliard-Hägele, A. (2021). Erfahrungen von Care Givern aus dem Feld der pädiatrischen Palliative Care in der Begleitung von Familien mit einem schwer kranken Kind in Zeiten einer Pandemie. In: die hospiz zeitschrift palliative care 92(04)/2021, S. 42–45.

Deutscher Ethikrat (Hrsg.) (2020). Solidarität und Verantwortung in der Corona-Krise. Ad-hoc-Empfehlung. Deutscher Ethikrat: Berlin. https://www.ethikrat.org/fileadmin/Publikationen/Ad-hoc-Empfehlungen/deutsch/ad-hoc-empfehlung-corona-krise.pdf (Zugriff: 04.11.2021)

Deutscher Ethikrat (2022). Vulnerabilität und Resilienz in der Krise – Ethische Kriterien für Entscheidungen in einer Pandemie. Stellungnahme. Deutscher Ethikrat: Berlin. https://www.ethikrat.org/fileadmin/Publikationen/Stellungnahmen/deutsch/stellungnahme-vulnerabilitaet-und-resilienz-in-der-krise.pdf (Zugriff: 16.07.2022)

Elsbernd, A./Heidecker, L. (2021). Aus der Krise lernen. Studie zur aktuellen Lage in Einrichtungen der stationären und ambulanten Langzeitpflege in Baden-Württemberg während der Corona-Pandemie. Laufzeit 2020–2021. Jacobs Verlag: Detmold.

Fromm, C. (2020). Moralische Probleme und Dilemmata in der Corona-Krise. In Pandemiezeiten verändern sich die ethischen Fragestellungen im Sozial- und Gesundheitswesen. In: Pflegewissenschaft Sonderausgabe: Die Corona-Pandemie 2020, S. 106–108.

Körtner, U. H. J. (2020). Ethik in Zeiten von Corona. Eine diakonisch-ethische Perspektive. In: Kröll, W. et al. (2020). Die Corona-Pandemie. Ethische, gesellschaftliche und theologische Reflexionen einer Krise. Reihe: Bioethik in Wissenschaft und Gesellschaft. Bd. 10. Nomos Verlag: Baden-Baden, S. 341–358.

Kröll, W. et al. (2020). Die Corona-Pandemie. Ethische, gesellschaftliche und theologische Reflexionen einer Krise. Reihe: Bioethik in Wissenschaft und Gesellschaft. Bd. 10. Nomos Verlag: Baden-Baden.

Lazzarin, P. et al. (2020). Management strategies adopted by a pediatric palliative care network in northern Italy during the COVID-19 pandemic. In: Acta Paediatrica 109/2020, S. 1897–1898.

Mc Neil, M. J. et al. (2021). Global Experiences of Pediatric Palliative Care Teams During the First 6 Months of the SARS-CoV-2 Pandemic. In: jpainsymman 2021 (Epub), S. 1–9. https://www.ncbi.nlm.nih.gov/pmc/articles/PMC8007190/pdf/main.pdf (Zugriff: 11.07.2021)

Prat, E. H. (2020). 15 ethische Fragen zur Corona-Krise. In: Imago Hominis 27(2)/2020, S. 82–96. https://www.imabe.org/imagohominis/2/2020-personalisierte-medizin-ii/15-ethische-fragen-zur-corona-krise (Zugriff: 04.11.2021)

Rosenberg, A. R. et al. (2021). Exploring the Impact of the Coronavirus Pandemic on Pediatric Palliative Care Clinician Personal and Professional Well-Being: A Qualitative Analysis of U.S. Survey Data. In: jpainsymman 2021 (Epub), S. 1–7. https://www.ncbi.nlm.nih.gov/pmc/articles/PMC7525352/pdf/main.pdf (Zugriff: 11.07.2021)

Weaver, M. S. et al. (2021). The Impact of the Coronavirus Pandemic on Pediatric Palliative Care Team Structures, Services, and Care Delivery. In: Journal of Palliative Medicine (Epub), S. 1–8. https://www.liebertpub.com/doi/pdf/10.1089/jpm.2020.0589 (Zugriff: 11.07.2021)

Wiener, L. et al. (2021a). Navigating the terrain of moral distress: Experiences of pediatric End-of-life care and bereavement during COVID-19. In: Palliative and Supportive Care 2021 (Epub), S. 1–6. https://www.ncbi.nlm.nih.gov/pmc/articles/PMC7985909/pdf/S1478951521000225a.pdf (Zugriff: 11.07.2021)

Wiener, L. et al. (2021b). The impact of COVID-19 on the professional and personal lives of pediatric oncology social workers. In: Journal of Psychosocial Oncology 39(03)/2021 (Epub), S. 1–17. https://www.ncbi.nlm.nih.gov/pmc/articles/PMC8324039/pdf/nihms-1719241.pdf (Zugriff: 11.07.2021)

3.3.22 Fragen der Gerechtigkeit in Zeiten einer Pandemie

a. Ankündigungstext

„Was sollen wir tun, wenn für schwerstkranke beatmungspflichtige Patient*innen nicht genügend Beatmungsmöglichkeiten zur Verfügung stehen? Wie kann es ethisch begründet werden, wenn Klinikpersonal in Dilemma-Situationen dazu gezwungen ist, eine Triage vorzunehmen, also entscheiden zu müssen, welche PatientInnen eine intensivmedizinische Behandlung und Versorgung bekommen sollen und wer nicht? Fragen der Gerechtigkeit stellen sich auch im Zusammenhang einer gerechten Vorgehensweise in der Verteilung von Impfstoffen. Diese und andere Fragen der Gerechtigkeit in Zeiten einer Pandemie sind bedrängend geworden. Über sie möchten wir in diesem Ethik-Café sprechen." (KEK 2021)

b. Hinführung zum Thema

Angesichts der gegenwärtigen COVID-19-Pandemie stellen sich zahl-reiche Fragen, die unterschiedliche Aspekte von Gerechtigkeit betreffen. Das Konzept der Gerechtigkeit ist zu Beginn des Ethik-Cafés in meta-ethischer Annäherung zu klären. Dass ausgerechnet dieses Konzept oder principlistisch gesprochen dieses **eine** von vier Prinzipien mittlerer Reich-weite (Beauchamp und Childress 2013) eine besondere Bedeutung in Zeiten der Pandemie hat, berührt verschiedene Bedeutungen des Konzepts „Gerechtigkeit". Bei der Triage geht es beispielsweise um die Verteilungs-gerechtigkeit in Zeiten einer Pandemie mit Engpässen infolge eines plötz-lich erhöhten Bedarfs an bestimmten Gütern und infolge einer möglichen wirtschaftlichen Regression durch die Auswirkungen der Pandemie. Dies sind Fragen von Allokation: der gerechten Verteilung knapper Güter. Bei der Isolation von Menschen in Pflegeeinrichtungen, beim Allein-Lassen des Personals in den Einrichtungen des Gesundheitswesens und bei all den besonderen Zwängen und dem Druck, der auf das Personal dort ausgeübt wird, geht es um Fragen der Fairness. Fragen der sozialen Gerechtigkeit ver-mischen sich mit Fragen der Verteilungsgerechtigkeit angesichts der Schere zwischen armen und reichen Ländern beim Zugang zu Impfstoffen und anderen Bedarfsgütern im Zusammenhang mit der Pandemie. Nach der Öffnung für die Komplexität des Konzepts der Gerechtigkeit in Zeiten einer Pandemie steht am Ende des Ethik-Cafés die Fokussierung auf die erlebte Praxis: Ist es gerecht, dass es Sonderrechte geben soll für Geimpfte? Die Diskussion hierüber soll Gründe für und gegen solche Sonderrechte identi-fizieren helfen und diese Gründe im Rahmen einer multidimensionalen Ethik (Folgen und Verantwortlichkeiten auf den verschiedenen Ebenen) und auf der Grundlage der verschiedenen Formen von Gerechtigkeit betrachtet werden.

c. Planungsmatrix

Struktur/Phasen	Methoden/Inhalt
Begrüßung	Hinführung zum Thema
(1) Impulse aufnehmen	Impulsvortrag: Gerechtigkeit definieren
(2) Ideen einbringen (3) Ethisch reflektieren – abstrakt denken	Impulsfrage: Warum hat das Thema Gerechtigkeit in der Pandemie eine so große Bedeutung? Welche Konflikte werden diskutiert? Einführung in die Diskussion Diskussion Visualisierung der Konflikte Gerechtigkeitskonflikte formulieren
(4) Erkenntnisse gewinnen	Diskussion: Ist es gerecht, dass es Sonderrechte geben soll für Geimpfte? Einführung in die Diskussion • Detailfragen entwickeln Ist das nicht eine „Impfpflicht" (Impfnötigung) durch die Hintertür? Impfpflicht für wen? • Kriterien festlegen/Visualisierung (Detailfragen/Kriterien)
Abschluss	Ausblick aufs nächste Ethik-Café

d. Gedankenspeicher
Der Gedankenspeicher bietet zunächst eine Hinführung zum Konzept der „Gerechtigkeit" an. Es folgt eine Formulierung möglicher Gerechtigkeitskonflikte.

Gerechtigkeit: ein abstrakter Begriff?

- Kant: Gerechtigkeit als verpflichtende Idee = als ethisches Prinzip
- Gerechtigkeit regelt die Beziehungen von Menschen zu anderen Menschen

Formen der Gerechtigkeit (Aristoteles/Thomas von Aquin)

- **Ausgleichende/Tausch-Gerechtigkeit: iustitia commutativa**
  Was man dem anderen schuldet: Vertragsgerechtigkeit
- **Zuteilende Gerechtigkeit: iustitia distributiva**
  Anteil der Einzelperson am Gemeinwohl
- **Rechtbezogene Gerechtigkeit: iustitia legalis**
  Was sich Glieder einer Gesellschaft gegenseitig schulden

Aktuell diskutiert

- **Lokale Gerechtigkeit** statt universalistische Gerechtigkeit. Forschung bezieht sich auf kleinere soziale Einheiten
- **Soziale Gerechtigkeit** angewendet auf die Beziehungen zur Dritten Welt
- In der Debatte um Nachhaltigkeit wird das Konzept einer **intergenerationellen Gerechtigkeit** diskutiert
- **Gerechtigkeit gegenüber Tieren – und der „Natur"**

Definition:
„Gerechtigkeit ist der feste und dauernde Wille, jedem sein Recht zuzuteilen." (Römischer Jurist Ulpian, 170–228 n. Chr., zitiert nach Lin-Hi 2022)

Formen impliziter Rationierung als Alltag: Ungeregelte Beschränkung von nützlichen Leistungen am Krankenbett

- **Hintergrund**

  - Es gibt keine gleiche Versorgung aller (Ein-Klassen-Medizin/-Pflege)
  - Ethische Debatte im Gesundheitswesen: Allokation
  - Gerechte Verteilung knapper Mittel im Gesundheitswesen
  - Gründe für steigende Gesundheitsausgaben: Diagnose- und Therapiemöglichkeiten, Leistungserweiterungen, demografische Entwicklung, mehr chronisch-degenerative Erkrankungen, wachsende Ansprüche an das Gesundheitswesen

- **Umgang mit Mittelknappheit**

  - **Rationalisierung:** Effizienzsteigerung
  - **Rationierung explizit:** politische Budgetierung, medizinische Standards – transparent: nach festgelegten Regeln

– **Rationierung implizit:** Entscheidung am Krankenbett – ungeregelt am Krankenbett durch die Behandlungsteams selbst

- **Was sind nützliche Leistungen?**
- **Allokationsmacht**

  – Zeit, Mahlzeit, Schmerzmittel, Körperhygiene, Aufmerksamkeit, Handreichungen
  – Benachteiligte Patient*innengruppen: Ältere Menschen, Menschen mit Behinderung, sozial benachteiligte Menschen (Bildung, Geschlecht, Herkunft)

- **Wie gehe ich mit meiner Allokationsmacht um? Wie geht es mir damit?**

  – Kein allgemeiner Pessimismus, sondern Gründe und Motive reflektieren, um bewusster damit umzugehen.
  – Selbstwirksamkeit?
  – Kriterien?

- **Kriterien**

  – **Rechte:**

    Chancengleichheit
    Versus Diskriminierung
    Orientierung am größten Bedarf
    Solidaritätsprinzip: Gemeinwohl sowie Rücksicht auf die Benachteiligten

  – **Pflicht:** Förderung der Eigenverantwortung für die Gesundheit
  – **Folgen:** Kosten-Nutzen-Kalkül

Formen zuteilender Gerechtigkeit

- **Modell der Gleichheit: Egalitarismus**

  – Maximum an Gleichheit
  – Gleichverteilung
  – Unabhängig von Bedürfnissen und individueller Situation der Patient*innen
  – Alle haben gleichen Zugang zu gleichen Therapien

- **Modell der Freiheit: Liberalismus**

  - Maximum an Freiheit
  - Größtmögliche Wahlfreiheit der Leistungen (Marktorientierung)
  - Persönliche Zugangsvoraussetzungen bestimmen Zuteilung an Leistung

- **Modell der Effizienz**

  - Kosten-Nutzen-Verhältnis
  - Wie groß darf der Aufwand sein, um ein gestecktes Ziel zu erreichen?
  - Wie teuer darf eine Behandlung sein, deren Effektivität nur wahrscheinlich oder nur marginal ist?
  - Ressourcen so zu verteilen, dass größtmöglicher Nutzen entsteht
  - Abwägen nach Allokationskriterien (Marktorientierung)

- **Modell der Solidarität:** Fairnessmodell

  - Kriterium: Bedürftigkeit
  - Verbesserung der Gesundheit derer, denen es am schlechtesten geht, hat Vorrang
  - Orientierung am größtmöglichen Bedarf
  - Einbuße an Effizienz, Gleichheit, Freiheit
  - Verzicht zugunsten anderer Patient*innen bei begrenzten Ressourcen

Gerechtigkeitskonflikte

Konfliktfeld	Exemplarische Fragestellung
Triage	Einschränkung der Rechte zugunsten der Verletzlichen?
Impfen	Impfpflicht für medizinisches Personal?
Schulen	Jung gegen Alt? Konflikte mit Freund*innen – sozialer Druck?
Zulagen für systemrelevante Berufe?	Einfluss der Wissenschaft auf Politik?

Literaturhinweise

Beauchamp, T. L./Childress, J. F. (2013). Principles of Biomedical Ethics. 7. Aufl. Oxford University Press: Oxford.
Bormann, F.-J. (2021). Pandemien als Herausforderung für die Gerechtigkeit. In: Zeitschrift für medizinische Ethik 67(02)/2021, S. 171–188.

Daniels, N. (2004). Gerechte Gesundheitsversorgung. In: Wiesing, U. (Hrsg.) (2004). 2., überarbeitete und erweiterte Aufl. Reclam Verlag: Stuttgart, S. 283–286.

Deutscher Ethikrat (Hrsg.) (2020). Solidarität und Verantwortung in der Corona-Krise. Ad-hoc-Empfehlung. Deutscher Ethikrat: Berlin. https://www.ethikrat.org/fileadmin/Publikationen/Ad-hoc-Empfehlungen/deutsch/ad-hoc-empfehlung-corona-krise.pdf (Zugriff: 04.11.2021)

Dufner, A. (2021). Nutzen und Gerechtigkeit im Rahmen einer Corona-Triage. In: Bundeszentrale für politische Bildung. https://www.bpb.de/themen/umwelt/bioethik/327159/nutzen-und-gerechtigkeit-im-rahmen-einer-corona-triage/ (Zugriff: 06.07.2022)

Engelhardt, Jr. H. T. (2004). Rechte auf Gesundheitsversorgung, soziale Gerechtigkeit und Fairness in der Allokation von Gesundheitsfürsorge: Enttäuschungen im Angesicht der Endlichkeit. In: Wiesing, U. (Hrsg.) (2004). 2., überarbeitete und erweiterte Aufl. Reclam Verlag: Stuttgart, S. 286–288.

Hastedt, H. (1996). Gerechtigkeit. In: Hastedt, H./Martens, E. (Hrsg.) (1996). Ethik. Ein Grundkurs. 2. Aufl. Rowohlt Taschenbuch Verlag: Reinbek bei Hamburg, S. 198–214.

Körtner, U. H. J. (2012). Grundkurs Pflegeethik. 2., überarbeitete und erweiterte Aufl. Facultas: Wien.

Lin-Hi, N. (2022). Gerechtigkeit. In: Gabler Wirtschaftslexikon. https://wirtschaftslexikon.gabler.de/definition/gerechtigkeit-34985 (Zugriff: 06.07.2022)

Maio, G. (2017). Mittelpunkt Mensch. Lehrbuch der Ethik in der Medizin. 2., überarbeitete und erweiterte Aufl. Schattauer: Stuttgart.

Schweppenhäuser, G. (2006). Grundbegriffe der Ethik zur Einführung. 2., überarbeitete Aufl. Junius Verlag: Hamburg.

Sen, A. (2019). Gleichheit? Welche Gleichheit? 2. Aufl. Reclam Verlag: Stuttgart.

3.3.23 Menschenwürde und Scham

a. Ankündigungstext

„Scham ist die Wächterin der menschlichen Würde." (Leon Wurmser) Wie können wir in Kontexten gesundheitlicher und sozialer Sorge würdeschützend mit Scham umgehen? Mit der des anderen und wie mit unserer eigenen? Hierüber wollen wir in diesem Ethik-Café ins Gespräch kommen. (Ausschreibungstext Hospiz)

b. Hinführung zum Thema

In der Sorge für auf Pflege angewiesene Menschen kommt es häufig zu Situationen, in denen die Sorge-Empfänger*innen, aber auch die beruflich und privat Sorgenden selbst Scham erleben. Mit solchen selbst erlebten Situationen möchten wir in diesem Ethik-Café arbeiten und sie zum Anlass nehmen, danach zu fragen: Was ist das eigentlich – Scham? Wie äußert sich Scham (phänomenologisch)? Welche Funktion hat Scham? Welcher Auftrag entsteht daraus individualethisch, professionsethisch, organisationsethisch, system- und sozialethisch? Dass Scham dabei nicht auf das Erleben von

„Intimitätsscham" reduziert werden kann, legen Ursula Immenschuh und Stephan Marks (2014) mit ihrem Modell von Scham als Folge der Verletzung von Grundbedürfnissen des Menschen dar: nach Anerkennung, Schutz, Zugehörigkeit und Integrität. Auf Grundlage dieses Modells betrachten wir erlebte Schamsituationen erneut und leiten daraus Aufträge für eine (beruflich) sorgende Praxis ab, die alle Ebenen des Mehr-Ebenen-Modells umfasst.

c. Planungsmatrix

Struktur/Phasen	Methoden/Inhalt
Begrüßung	Hinführung zum Thema Wir stellen uns heute folgende Fragen: • Wo begegnen wir dem Thema Scham in unserem Alltag? • Welchen Sinn hat es, über Scham zu sprechen? • Welche Verantwortung entsteht aus dem Nachdenken über Scham? Die Idee heute ist: Über eigene Schamerfahrungen zu sprechen – sie zu kennen und zu akzeptieren, kann helfen: • bewusster mit Scham umzugehen, • überflüssige Scham zu vermeiden und also den anderen nicht unnötig zu beschämen, • außerdem Scham nicht abzuwehren, sondern damit umzugehen • und schließlich würdigende Sorgebeziehungen aktiv gestalten zu können
(1) Impulse aufnehmen (2) Ideen einbringen	Impulsfrage: Welche Schamgeschichten habe ich mitgebracht? Welche Erfahrungen mit Scham habe ich gemacht? • Diskussion • Visualisierung
(3) Ethisch reflektieren – abstrakt denken	Vortrag: Arbeitsdefinition „Scham" und Themen der Scham nach Immenschuh und Marks

(4) Erkenntnisse gewinnen	Welche Verantwortung entsteht daraus nun für mich selbst und für andere – in Orientierung an diesen vier Themen?
	
	• Visualisierung: Auf Hilfe angewiesene Menschen
	  • anzuerkennen
	  • zu schützen
	  • ihnen Zugehörigkeit zu vermitteln
	  • ihre Integrität wahren zu helfen (Treue zu sich selbst)

Abschluss	Ausblick aufs nächste Ethik-Café

d. Gedankenspeicher
Als theoretische Grundlage dieses Ethik-Cafés wird im Folgenden die Bedeutung von Scham als Wächterin der Würde in Anlehnung an Immenschuh und Marks (2014) dargestellt.

Scham…

- ist ein Gefühl
- universell – individuell (Schambiographie)
- Unterscheidung: Scham – Beschämung
- Funktion: Schutz der eigenen Grenzen

Scham-Abwehr…

- Scham ist schmerzhaft
- Um Scham nicht spüren zu müssen, verfügen wir über Schutz-Mechanismen:

  - Verteidigung, Angriff
  - Flucht, Verstecken

Scham ist die Hüterin der menschlichen Würde (Léon Wurmser, US-amerikanischer Psychiater und Psychoanalytiker, zitiert nach Immenschuh und Marks 2014, S. 12)

- Scham als emotionale Reaktion auf die Verletzung von Grundbedürfnissen
- Scham ist wie ein Seismograph, der darauf reagiert, wenn unser Grundbedürfnis nach Anerkennung, Schutz, Zugehörigkeit und Integrität und damit unsere Würde verletzt wird
- Scham behütet die Würde: sie sorgt für Schutz, Zugehörigkeit, Integrität und Anerkennung

Grundbedürfnis nach Anerkennung
Bedürfnis, gesehen, wahrgenommen und wertgeschätzt zu werden etc.
Verletzung dieses Grundbedürfnisses: Scham infolge von Missachtung • Wie Luft behandelt zu werden, schikaniert, vorgeführt zu werden • Etc.
Auftrag: Anerkennung geben • Aufmerksamkeit und Wertschätzung etc. • Wie kann das in der sorgenden Praxis gestaltet werden? Was bedeutet das für Teams? Welche Rahmenbedingungen sind hilfreich?

Grundbedürfnis nach Schutz
Bedürfnis, dass der andere nicht alles von mir sieht (Intimität, Fehler) etc.

Verletzung dieses Grundbedürfnisses: Scham infolge von Grenzverletzungen
- Körperlich, psychisch (Intimitätsscham)
- Etwas Persönliches wird öffentlich
- Missbrauch, Vergewaltigung
- Etc.

Auftrag: Dem anderen einen geschützten Raum zur Verfügung stellen
- Achtsamkeit und Respekt etc.
- Wie kann das in der sorgenden Praxis gestaltet werden? Was bedeutet das für Teams? Welche Rahmenbedingungen sind hilfreich?

Grundbedürfnis nach Zugehörigkeit
Bedürfnis, dazu zu gehören und nicht ausgegrenzt zu werden etc.

Verletzung dieses Grundbedürfnisses: Scham infolge von Ausgrenzung
- Sich daneben benommen zu haben
- Wünschen und Erwartungen nicht zu entsprechen
- Nicht normal zu sein
- Gesellschaftlichen Normen nicht zu entsprechen: „Nützlichkeit" – krank, arbeitslos, arm, abhängig, gescheitert, alt, behindert etc.
- Du bist fremd, Du gehörst nicht dazu
- Mobbing
- Ansehen einer Person (Ehre, Schande)
- Etc.

Auftrag: Zugehörig sein dürfen und lassen
- Integrieren und integriert sein etc.
- Wie kann das in der sorgenden Praxis gestaltet werden? Was bedeutet das für Teams? Welche Rahmenbedingungen sind hilfreich?

Grundbedürfnis nach Integrität
Unsere Erwartung an uns selbst: Bedürfnis, dass das Handeln mit den eigenen Werten übereinstimmt etc.

Verletzung dieses Grundbedürfnisses: Scham infolge von Verletzung der eigenen Werte
- Wenn wir schuldig geworden sind (Gewissensscham)
- Gewalt gegen Schutzbefohlene (Scham von Täter*innen)
- Durch Zwang von außen: die eigenen Werte verleugnen zu müssen (wenn ein/e Kolleg*in bloßgestellt wird)
- Gegen das eigene Gewissen handeln zu müssen
- Etc.

Auftrag: Werte respektieren
- Balance von Sorge und Selbstsorge etc.
- Wie kann das in der sorgenden Praxis gestaltet werden? Was bedeutet das für Teams? Welche Rahmenbedingungen sind hilfreich?

Literaturhinweise

Gröschner, R. et al. (2013). Wörterbuch der Würde. Wilhelm Fink: München.
Hüther, G. (2018). Würde. Was uns stark macht – als Einzelne und als Gesell-
   schaft. 4. Aufl. Albrecht Knaus Verlag: München.
Immenschuh, U. (2018). Scham und Würde in der Pflege. In: GGP 03/2018,
   S. 115–119. https://www.thieme-connect.com/products/ejournals/pdf/10.1055/
   a-0598-9813.pdf (Zugriff: 30.07.2022)
Immenschuh, U./Marks, S. (2014). Würde und Scham – ein Thema für die Pflege.
   Mabuse Verlag: Frankfurt.
Marks, S. (2010). Die Würde des Menschen oder Der blinde Fleck in unserer
   Gesellschaft. Gütersloher Verlagshaus: Frankfurt/Main.
Marks, S. (2017). Die Würde des Menschen ist verletzlich. Was uns fehlt und wie
   wir es wiederfinden. Patmos Verlag: Düsseldorf.
Von Wolff-Metternich, B.-S. (2012). Philosophische Konzepte der „Menschen-
   würde" und ihre Bedeutung für die Debatte um menschenwürdiges
   Sterben. In: Anderheiden, M./Eckart, W. U. (Hrsg.) (2012). Handbuch Sterben
   und Menschenwürde. Bd. 1. Berlin/Boston, S. 201–212.
Wurmser, L. (1997). Die Maske der Scham. Zur Psychoanalyse von Schamaffekten und Schamkonflikten. 3. Aufl. Springer Verlag: Berlin.

3.3.24 Die Idee von der Seele oder: was bleibt von uns?

a. Ankündigungstext

Ist der Tod das endgültige Ende des menschlichen Daseins oder existiert die
Seele nach dem Tod weiter? Ausgehend von der Frage, ob unsere Existenz
mit dem Tod ganz oder nur teilweise endet und ob der Tod das endgültige
oder nur vorläufige Ende des Lebens ist, unterscheidet der Philosoph Héctor
Wittwer vier Konzeptionen des Todes. In diesem Ethik-Café sprechen wir
über unser Verständnis vom Menschen, von der Seele, welcher Konzeption
des Todes wir folgen und was das für unser Begleiten in palliativen
Situationen bedeuten kann. (Ankündigungstext Hospiz)

b. Hinführung zum Thema

Dieses Ethik-Café ist konzipiert für haupt- und ehrenamtliche Mitarbeiter*innen in Hospizdiensten, die sich mit ihrem eigenen Menschenbild, ihrer Vorstellung von der Seele des Menschen und was nach dem Tod
kommt auseinandersetzen möchten und wie sich ihre Vorstellungen möglicherweise auf die Begleitung schwerstkranker, sterbender und trauernder
Menschen auswirken können – oder die Vorstellungen der Menschen,
die wir begleiten, auf uns. Mit welchen Bildern sind wir aufgewachsen,
welche Bilder geben uns Sicherheit, welche Bilder begleiten uns, wenn
wir uns in einer Situation der Begleitung schwerstkranker, sterbender und

trauernder Menschen befinden? Geben wir diese Bilder an andere weiter –
in Begleitungen und Begleitungsbesprechungen? Welche Bilder werden an
uns von den Menschen herangetragen, die wir begleiten? Wie nehmen wir
sie wahr und wie gehen wir mit ihnen um? In der Verschiedenartigkeit der
Bilder der Teilnehmer*innen und in Auseinandersetzung mit dem Modell
von Wittwer können wir möglicherweise unsere eigenen Vorstellungen
schärfen und reflektieren, wie sich unsere Vorstellungen auf unser tätiges
und sprechendes Handeln auswirken.

c. Planungsmatrix

Struktur/Phasen	Methoden/Inhalt
Begrüßung	Hinführung zum Thema
	In der ZEIT vom 21.07.2022 antwortet der 95jährige Schriftsteller Martin Walser auf die Frage „Worauf freuen Sie sich nach dem Tod?": „Schau in die Wolken, dort lebt immer ein Text, den es nicht gibt, den musst Du finden." (Walser 2022)
(1) Impulse aufnehmen (2) Ideen einbringen	Impulsfrage: Was ist die Seele? Was erlebe ich in der Begleitung schwerstkranker und sterbender Menschen? ▪ Diskussion ▪ Visualisierung
(3) Ethisch reflektieren – abstrakt denken	Vortrag: Vier Konzeptionen des Todes von Héctor Wittwer
(4) Erkenntnisse gewinnen	Diskussion: Welchem Konzept folge ich? Wie gehe ich mit dem Konzept des anderen um?
Abschluss	Ausblick aufs nächste Ethik-Café

d. Gedankenspeicher

Grundlage dieses Ethik-Cafés ist zum einen eine historisch-inhalt-
liche Annäherung an das Konzept der „Seele" und der Vorstellung ihrer
Unsterblichkeit durch die Philosophen Hans Goller (2017) und Vladimir
Jankélévitch (2017) sowie durch den Kulturwissenschaftler Thomas Macho
(1987) und den Soziologen Klaus Feldmann (2010). In der Diskussion
folgen wir dann der Systematisierung des Philosophen Héctor Wittwer
(2014) mit seinen vier Todeskonzeptionen.

Was ist die „Seele"?

- Nach Goller geht das Wort für „Seele" sehr wahrscheinlich auf den Ausdruck **„See"** zurück – entsprechend einer alten germanischen Vorstellung, dass die Seelen der Ungeborenen und Toten im Wasser wohnen. (Goller 2017, S. 18)
- Ein frühes Symbol für die Seele ist der **Hauch oder Atem**. „Die Seele gilt seit alters her als Urbild des Lebens und Erlebens. […] Für besondere Eigenschaften der Seele halten wir ihre Innerlichkeit, Unkörperlichkeit, Unfassbarkeit und Unsterblichkeit. Die menschliche Seele zeichnet den Menschen als Lebewesen Mensch aus. […] Die Seele ist das, was der Körper eines Toten nicht mehr besitzt." (ebd., S. 319) Frühe Vorstellungen enthalten das Bild des windartigen Totengeistes oder „das Bild der Hauchseele, die als Lebenskraft beim letzten Hauch entweicht." (ebd., S. 254) Auch der griechische Dichter Homer (um 850 v. Chr.) folgt noch der mesopotamischen Vorstellung von psyché als Totenseele, Totengeist bzw. Schattenseele. Die Schattenseele ist das, was vom Menschen übrigbleibt, wenn er aufhört zu atmen. Der Atem verlässt mit dem Tod den Körper als Wind.
- Erst im klassischen Griechisch ist die Bedeutung von psyché **lebendige, empfindende Seele**. Psyché ist die Atemseele, der atmende oder lebende Mensch. Die Seele ist teils Organ der Empfindung, teils vom Körper abtrennbar und existiert nach dem Tod fort. (ebd., S. 24 f.) Der Mensch besitzt einen vom Körper unabhängigen Wesenskern, „der als Träger seiner Lebenskraft, seines Empfindens und seines Bewusstseins gilt und der zudem sein religiös-moralisches Selbst darstellt." (ebd., S. 26)
  In vielen Kulturen und Religionen findet sich eine **dualistische Auffassung vom Menschen**. Der Körper ist die Hülle für die Seele. Seine Existenz endet mit dem Tod des Menschen, während sich die Seele bereits vorm Versterben, mit dem Versterben oder nach dem Versterben vom Körper löst. „Dem Leib werden die Merkmale des Verwerflichen und Vergänglichen zugeschrieben, der Seele dagegen das ‚Reine' und ‚Unsterbliche' unterstellt." (Thieme 2019, S. 41) So bei Platon, der den Tod als Trennung von Körper und Seele auffasste. Die Seele ist immateriell, der Körper materiell. Mit dem Tod zerfällt die Materie des Körpers. Die Seele ist unsterblich und als der vollkommene Teil des Menschen während seines irdischen Daseins an den Leib als geringeren Teil des Menschen gebunden. (Brathuhn 1999, S. 63 f.)

Warum die Vorstellung von der „Unsterblichkeit der Seele"?

- Für **Jankélévitch (La Mort, 1977)** ist die dualistische Denkfigur das „Ergebnis einer Schlußfolgerung. Mehr: der Tod stellt für uns die Erfahrung der Trennung dar: indem er uns das Schauspiel eines leblosen und des Lebens beraubten Leibes bietet, trennt er für das Denken aus diesem Leib etwas ab, das noch bis vor kurzem aus diesem Leib eine lebendige und persönliche Anwesenheit machte. [...] da wir nun einen Leib ohne Seele sehen (oder zu sehen glauben), der an die Stelle des belebten, sprechenden und anwesenden Leibes getreten ist [...], hindert uns nichts an dem Glauben, daß der andere ‚Bestandteil' der vorliegenden ‚Verbindung' ebenfalls weiterexistiert. Die tödliche Dissoziierung im Dualismus ist nichts anderes als eine simple rechnerische Subtraktion: die belebende Seele, die man nicht sieht, steht für den Unterschied zwischen dem belebten Leib, den man eben noch sehen konnte, und dem nun leblosen Leichnam [...D]er ‚körperliche Rückstand' [...] ist der Leib von eben, der lebende Organismus und der psychosomatische Komplex minus der belebenden Seele. [...D]er Leichnam ist um seine Seele vermindertes lebendes Fleisch. [...] Die Seele, das heißt die vitale Differenz zwischen einem lebenden Körper und einem Leichnam, befreit sich von ihrer Hülle und läßt diesen gestaltlosen Überrest [...] zurück, der ihr als Umhüllung diente und bald nichts mehr sein wird als ein kleines Häufchen verblichener Asche, eine armselige Handvoll Staub." (Jankélévitch 2017, S. 478 f.)
- **Macho** (1987) nimmt als Grund für die Entstehung der Vorstellung von der Unsterblichkeit der Seele an, dass aus der Fähigkeit, sich reflexiv vom eigenen Körper zu distanzieren, die Seele als eine dieser Fähigkeit zugrunde liegenden Substanz abgeleitet wurde. Die „Unsterblichkeit des Menschen sollte aus seinem Wissen vom Tode deduziert werden. Im Begriff der unsterblichen Seele wurde gleichsam die Individualität des Menschen verankert. ‚Individualität' bedeutet [...] ‚Unteilbarkeit', und auf die Gegenüberstellung von teilbar/sterblichem Körper und unteilbar/unsterblicher Seele gründete sich die platonische Unsterblichkeitslehre." (Macho 1987, S. 81)
- Nach **Feldmann** (2010) konkurrieren in der modernen Gesellschaft zwei Weltanschauungstypen: eine naturwissenschaftlich geformte Vorstellung vom Menschen als Organismus, der durch den physischen Tod endgültig zerstört wird, und eine symbolische durch vielfältige Kulturerfahrungen geformte dualistische Vorstellung vom Menschen. „In der natürlichen Welt dominiert die Sterblichkeit, in der symbolischen [...] die Unsterblichkeit bzw. das ‚soziale Weiterleben'." (Feldmann 2010, S. 119 f.)

Die vier Konzeptionen des Todes nach Wittwer (2014)
Seit der Antike stehen sich zwei Positionen gegenüber:

- **Monismus:** der ganze Mensch stirbt – „alle Eigenschaften des Menschen einschließlich seiner geistigen, seelischen und emotionalen Fähigkeiten [sind] Merkmale einer einzigen Substanz, nämlich der Substanz des menschlichen Organismus" (Wittwer 2014, S. 11)
- **Dualismus:** ein Teil des Menschen stirbt – der Mensch ist eine Verbindung aus den zwei Substanzen menschlicher Organismus und immaterielle Substanz „Seele"

Ausgehend von der Minimalbestimmung des Todes, dass er das Ende des körperlichen Lebens ist, und ausgehend von den daran anschließenden und vorzunehmenden Klärungen, ob unsere Existenz mit dem Tod **gänzlich** oder nur **teilweise** endet und ob der Tod das **endgültige** oder nur **vorläufige** Ende des Lebens ist, identifiziert Wittwer vier Konzeptionen des Todes (Abb. 3.7). (Wittwer 2014, S. 9 f.)

- **Partielles/vorläufiges Ende:** Der Tod ist das vorläufige Ende des Lebens nicht des ganzen Menschen, sondern nur eines Teils des Menschen (des Körpers). So z. B. in der Vorstellung des platonisierten Christentums, dass sich im Tod der Körper von der Seele trennt. Die Existenz des

	Partielles Ende (Dualismus)	Vollständiges Ende (Monismus)
Vorläufiges Ende	Der Körper stirbt. Die Existenz des Körpers endet bis zu seiner Auferstehung.	Der Tod ist das vorläufige Ende des ganzen Menschen. Der Mensch ist eins und ungeteilt.
	Die Seele existiert nach dem Tod des Körpers weiter.	Bis zur Auferstehung endet das Leben des Menschen. Auferstehung ist Neuschöpfung.
	„Platonisiertes" Christentum	*„Ur"-Christentum*
Endgültiges Ende	Der Körper stirbt endgültig.	Der Tod ist das unumkehrbar-endgültige Ende des ganzen Menschen.
	Die Seele existiert nach dem Tod des Körpers weiter.	
	„Seelenwanderungslehren"	*Materialismus/Naturalismus*

Abb. 3.7 Todeskonzeptionen nach Wittwer 2014 (Eigene Darstellung)

Körpers endet bis zu seiner Auferstehung, die Seele aber existiert auch mit dem Tod des Menschen fort.

- **Partielles/endgültiges Ende:** Die Existenz eines Teils des Menschen endet nicht vorläufig bis zu seiner Wiederauferstehung, sondern endgültig mit dem Tod (wiederum des Körpers). So z. B. in den Seelenwanderungslehren, in denen das Leben des Körpers endgültig endet, während die Seele fortexistiert.
- **Vollständiges/vorläufiges Ende:** Der Tod ist das vorläufige Ende des ganzen Menschen. So z. B. im ursprünglichen Christentum, in dem bis zur Auferstehung das Leben des Menschen endet. Die christliche Anthropologie fasst den Menschen als **eins und ungeteilt** auf, das Neue Testament kennt keine Unsterblichkeit der Seele. „Tod bedeutet das totale Ende des Menschen. Der Mensch stirbt ganz und gar, und allein Gott kann ihn zum Leben erwecken." (Oscar Cullmann bei Goller 2017, S. 289) „Die Hoffnung über den Tod hinaus besteht darin, daß Gott seinen Geist aufs neue in den Toten sende, der hierdurch auferweckt wird. Entgegen dem Hoffnungsbild bei Platon, durch die unsterbliche Seele Teil am göttlichen Leben zu haben, besteht in biblischer Hinsicht die Hoffnung auf die Auferweckung des Leibes." (Brathuhn 1999, S. 67 f.) Die christliche Hoffnung bezieht sich nicht auf den einzelnen Menschen, sondern auf die **Gesamtschöpfung**. „Die Auferstehung des Leibes ist nur ein Teil der gesamten Neuschöpfung am Ende der Zeiten." (Oscar Cullmann bei Goller 2017, S. 290) Es ist der Anbruch eines neuen Zeitenäons. (1. Kor. 15, 42–45)
- **Vollständiges/endgültiges Ende:** Der Tod ist das unumkehrbar-endgültige Ende des ganzen Menschen. So z. B. im antiken Materialismus des Epikur und im gegenwärtigen Naturalismus.

Literaturhinweise

Brathuhn, S. (1999). Lernen, mit dem Tod zu Leben. Menschenwürdiges Sterben – Möglichkeiten der Sterbebegleitung – Hospizbewegung. Der Andere Verlag: Bad Iburg.

Feldmann, K. (2010). Tod und Gesellschaft. Sozialwissenschaftliche Thanatologie im Überblick. 2., überarbeitete Aufl. VS Verlag: Wiesbaden.

Goller, H. (2017). Das Rätsel Seele. Was sagt uns die Wissenschaft? Butzon & Bercker: Kevelaer.

Jankélévitch, V. (2017). Der Tod. Suhrkamp Verlag: Frankfurt/Main.

Keel, D./Volanthen, I. (Hrsg.) (2008). Über den Tod. Poetische und philosophische Texte. Diogenes Verlag: Zürich.

Macho, T. H. (1987). Todesmetaphern. Zur Logik der Grenzerfahrung. Suhrkamp Verlag: Frankfurt/Main.

Thieme, F. (2019). Sterben und Tod in Deutschland. Eine Einführung in die Thanatosoziologie. Springer VS: Wiesbaden.

Walser, M. (2022). Interview: „Worauf freuen Sie sich nach dem Tod?" In: ZEIT 30/21.07./2022, S. 45.

Wittwer, H. (Hrsg.) (2014). Der Tod. Philosophische Texte von der Antike bis zur Gegenwart. Reclam Verlag: Stuttgart.

3.3.25 Bilder und Vorstellungen übers Sterben brauchen ein anderes Sprechen

a. Ankündigungstext

Welche Bilder und Vorstellungen beeinflussen unser Denken und unser Sprechen übers Sterben, wenn wir uns oder andere ganz selbstverständlich dazu auffordern, eine Patientenverfügung zu erstellen, weil das ja längst „dran" und „notwendig" ist, oder wenn wir oder unsere Eltern beim Einzug in eine Pflegeeinrichtung das neue Gesprächsangebot einer gesundheitlichen Versorgungsplanung (ACP) als selbstverständlich und notwendig annehmen oder wenn wir – gedanklich oder als Gesprächsteilnehmer*innen – in Debatten über Sterbehilfe hineingenommen sind? Wir tragen Bilder vom und Vorstellungen übers Sterben in uns, die dem Abfassen von Patientenverfügungen, der Praxis des ACP und der Sterbehilfedebatte inhärent sind. In diesem Ethik-Café möchten wir über diese Bilder und Vorstellungen ins Gespräch kommen, die sich mit der Vorstellung eines selbstbestimmten Sterbens verbinden lassen. Wir fügen weitere Bilder und Vorstellungen durch ein anderes Sprechen hinzu: von lebensbejahenden Kontexten (Heribert W. Gärtner 2015), die den Konzepten der Palliative Care und der Care-Ethik inhärent sind.

b. Hinführung zum Thema

In diesem Ethik-Café machen wir uns auf die Suche nach unseren Vorstellungen und Bildern vom Sterben. Eigene Erfahrungen, Wünsche und Hoffnungen verbinden wir mit Bildern und Vorstellungen vom Sterben, die den Debatten um selbstbestimmtes Sterben, die dem Abfassen von Patientenverfügungen und dem Gespräch über unsere gesundheitliche Versorgungsplanung oder die unserer Eltern inhärent sind. Welche Bilder und Vorstellungen vom Sterben liegen unter unserem Sprechen über selbstbestimmtes Sterben? Aus der Todeswunschforschung kennen wir die Furcht vor ungewollten Daseinsweisen. Es handelt sich dabei nicht um eingetretene, sondern möglicherweise noch eintretende physische, psychische, soziale oder spirituelle Leidenszustände am Ende des Lebens. Wir fürchten uns davor. Aber es gibt auch andere Bilder und Vorstellungen. Auch diese werden wir in diesem Ethik-Café betrachten. Der Theologe Heribert

Gärtner begleitete eine Freundin mit einem Hirntumor und dem Wunsch nach einem vorzeitigen Tod bis an ihren Tod. Er resümiert am Ende ihres Lebens, was ihr Kraft gegeben hatte, den Weg nicht abzukürzen. Sie erzählt von lebensbejahenden Kontexten, die zu fördern auch für hauptamtlich und ehrenamtlich Sorgende Auftrag sein kann – in der Hoffnung, dass Erfahrungen, Vorstellungen und Bilder ausreichend tragen können, damit ein Leben bis zuletzt sein kann.

c. Planungsmatrix

Struktur/Phasen	Methoden/Inhalt
Begrüßung	Hinführung zum Thema
(1) Impulse aufnehmen (2) Ideen einbringen	Impulsfrage: Was bedeutet für Sie, selbstbestimmt zu sterben? Diskussion Visualisierung
(3) Ethisch reflektieren – abstrakt denken	Kurzvortrag: Ungewollte Daseinsweisen und andere Vorstellungen und Bilder vom Sterben Diskussion Visualisierung
(4) Erkenntnisse gewinnen	Kurzvortrag: Lebensbejahende Kontexte Diskussion: Welche Erfahrungen aus Ihren Begleitungen haben Sie mit lebensbejahenden Kontexten? Ohne Visualisierung
Abschluss	Ausblick aufs nächste Ethik-Café

d. Gedankenspeicher

Wir arbeiten im Gedankenspeicher zunächst Bilder und Vorstellungen vom Sterben heraus, die unser Denken und unser Sprechen übers Sterben beeinflussen, wenn wir über das Abfassen von Patientenverfügungen, über das Gesprächsangebot einer gesundheitlichen Versorgungsplanung oder über das selbstbestimmte Sterben im Rahmen der Sterbehilfedebatte nachdenken. Diese Bilder und Vorstellungen ergänzen wir durch Forschungsergebnisse über den Wunsch nach einem vorzeitigen Tod, indem wir die Gründe für diesen Wunsch betrachten. Zuletzt beschreiben wir lebensbejahende Kontexte (Gärtner 2015), für die sich Palliative Care und Care-Ethik einsetzen – in persönlichen Sorge-Beziehungen, aber auch im Ringen für adäquate institutionelle und gesellschaftliche Rahmenbedingungen, die eine gute berufliche und private Sorge möglich machen. Aus einer sorgeethischen Perspektive soll aufgezeigt werden, welche anderen Bilder, Vorstellungen und welch anderes Sprechen wir brauchen, um den Wünschen und Bedürfnissen von Menschen am Ende ihres Lebens, an dem auf einmal alles ganz anders sein kann, Raum und Zeit zu geben.

1. Bilder und Vorstellungen des Leidens im Sterben

Die Wirklichkeit der Sterbeorte

Wenn wir sterben, ist es sehr wahrscheinlich, dass wir in einer Institution versterben. Auch wenn es keine zuverlässige Sterbeortstatistik gibt, wissen wir aus Forschungsarbeiten, dass etwa 50% der Menschen heute in Krankenhäusern und etwa 25% in Pflegeeinrichtungen versterben.

- Das heißt wir werden am Lebensende auf Menschen angewiesen sein, die uns mit dem, was uns wichtig war und nun im Sterben wichtig ist, möglicherweise nicht gut kennen.
- Und wir haben Sorge, dass wir, sobald wir in einen hilflosen Zustand geraten, zum Objekt ihres Handelns werden könnten und uns Maßnahmen gefallen lassen müssen, die wir eigentlich nicht wollen.
- Berichte über den Pflegenotstand in Krankenhäusern und Pflegeeinrichtungen, die Ökonomisierung und Kälte unseres Gesundheitswesens und die Furcht vor unerträglichem Leid in den Debatten um Sterbehilfe verstärken unsere Sorge noch. Auch wenn wir viele positive Erfahrungen und Bilder daneben stellen, bleiben wir mit dieser Wirklichkeit medial sehr präsenter Bilder konfrontiert.

Der Wunsch nach Sterbehilfe

In den Debatten über den assistierten Suizid begegnen wir häufig dem Schreckensbild eines unerträglichen und unzumutbaren Leids am Ende des Lebens. Angesichts eines solchen unerträglichen Leids entsteht der Wunsch, in einer solchen Situation die Art und den Zeitpunkt des Versterbens selbst bestimmen zu wollen. Die Vorstellung von der Unerträglichkeit des Leidens greift auf medial vermittelte Bilder oder möglicherweise auch Erfahrungen zurück, die eine Furcht vorm manchmal schrecklichen Sterben zum Ausdruck bringen können.

Furcht vor ungewollten Daseinsweisen

Menschen mit einem Todeswunsch sprechen häufig über erschreckende Bilder und Vorstellungen, die sie vom Sterben haben. Sie haben **Furcht vor ungewollten Daseinsweisen**. (Baumann 2020)

- Sie haben Furcht vorm fortschreitenden Verlust der Möglichkeit zur Selbstbestimmung und Selbstwirksamkeit und Furcht vor einer zunehmenden Abhängigkeit von anderen
- Sie haben Furcht, hilflos und anderen eine Last zu sein
- Es ist die Furcht vor einem als würdelos empfundenen Zustand
- Es ist die Furcht, am Ende des Lebens im Sterben allein gelassen zu werden
- Die Furcht, von anderen nicht nur abhängig, sondern ihnen auch ausgeliefert zu sein
- Die Furcht vor medizinischer Überversorgung oder dauerhaft der Medizintechnik ausgeliefert zu sein – und damit die Furcht vor einem sinnlos in die Zukunft hinein verlängerten Leben

---

Patientenverfügungen gegen eine Machbarkeitsmedizin

Auch Patientenverfügungen enthalten diese Bilder und Vorstellungen.

- Bilder des Ausgeliefert-Seins an eine Machbarkeitsmedizin, das es zu verhindern gilt

Patientenverfügungen sind kein Instrument zur Einforderung sozialer Anspruchsrechte in Bezug auf eine optimale medizinische und pflegerische Versorgung. Stattdessen sind sie als **Abwehrrecht** konzipiert: Selbstbestimmung ist am Lebensende die negative Freiheit vom Diktat des medizinisch Machbaren bzw. die Freiheit zur Therapiebegrenzung. Gewollt ist nach Erika Feyerabend der „Entscheidungstod". (Feyerabend 2017, S. 16)

Die medizinische Logik ist getragen von Bildern und Vorstellungen einer medizinisch bestimmten Zukunft, der ich nicht vertrauen mag. Erika Feyerabend gibt zu bedenken: Wer „mit allen möglichen denkbaren medizinischen Komplikationen und hypothetischen Sterbearten konfrontiert wird, kann gar nicht mehr unbelastet seinem Ende entgegensehen." (Feyerabend 2017, S. 17)

- Vorstellungen von einem Leben, das auf andere angewiesen ist und das unserem Wunsch nach Selbstbestimmung und Unabhängigkeit zutiefst zuwider ist

---

Gesundheitliche Versorgungsplanung (ACP) als Euphemismus

Auch die Inhalte solcher Gespräche, die hinreichend wirksame Patientenverfügungen generieren sollen, orientieren sich an medizinischen Behandlungssituationen und medizinischen Maßnahmen. Die Inhalte orientieren sich nicht an unserer gegenwärtigen Lebenswelt – ob wir allein sind oder uns einsam fühlen, ob sich der beängstigende Schatten des Vergessens oder des Sterbens über uns legt. Der Mittelpunkt der Gespräche ist das medizinisch Machbare und zugleich Unzumutbare. Beides aber bleibt abstrakt und für uns nicht greifbar. Bilder des medizinisch Machbaren, aber nicht Gewollten werden auf diese Weise internalisiert.

Fazit

Welche Bilder und Vorstellungen haben wir im Nachdenken über Patientenverfügungen, über die gesundheitliche Versorgungsplanung und über Todeswünsche entdecken können?

- Es sind **Bilder der Furcht**. Der Furcht vor langem Leid. Es sind Bilder des Ausgeliefert-Seins und Bilder der Furcht, dass unsere Würde verletzt werden könnte am Lebensende. Es sind Bilder der Furcht vor unwürdigen Bedingungen, vor Beschämung und Demütigung. Es sind Bilder der Furcht, auf andere angewiesen zu sein und ihnen zur Last zu fallen.

- Es sind **Schreckensbilder vom hilflosen Menschen**, der an zahllosen Schläuchen hängt und ein Leben führt, das keinen ausreichenden Respekt erfährt. Es ist das Schreckensbild von einem kalten, technisierten Sterben. Niemand will solche Erfahrungen machen. Es sind Horrorszenarien, in denen ein mögliches Weiterleben als Quälerei eingeschätzt wird.

- **Die Medien stützen diese Bilder.** Sie berichten von der Überlastung des Personals in Kliniken und Pflegeeinrichtungen, von zu wenig Zeit und zu wenig Personal, von medizinischer Übertherapie und pflegerischer Unterversorgung. Das verstärkt die vorweggenommene Furcht vor einer möglichen Hilflosigkeit.

- Es sind auch **Bilder des Misstrauens** Ärzt*innen gegenüber, in deren Hände sich Menschen ängstlich und gleichzeitig hoffend begeben. Es sind Bilder des Misstrauens Ärzt*innen gegenüber, dass sie am Lebensende nicht die für uns besten Entscheidungen treffen könnten.

- Und: in unserem Sprechen bekommt die Vorstellung Nahrung, dass dem Imperativ des medizinisch Machbaren **rein individuell** durch eine Planungs- und Entscheidungslogik beizukommen sei. Dass die gesellschaftliche Verantwortung für den Umgang mit Demenz, Gebrechlichkeit, Sterben also der planerischen Vernunft des Einzelnen aufgebürdet werden kann – wie Stefanie Graefe das kritisch formuliert. (Graefe 2008)

2. Ein anderes Sprechen

Im Sprechen über Patientenverfügungen, im Gespräch über gesundheitliche Versorgungsplanung, über selbstbestimmtes Sterben und ungewollte Daseinsweisen werden Bilder und Vorstellungen vom Sterben transportiert und internalisiert, die uns – medial gestützt – das Fürchten vorm Sterben lehren. Furcht vorm Sterben darf sein. Dennoch ist es eine Erfahrung aus der Palliative Care und der Care-Ethik, dass ein anderes Sprechen andere Bilder und Vorstellungen transportiert, die neben der Furcht auch Vertrauen wachsen lassen, dass ein Leben bis zuletzt möglich sein kann. Ein anderes Sprechen gelingt:

- durch die Anerkennung der Perspektive der Bezogenheit,
- durch Zeit für Zuwendung,
- durch die Erfahrung lebensbejahender Kontexte
- und schließlich durch die Einbettung in einer Ethik der Sorge.

Ein anderes Sprechen in der Perspektive der Bezogenheit

Care-Ethik ist eine Ethik der Bezogenheit. Das Leben in Beziehung geht dem eigenständigen Leben stets voraus.

- **Eine Perspektive der Bezogenheit** macht achtsam für das Leben des anderen im Sterben anstatt sich nur auf Notfälle zu fixieren. Fragen zum Sterben werden aus der alltäglichen Begegnung mit Menschen abgeleitet und nicht umgekehrt die Begegnung zum Zweck des Fragens übers Sterben angestrebt (wie beim ACP)

- **Eine Perspektive der Bezogenheit** macht achtsam für den sozialen Druck, der entstehen kann, wenn Menschen, die auf andere angewiesen sind, aufgefordert werden, über ihr Sterben in medizinisch heiklen Szenarien nachdenken zu sollen

- **Eine Perspektive der Bezogenheit** wendet den Fokus: weg von einer rein medizinischen Perspektive hin auf die soziale Perspektive der letzten Lebensphase und auf die Wünsche und Bedürfnisse Sterbender. Was sind die Wünsche Sterbender?
  - Oft ist es der Wunsch, im Sterben nicht allein zu sein, sondern vertraute Menschen um und bei sich zu haben und sich geborgen fühlen zu dürfen.
  - Es ist der Wunsch, nicht unerträglich unter Schmerzen und anderen belastenden Symptomen leiden zu müssen.
  - Es ist der Wunsch, letzte Dinge regeln zu können und sich von nahestehenden Menschen verabschieden zu können.
  - Und Sterbende wünschen sich, mit der Frage nach dem Sinn des eigenen Lebens und Sterbens, mit den eigenen Vorstellungen über ein Danach, aber auch mit Verzweiflung und Ängsten und Unruhe am Lebensende ernst genommen zu werden und Menschen an der Seite zu wissen, die sie begleiten.

Ein anderes Sprechen durch Zeit für Zuwendung

- **Ein anderes Sprechen orientiert sich an den Bedürfnissen und Wünschen des anderen.** Ein solches Sprechen braucht Zeit – Zeit für Zuwendung. Die Rahmenbedingungen im Gesundheitswesen sehen diese Zeit nicht vor. Patientenverfügungen sind erwünscht, um das eigene institutionelle Handeln abzusichern. Und es werden Gesprächsangebote in Pflegeeinrichtungen installiert, die mitunter und je nach angewendetem Konzept verlässlichere Patientenverfügungen hervorbringen sollen. Es findet eine Funktionalisierung und Verkürzung des Sprechens über das Lebensende statt, angereichert mit bedrohlichen Sterbeszenarien, die in dieses Sprechen eingewoben sind.

- **Ein anderes Sprechen braucht Zeit für Zuwendung.** Wir brauchen Rahmenbedingungen für die Einrichtungen des Gesundheitswesens, die diese Zeit vorsehen. Aus sorgeethischer Perspektive ist nämlich auf beides zu achten: auf das Wohlergehen der Menschen, die wir begleiten, und gleichzeitig auf das Wohlergehen derer, die Sorge ausüben – denn ohne ihr Wohlergehen kann es das der anderen nicht geben. Sterbende mit ihren Angehörigen und die Sorgenden brauchen also menschenfreundliche Bedingungen und lebensbejahende Kontexte. (Baumann und Kohlen 2018)

Ein anderes Sprechen ist in die Erfahrung lebensbejahender Kontexte eingebettet

Nicht nur die Entscheidung zum Tod soll im Mittelpunkt gesellschaftspolitischer Debatten stehen, sondern vielmehr die Gestaltung der Rahmenbedingungen eines Lebens im Sterben, damit Sterbende mit ihren An- und Zugehörigen und auch die Sorgenden unter menschenfreundlichen Bedingungen und im Rahmen lebensbejahender Kontexte leben und begleiten können.

- **Lebensbejahende Kontexte:** sind Orte, an denen wir uns bis zuletzt sicher und geborgen fühlen dürfen

- **Lebensbejahende Kontexte:** sind sorgende und verlässliche Menschen an unserer Seite – an den Orten, an denen wir sterben und an denen wir im Sterben Vertrauen, Geborgenheit und eine lindernde Fachlichkeit erleben dürfen

- **Lebensbejahende Kontexte:** sind Orte und Menschen, an denen und durch deren Unterstützung wir uns bis zuletzt als selbstwirksam und bedeutsam erleben dürfen

Der Theologe und Psychologe Heribert Gärtner hat diese lebensbejahenden Kontexte in einer sehr berührenden Erzählung über seine schwer erkrankte Freundin beschrieben. Er selbst nennt sie „Die Geschichte eines angekündigten, aber nicht vollzogenen Suizids einer Frau mit Hirnmetastasen." (Gärtner 2015) Sie hatte den Wunsch nach Suizid mehrfach ausgesprochen, aber bis zuletzt nicht umgesetzt. Er erzählt die Geschichte nicht als Erfolgsgeschichte der Palliativmedizin, sondern als Einsicht in grundlegende Bedürfnisse, die wir bis zuletzt haben und die durchaus eine lebensbejahende Kraft entfalten können:

- Eben bis zuletzt an einem **Ort** sein zu können, an dem wir uns wohl und geborgen fühlen, an dem wir möglicherweise aber nur mit viel Unterstützung sein können.

- Durch die Unterstützung von **Menschen**, denen wir vertrauen, denen wir uns in unserer Verletzlichkeit anvertrauen können und denen wir uns zumuten und zur Last fallen dürfen. Menschen, die uns mit Rat und Tat – und das beinhaltet neben der sozialen, psychischen und spirituellen Unterstützung eben auch eine fachlich kompetente palliativ-medizinische und palliativ-pflegerische Unterstützung – zur Seite stehen.

- Denn so kann es möglicherweise gelingen, dass wir uns bis zuletzt als **selbstwirksam** und bedeutsam erleben dürfen. Der Raum und die Zeit sind dafür vorgesehen.

Wir brauchen lebensbejahende Kontexte – nicht um Todeswünsche zu verhindern, sondern weil schwerstkranke und sterbende Menschen ein Recht auf solche Kontexte haben. Dafür setzt sich auch die Charta zur Betreuung schwerstkranker und sterbender Menschen in Deutschland ein.

Ein anderes Sprechen ist in einer der Ethik der Sorge eingebettet

- Eine **Ethik der Sorge** fordert uns als Gesellschaft heraus, unsere Sorge vom verletzlichen Menschen her zu denken und zu organisieren und uns deshalb für lebensbejahende Kontexte einzusetzen.

- Eine **Ethik der Sorge** fordert uns als Gesellschaft heraus, alten, schwer kranken und sterbenden Menschen, ihren An- und Zugehörigen, aber auch den professionell Sorgenden menschenfreundliche Lebens- und Arbeitsbedingungen zu bieten. Das kann nur in geteilter Verantwortung und nur im Rahmen einer Kultur der Wertschätzung eines Lebens unter den Bedingungen des Angewiesen-Seins im Alter, in schwerer Krankheit und im Sterben gelingen.

- Eine **Ethik der Sorge** fordert uns als Gesellschaft heraus, ein anderes Sprechen übers Sterben einzuüben, das in die Erfahrung lebensbejahender Kontexte eingebettet ist. So kann Raum und Zeit für ein anderes Sprechen sein, das ernst nimmt, dass am Ende des Lebens auf einmal doch alles ganz anders sein kann als gedacht und geplant und dass wir am Ende unseres Lebens Orte der Geborgenheit und verlässliche Menschen brauchen, in deren Hände wir uns vertrauensvoll geben dürfen.

Literaturhinweise

Baumann, M. (2020). „Ich will sterben". Reflexionen über Todeswünsche und assistierten Suizid im Kontext hospizlicher Praxis. In: die hospiz zeitschrift palliative care 03/2020, S. 43–47.

Baumann, M. (2021). Sterben oder das Projekt Lebensende – Perspektiven einer Ethik der Sorge. Manfred Baumann – Hospitalhof Stuttgart, 28.09.2021. Unveröffentlicht.

Baumann, M./Kohlen, H. (2018). „Zeit des Bezogenseins" als Merkmal einer sorgeethisch begründeten palliativen Praxis. In: Bergemann, L./Hack, C./Frewer, A. (Hrsg.) (2018). Entschleunigung als Therapie? Zeit der Achtsamkeit in der Medizin. Jahrbuch Ethik in der Klinik (JEK) Bd. 11. Verlag Königshausen & Neumann: Würzburg, S. 95–118.

Bell, B./Grüber, K. (2020). Gesundheitliche Versorgungsplanung für Menschen mit Behinderung. In: Dr. med. Mabuse 244(03–04)/2020, S. 28–30.

Borasio, G. D. (2014). Selbst bestimmt sterben: Was es bedeutet. Was uns daran hindert. Wie wir es erreichen können. C.H.Beck: München.

Coors, M./Jox, R. J./In der Schmitten, J. (Hrsg.) (2015). Advance Care Planning. Von der Patientenverfügung zur gesundheitlichen Vorausplanung. Kohlhammer: Stuttgart.

Deutsche Gesellschaft für Palliativmedizin e. V./Deutscher Hospiz- und PalliativVerband e. V./Bundesärztekammer (Hrsg.) (2010). Charta zur Betreuung schwerstkranker und sterbender Menschen in Deutschland. Berlin. https://www.charta-zur-betreuung-sterbender.de/die-charta.html (Zugriff: 29.12.2021)

Deutscher Hospiz- und PalliativVerband e. V. (Hrsg.) (2016). Advance Care Planning (ACP) in stationären Pflegeeinrichtungen. Eine Einführung auf

Grundlage des Hospiz- und Palliativgesetzes (HPG). Deutscher Hospiz- und PalliativVerband e. V.: Berlin. https://www.dhpv.de/files/public/ themen/20160223_Handreichung_ACP.pdf (Zugriff: 04.11.2021)

Feyerabend, E. (2016). „Advance Care Planning": Zwischen Lebensklugheit und Planungszwang. Vortragsmanuskript zum Workshop beim 11. Kongress der Deutschen Gesellschaft für Palliativmedizin in Leipzig. https://www.bio-skop-forum.de/media/erika_feyerabend___workshop____advance_care_ planning____-_zwischen_lebensklugheit_und_planungszwang.pdf (Zugriff: 02.11.2021)

Feyerabend, E. (2017). Moderne Planungsspezialisten – kritische Analyse einer Praxis. In: Praxis PalliativeCare 37/2017, S. 14–17.

Gärtner, H. W. (2015). „Nur damit Du es weißt: Ich werde nicht leiden und mein Ende selbst bestimmen…" Die Geschichte eines angekündigten, aber nicht vollzogenen Suizids einer Frau mit Hirnmetastasen. In: Niederschlag, H./Proft, I. (Hrsg.) (2015). Recht auf Sterbehilfe? Politische, rechtliche und ethische Positionen. Reihe: Ethische Herausforderungen in Medizin und Pflege Bd. 7. Matthias Grünewald Verlag: Ostfildern, S. 73–85.

Graefe, S. (2008). Im Gewand von Autonomie. In: BIOSKOP 44/2008, S. 4 f. https://www.bioskop-forum.de/files/downloads/graefe-bioskop44-s4-5.pdf (Zugriff: 19.06.2022)

Gronemeyer, R. (2007). Von der Lebensplanung zur Sterbeplanung. Eine Perspektive der kritischen Sozialforschung. In: Gehring, P./Rölli, M./ Saborowski, M. (Hrsg.) (2007). Ambivalenzen des Todes. wbg Academic: Darmstadt, S. 51–59.

Gronemeyer, R. (2012). Projekt Lebensende. Wo ist die Kunst des Sterbens geblieben. Essay von Reimer Gronemeyer. In: SPIEGEL WISSEN 04/2012, S. 124–127.

Heller, A./Pleschberger, S. (2017). Editorial. Unplanbares planen. In: Praxis PalliativeCare 37/2017, S. 1.

Kellehear, A. (2017). Current social trends and challenges for the dying person. In: Jakoby, N./Thönnes, M. (Hrsg.) (2017). Zur Soziologie des Sterbens. Aktuelle theoretische und empirische Beiträge. Springer VS: Wiesbaden, S. 11–28.

Kohlen, H. (2016). Sterben als Regelungsbedarf, Palliative Care und die Sorge um das Ganze. Editorial. In: Ethik in der Medizin 01/2016, S. 1–4.

Leget, C. (2021). Der innere Raum. Wie wir erfüllt leben und gut sterben können. Eine Ars moriendi für unsere Zeit. Patmos Verlag: Ostfildern.

Maio, G. (2014). Medizin ohne Maß? Vom Diktat des Machbaren zu einer Ethik der Besonnenheit. TRIAS Verlag: Stuttgart.

Michel, K. (2017). Vorsorgediagnose. Zu den juristischen, institutionellen und sozialen Dimensionen von Patientenverfügungen. In: Praxis PalliativeCare 37/2017, S. 18–20.

Neitzke, G. (2015). Gesellschaftliche und ethische Herausforderungen des Advance Care Plannings. In: Coors, M./Jox, R. J./In der Schmitten, J. (Hrsg.) (2015). Advance Care Planning. Von der Patientenverfügung zur gesundheit-lichen Vorausplanung. Kohlhammer: Stuttgart, S. 152–163.

Steffensky, F. (2018). Fassen, was nicht zu fassen ist. Vortrag 19. Süddeutsche Hospiztage, 4.-6.Juli 2018, Hohenheim. Kooperationsveranstaltung der Akademie der Diözese Rottenburg-Stuttgart, der Evangelischen Akademie Bad Boll, des Caritasverbandes Rottenburg-Stuttgart, des Diakonischen Werks Württemberg und des Hospiz-und PalliativVerband Baden-

Württemberg. https://docplayer.org/105932805-Fassen-was-nicht-zu-fassen-ist.html (Zugriff: 19.06.2022)

Streeck, N. (2017). Sterben, wie man gelebt hat. Die Optimierung des Lebensendes. In: Jakoby, Nina/Thönnes, Michaela. (Hrsg.) (2017). Zur Soziologie des Sterbens. Aktuelle theoretische und empirische Beiträge. Wiesbaden, S. 29–48.

Verrel, T./Schmidt, K. W. (2012). Sterbehilfe und Sterbebegleitung. Eine Orientierungshilfe zur ärztlichen Entscheidungsfindung aus juristischer und medizinethischer Sicht. In: Hessisches Ärzteblatt 08/2012, S. 501–502; 512–516.

3.4 Chronologische Übersicht aller angebotenen Ethik-Cafés

2009: 1) Entscheidungen; 2) Belastungen/Entlastungen, 3) Umgang mit Ansprüchen in der Pflege und Medizin.

2010: 1) Wahrheit und Wahrhaftigkeit; 2) Gerechtigkeit; 3) Würde; 4) Sinn.

2011: 1) Verantwortung und Verantwortlichkeit; 2) Macht und Ohnmacht; 3) Menschenbilder und andere Vorbilder; 4) Großzügigkeit.

2012: 1) Beschleunigung/Entschleunigung – zum Phänomen der Zeit; 2) Terrorismus der Selbstbestimmung – die Grenzen der Autonomie; 3) Sterben begleiten – Grundsätze der Bundesärztekammer 2011; 4) Loyalität – zwischen Verpflichtung und Selbstverpflichtung.

2013: 1) Mitleid oder Mit-Leiden; 2) Organtransplantation – tödliches Dilemma oder ethische Pflicht? 3) Versorgung oder Fürsorge; 4) Der Blick auf das Lebensende.

2014: 1) Ethische Prinzipien nach Beauchamp und Childress; 2) Die ethische Falldiskussion; 3) Therapiebegrenzung oder-fortführung? 4) Ich will das alles nicht – lasst mich in Ruhe.

2015: 1) Die Patientenverfügung – Wann gilt sie, brauche ich eine, will ich überhaupt eine? 2) Wohin mit den Dementen? Die Frage von Inklusion und Exklusion am Beispiel von Demenzdörfern; 3) Möglichkeiten und Grenzen von Palliative Care; 4) Hoffnung und Hoffnungslosigkeit.

2016: 1) Caring Communities oder die Frage geteilter Verantwortung; 2) Enhancement oder die Optimierung des Menschen; 3) Möglichkeiten oder Grenzen des Machbaren; 4) Sterben oder das „Projekt Lebensende".

2017: 1) Ethik in der Organisation und Organisation der Ethik in Institutionen des Gesundheitswesens; 2) Zwischen Mitleid und Abgrenzung; 3) Scham und Würde in der medizinischen und pflegerischen Praxis; 4)

Menschenwürde und Scham; 5) Was würden wir tun, wenn…; 6) Die Wahrheit über das Sterben.

2018: 1) Projekt Lebensende; 2) Ökonomie versus Ethik im Gesundheitswesen? 3) Wahrheit und Wahrhaftigkeit; 4) Interkulturalität als Herausforderung; 5) Die Unerträglichkeit des Leidens; 6) Sterbefasten.

2019: 1) Offenheit statt Vorurteil – Interkulturalität als Herausforderung; 2) Advance Care Planning – Leben und Sterben im Voraus planen? 3) Umgang mit Frust und Enttäuschung aus sorgeethischer Perspektive; 4) Mythos Selbstbestimmung – der Patient im Mittelpunkt? 5) Heiligt der Zweck die Mittel? Die aktuelle Debatte zur Organtransplantation; 6) Serviceorientierung – Pflicht oder Tugend; 7) Der einsame Mensch als Patient im Mittelpunkt?

2020: 1) Gerechtigkeit im Krankenhaus; 2) Robotik in der Pflege alter und kranker Menschen; 3) Sinn und Unsinn von Patientenverfügungen; 4) Projekt Lebensende; 5) Gewalt in Einrichtungen des Gesundheitswesens; 6) Ethische Konflikte in Zeiten einer Pandemie; 7) Einsamkeit aus sorgeethischer Perspektive.

2021: 1) Einsamkeit als Herausforderung; 2) Social Distancing – Auf Distanz; 3) Menschenwürde und Scham; 4) Fragen der Gerechtigkeit in Zeiten einer Pandemie; 5) Die Wahrheit über das Sterben; 6) Was lernen wir aus der Corona-Krise?

2022: 1) Assistierter Suizid – wer soll das tun und wo? 2) Die Macht und Verantwortung von Sprache; 3) Patientenorientierte Kommunikation in Zeiten einer Pandemie; 4) Ist das Sterben wieder legitim – am Beispiel der Triage? 5) Medizinethik: Was lernen wir aus der Corona-Krise? 6) Krankenhaus-Mitarbeiter*innen zwischen Macht und Ohnmacht; 7) Was bedeutet Würde in palliativen Situationen? 8) Worauf können wir hoffen? 9) Die Idee von der Seele oder: was bleibt von uns? 10) Bilder und Vorstellungen übers Sterben brauchen ein anderes Sprechen.

Literaturhinweise

Klinisches Ethikkomitee des Robert-Bosch-Krankenhauses und der Klinik Schillerhöhe (KEK) (2010/2011). Einladung Ethik-Café. Eine Veranstaltungsreihe des Klinischen Ethikkomitees. Programm 2010. Stuttgart.

Klinisches Ethikkomitee des Robert-Bosch-Krankenhauses und der Klinik Schillerhöhe (KEK) (2012). Einladung Ethik-Café. Eine Veranstaltungsreihe des Klinischen Ethikkomitees. Programm 2012. Stuttgart.

Klinisches Ethikkomitee des Robert-Bosch-Krankenhauses und der Klinik Schillerhöhe (KEK) (2013). Einladung Ethik-Café. Eine Veranstaltungsreihe des Klinischen Ethikkomitees. Programm 2013. Stuttgart.

Klinisches Ethikkomitee des Robert-Bosch-Krankenhauses und der Klinik Schillerhöhe (KEK) (2015). Einladung Ethik-Café. Eine Veranstaltungsreihe des Klinischen Ethikkomitees. Programm 2015. Stuttgart.

Klinisches Ethikkomitee des Robert-Bosch-Krankenhauses und der Klinik Schillerhöhe (KEK) (2016). Einladung Ethik-Café. Eine Veranstaltungsreihe des Klinischen Ethikkomitees. Programm 2016. Stuttgart.

Klinisches Ethikkomitee des Robert-Bosch-Krankenhauses und der Klinik Schillerhöhe (KEK) (2017). Einladung Ethik-Café. Eine Veranstaltungsreihe des Klinischen Ethikkomitees. Programm 2017. Stuttgart.

Klinisches Ethikkomitee des Robert-Bosch-Krankenhauses und der Klinik Schillerhöhe (KEK) (2018). Einladung Ethik-Café. Eine Veranstaltungsreihe des Klinischen Ethikkomitees. Programm 2018. Stuttgart.

Klinisches Ethikkomitee des Robert-Bosch-Krankenhauses und der Klinik Schillerhöhe (KEK) (2019). Einladung Ethik-Café. Eine Veranstaltungsreihe des Klinischen Ethikkomitees. Programm 2019. Stuttgart.

Klinisches Ethikkomitee des Robert-Bosch-Krankenhauses und der Klinik Schillerhöhe (KEK) (2020). Einladung Ethik-Café. Eine Veranstaltungsreihe des Klinischen Ethikkomitees. Programm 2020. Stuttgart.

Klinisches Ethikkomitee des Robert-Bosch-Krankenhauses und der Klinik Schillerhöhe (KEK) (2021). Einladung Ethik-Café. Eine Veranstaltungsreihe des Klinischen Ethikkomitees. Programm 2021. Stuttgart.

Klinisches Ethikkomitee des Robert-Bosch-Krankenhauses und der Klinik Schillerhöhe (KEK) (2022). Einladung Ethik-Café. Eine Veranstaltungsreihe des Klinischen Ethikkomitees. Programm 2022. Stuttgart.

Literatur

Angstwurm, H. (2012). Hintergründe zu den Hirntodkriterien der Bundesärztekammer. In: Niederschlag, H./Proft, I. (Hrsg.) (2012). Wann ist der Mensch tot? Diskussion um Hirntod, Herztod und Ganztod. Reihe: Ethische Herausforderungen in Medizin und Pflege. Bd. 3. Matthias Grünewald Verlag: Ostfildern, S. 9–18.

Árnason, V. (2006). Dialog und Menschenwürde. Ethik im Gesundheitswesen. Reihe: Ethik in der Praxis – Studien. LIT Verlag: Münster.

Arnold, D./Kersting, K./Stemmer, R. (2006). Podiumsgespräch: Pflegewissenschaft im paradigmatischen Diskurs – Bedeutung für das Pflegehandeln. In: Pflege & Gesellschaft 02/2006, S. 170–182.

Assheuer, T. (2006). Atemlos. In: DIE ZEIT 26.01.2006 05/2006. https://www.zeit.de/2006/05/ST-Beschleunigung (Zugriff: 16.07.2022)

Bartholomeyczik, S. et al. (2008). Arbeitsbedingungen im Krankenhaus. Bundesanstalt für Arbeitsschutz und Arbeitsmedizin (BAUA): Dortmund/Berlin/Dresden. https://www.baua.de/DE/Angebote/Publikationen/Berichte/F2032.pdf?__blob=publicationFile (Zugriff: 22.05.2022)

Bauman, Z. (2016). Die Angst vor den anderen. Ein Essay über Migration und Panikmache. 5. Aufl. Suhrkamp Verlag: Berlin.

Baumann, M. (2013). Palliative Haltung. Masterarbeit. Vallendar. https://kidoks.bsz-bw.de/frontdoor/deliver/index/docId/403/file/Masterarbeit_Vallendar_25.08.2014.pdf (Zugriff: 22.01.2021)

Baumann, M. (2020). »Ich will sterben«. Reflexionen über Todeswünsche und assistierten Suizid im Kontext hospizlicher Praxis. In: die hospizzeitschrift palliative care 03/2020, S. 43–47.

Baumann, M. (2021). Ethisch relevante Fragen im Jahr der Pandemie 2020. In: HOSPIZ STUTTGART (Hrsg.) (2021). Die Menschen im HOSPIZ STUTTGART im Jahr der Corona Pandemie 2020. Hospiz Stuttgart: Stuttgart, S. 77–82.

Baumann, M. (2021). Sterben oder das Projekt Lebensende – Perspektiven einer Ethik der Sorge. Manfred Baumann – Hospitalhof Stuttgart, 28.09.2021. Unveröffentlicht.

Baumann, M./Kohlen, H. (2016). Rezension Ernst Engelke, Die Wahrheit über das Sterben. Wie wir besser damit umgehen, Reinbek (Rowohlt) 2015, 256 Seiten. In: Zeitschrift für medizinische Ethik 64/2018, S. 79–80.

Baumann, M./Kohlen, H. (2018). „Zeit des Bezogenseins" als Merkmal einer sorgeethisch begründeten palliativen Praxis. In: Bergemann, L./Hack, C./Frewer, A. (Hrsg.) (2018). Entschleunigung als Therapie? Zeit der Achtsamkeit in der Medizin. Jahrbuch Ethik in der Klinik (JEK) Bd. 11. Verlag Königshausen & Neumann: Würzburg, S. 95–118.

Baumann, M./Kohlen, H./Brandenburg, H. (2014). „Ich pflege lebende Tote". Ethische Überlegungen zur Pflege hirntoter Patienten. In: Zeitschrift für medizinische Ethik 60(04)/2014, S. 339–353.

Baumann, M./Lammer, A./Guilliard-Hägele, A. (2021). Erfahrungen von Care Givern aus dem Feld der pädiatrischen Palliative Care in der Begleitung von Familien mit einem schwer kranken Kind in Zeiten einer Pandemie. In: die hospiz zeitschrift palliative care 92(04)/2021, S. 42–45.

Beauchamp, T. L./Childress, J. F. (1994). Principles of Biomedical Ethics. 4. Aufl. Oxford University Press: New York/Oxford.

Beauchamp, T. L./Childress, J. F. (2013). Principles of Biomedical Ethics. 7. Aufl. Oxford University Press: Oxford.

Becker, H. (2018). Robotik in der Gesundheitsversorgung: Hoffnungen, Befürchtungen und Akzeptanz aus Sicht der Nutzerinnen und Nutzer. In: Bendel, O. (Hrsg.) (2018). Pflegeroboter. Springer Gabler: Wiesbaden, S. 229–248.

Behringer, D. et al (2021). Behandlung im Voraus Planen – ein Praxisprojekt zur Implementierung vorausschauender Versorgungsplanung in einer onkologischen Abteilung. In: Palliativmedizin 22/2021, S. 265–270.

Bell, B./Grüber, K. (2020). Gesundheitliche Versorgungsplanung für Menschen mit Behinderung. In: Dr. med. Mabuse 244(03–04)/2020, S. 28–30.

Bendel, O. (2021). Human Enhancement. In: Gabler Wirtschaftslexikon. https://wirtschaftslexikon.gabler.de/definition/human-enhancement-54034 (Zugriff: 02.11.2021)

Bendel, O. (Hrsg.) (2018). Pflegeroboter. Springer Gabler: Wiesbaden. https://
link.springer.com/content/pdf/https://doi.org/10.1007/978-3-658-22698-5.pdf
(Zugriff: 05.07.2022)

Bergemann, L./Hack, C./Frewer, A. (Hrsg.) (2018). Entschleunigung als Therapie?
Zeit der Achtsamkeit in der Medizin. Jahrbuch Ethik in der Klinik (JEK)
Bd. 11. Verlag Königshausen & Neumann: Würzburg.

Bergmann, A. (2022). Organspende – tödliches Dilemma oder ethische Pflicht?
Essay. In: Aus Politik und Zeitgeschichte 20–21/2011, S. 10–15.

Bickhardt, J./Hanke, M. (2014). Freiwilliger Verzicht auf Nahrung und Flüssigkeit.
Eine ganz eigene Handlungsweise. Ob der freiwillige Verzicht auf Nahrung und
Flüssigkeit als Suizid anzusehen ist, wird kontrovers diskutiert. In: Deutsches
Ärzteblatt 14/2014, S. 590–592.

Biller-Andorno, N./Salathé, M. (2013). Human Enhancement: Einführung und
Definition. In: Schweizerische Ärztezeitung 94/2013, S. 168–172.

Bonacker, M./Geiger, G. (Hrsg.) (2021). Migration in der Pflege. Wie Diversität
und Individualisierung die Pflege verändern. Springer Verlag: Berlin.

Borasio, G. D. (2014). Selbst bestimmt sterben: Was es bedeutet. Was uns daran
hindert. Wie wir es erreichen können. C.H.Beck: München.

Bormann, F.-J. (2021). Pandemien als Herausforderung für die Gerechtigkeit. In:
Zeitschrift für medizinische Ethik 67(02)/2021, S. 171–188.

Bozzaro, C. (2015). Assistierter Suizid zur Linderung unerträglichen Leidens? In:
Forum 05/2015, S. 389–392.

Brand, C. (2012). Ein Dorf für Vergessende. In: Tec21 40–41/2012, S. 27–31.
https://www.e-periodica.ch/cntmng?pid=sbz-004:2012:138::3526   (Zugriff:
02.11.2021)

Brathuhn, S. (1999). Lernen, mit dem Tod zu Leben. Menschenwürdiges Sterben –
Möglichkeiten der Sterbebegleitung – Hospizbewegung. Der Andere Verlag: Bad
Iburg.

Braun, N. (2016). Von interkulturellen (und anderen) Hindernissen fürs Bleiben.
Vortrag Studium Generale Wintersemester 2016/2017. Eberhard Karls Universität Tübingen: 22.12.2016.

Bund (2016). Glossarbegriffe. http://www.bmg.bund.de/glossarbegriffe/g/gen-
diagnostikgesetz.html (Zugriff: 05.06.2016)

Bundesanstalt für Arbeitsschutz und Arbeitsmedizin (BAUA) (2011). Branchenschwerpunkt ambulante und stationäre Pflege. http://www.baua.de/de/Themen-
von-A-Z/Pflege/Pflege.html (Zugriff: 08.07.2011)

Bundesärztekammer (2019). Stellungnahme der Zentralen Kommission zur
Wahrung ethischer Grundsätze in der Medizin und ihren Grenzgebieten
(Zentrale Ethikkommission) bei der Bundesärztekammer. „Advance Care
Planning (ACP)". In: Deutsches Ärzteblatt 2019 https://www.zentrale-ethik-
kommission.de/fileadmin/user_upload/_old-files/downloads/pdf-Ordner/
Zeko/2019-12-05_Bek_BAEK_ACP_Online_Final.pdf (Zugriff: 28.07.2022)

Bundesministerium der Justiz und für Verbraucherschutz (Hrsg.) (2021). Betreuungsrecht. Mit ausführlichen Informationen zur Vorsorgevollmacht. https://www.bmj.de/SharedDocs/Publikationen/DE/Betreuungsrecht.pdf?__blob=publicationFile&v=10 (Zugriff: 16.07.2022)

Bundesministerium der Justiz und für Verbraucherschutz (Hrsg.) (2022). Patientenverfügung. Wie sichere ich meine Selbstbestimmung in gesundheitlichen Angelegenheiten? Broschüre. https://www.bmj.de/SharedDocs/Publikationen/DE/Patientenverfuegung.html (Zugriff: 16.07.2022)

Bundesministerium der Justiz/Bundesamt für Justiz (2009). Bürgerliches Gesetzbuch (BGB). § 1901a Patientenverfügung. https://www.gesetze-im-internet.de/bgb/__1901a.html (Zugriff: 26.07.2022)

Bundesministerium für Familie, Senioren, Frauen und Jugend. Referat Öffentlichkeitsarbeit (Hrsg.) (2017). Siebter Altenbericht Sorge und Mitverantwortung in der Kommune – Aufbau und Sicherung zukunftsfähiger Gemeinschaften und Stellungnahme der Bundesregierung. 2. Aufl. Publikationsversand der Bundesregierung: Rostock. https://www.siebter-altenbericht.de/fileadmin/altenbericht/pdf/Der_Siebte_Altenbericht.pdf (Zugriff: 02.11.2021)

Bundesministerium für Gesundheit (2020). Vielfalt Pflegen-eLearning Plattform startet. https://www.bundesgesundheitsministerium.de/ministerium/meldungen/2020/vielfalt-pflegen.html (Zugriff: 23.07.2022)

Bundesministerium für Justiz/Bundesamt für Justiz (2022). Grundgesetz für die Bundesrepublik Deutschland. https://www.gesetze-im-internet.de/gg/BJNR000010949.html (Zugriff: 15.07.2022)

Bürgerliches Gesetzbuch (BGB) (2022). § 1901a,b Patientenverfügung. https://www.gesetze-im-internet.de/bgb/__1901a.html (Zugriff: 16.07.2022)

Bürgerliches Gesetzbuch (BGB) (2022). § 630d Einwilligung. https://dejure.org/gesetze/BGB/630d.html (Zugriff: 16.07.2022)

Chabot, B./Walther, C. (2017). Ausweg am Lebensende. Sterbefasten – Selbstbestimmtes Sterben durch Verzicht auf Essen und Trinken. 5., aktualisierte und erweiterte Aufl. Ernst Reinhardt Verlag: München.

Conrad, J./Feuerhack, M. (2006). Qualitative und quantitative Interviews mit Pflegenden im Bereich der Transplantationsmedizin/Intensivmedizin. In: Manzei, A./Schneider, W. (Hrsg.) (2006). Transplantationsmedizin. Kulturelles Wissen und Gesellschaftliche Praxis. Darmstädter interdisziplinäre Beiträge 11. agenda Verlag: Münster, S. 183–203.

Conradi, E. (2001). Take Care. Grundlagen einer Ethik der Achtsamkeit. Campus Verlag: Frankfurt am Main.

Conradi, E. (2002). Vom Besonderen zum Allgemeinen – Zuwendung in der Pflege als Ausgangspunkt einer Ethik. In: Wiesemann, C. et al. (Hrsg.) (2002). Pflege und Ethik. Leitfaden für Wissenschaft und Praxis. Kohlhammer Verlag: Stuttgart, S. 30-46.

Conradi, E. (2013). Ethik im Kontext sozialer Arbeit. In: EthikJournal 01(01)/2013, S. 1–19. www.ethikjournal.de/fileadmin/user_upload/ethikjournal/Texte_Ausgabe_1_04-2013/1_2013_1_Conradi_red__freigegeben__ Endversion_.pdf (Zugriff: 26.11.2017)

Conradi, E./Vosman, F. (Hrsg.) (2016). Praxis der Achtsamkeit. Schlüsselbegriffe der Care-Ethik. Campus Verlag: Frankfurt am Main/New York.

Coors, M./Jox, R. J./In der Schmitten, J. (Hrsg.) (2015). Advance Care Planning. Von der Patientenverfügung zur gesundheitlichen Vorausplanung. Kohlhammer: Stuttgart.

Daniels, N. (2004). Gerechte Gesundheitsversorgung. In: Wiesing, U. (Hrsg.) (2004). 2., überarbeitete und erweiterte Aufl. Reclam Verlag: Stuttgart, S. 283–286.

Der Spiegel (2012). Spiegel-Gespräch. „Gier ist der Anfang von allem". Die Entwicklung des ökonomischen Ethos: der tschechische Wirtschaftswissenschaftler Tomás Sedlácek über Moral und Krise. In: Der Spiegel 12/2012, S. 112–116.

Deutsche Alzheimer Gesellschaft e. V. (2020). Die Häufigkeit von Demenz-erkrankungen. Informationsblatt 1. Berlin. https://www.deutsche-alzheimer. de/fileadmin/Alz/pdf/factsheets/infoblatt1_haeufigkeit_demenzerkrankungen_ dalzg.pdf (Zugriff: 24.07.2022)

Deutsche Gesellschaft für Palliativmedizin (DGP) (Hrsg.) (2019). Positions-papier der Deutschen Gesellschaft für Palliativmedizin zum freiwilligen Verzicht auf Essen und Trinken. https://www.dgpalliativmedizin.de/phocadownload/ stellungnahmen/DGP_Positionspapier_Freiwilliger_Verzicht_auf_Essen_und_ Trinken%20.pdf (Zugriff: 04.11.2021)

Deutsche Gesellschaft für Palliativmedizin e. V./Deutscher Hospiz- und PalliativVerband e. V./Bundesärztekammer (Hrsg.) (2010). Charta zur Betreuung schwerstkranker und sterbender Menschen in Deutschland. Berlin. https://www. charta-zur-betreuung-sterbender.de/die-charta.html (Zugriff: 29.12.2021)

Deutsche Stiftung Organtransplantation (DSO) (Hrsg.) (2022). DSO Leit-faden für die Organspende. https://dso.de/organspende/fachinformationen/ organspendeprozess/leitfaden-f%C3%BCr-die-organspende (Zugriff: 03.07.2022)

Deutscher Ethikrat (Hrsg.) (2011). Nutzen und Kosten im Gesundheitswesen – Zur normativen Funktion ihrer Bewertung. Stellungnahme. Deutscher Ethik-rat: Berlin. https://www.ethikrat.org/fileadmin/Publikationen/Stellungnahmen/ deutsch/DER_StnAllo-Aufl2_Online.pdf (Zugriff: 16.07.2022)

Deutscher Ethikrat (Hrsg.) (2012). Demenz und Selbstbestimmung. Stellung-nahme. Deutscher Ethikrat: Berlin. https://www.ethikrat.org/fileadmin/ Publikationen/Stellungnahmen/deutsch/stellungnahme-demenz-und-selbst-bestimmung.pdf (Zugriff: 16.07.2022)

Deutscher Ethikrat (Hrsg.) (2015). Hirntod und Entscheidung zur Organspende. Stellungnahme. Deutscher Ethikrat: Berlin. https://www.ethikrat.org/fileadmin/ Publikationen/Stellungnahmen/deutsch/stellungnahme-hirntod-und-ent-scheidung-zur-organspende.pdf (Zugriff: 16.07.2022)

Deutscher Ethikrat (Hrsg.) (2016). Patientenwohl als ethischer Maßstab für das Krankenhaus. Stellungnahme. Deutscher Ethikrat: Berlin. https://www.ethikrat.org/fileadmin/Publikationen/Stellungnahmen/deutsch/stellungnahme-patientenwohl-als-ethischer-massstab-fuer-das-krankenhaus.pdf (Zugriff: 16.07.2022)

Deutscher Ethikrat (Hrsg.) (2018). Hilfe durch Zwang? Professionelle Sorgebeziehungen im Spannungsfeld von Wohl und Selbstbestimmung. Stellungnahme. Deutscher Ethikrat: Berlin. https://www.ethikrat.org/fileadmin/Publikationen/Stellungnahmen/deutsch/stellungnahme-hilfe-durch-zwang.pdf (Zugriff: 16.07.2022)

Deutscher Ethikrat (Hrsg.) (2020). Mindestmaß an sozialen Kontakten in der Langzeitpflege während der Covid-19-Pandemie. AD-HOC-Empfehlung. www.ethikrat.org (Zugriff: 16.07.2022)

Deutscher Ethikrat (Hrsg.) (2020). Robotik für gute Pflege. Stellungnahme. Deutscher Ethikrat: Berlin. https://www.ethikrat.org/fileadmin/Publikationen/Stellungnahmen/deutsch/stellungnahme-robotik-fuer-gute-pflege.pdf (Zugriff: 05.07.2022)

Deutscher Ethikrat (Hrsg.) (2020). Solidarität und Verantwortung in der Corona-Krise. Ad-hoc-Empfehlung. Deutscher Ethikrat: Berlin. https://www.ethikrat.org/fileadmin/Publikationen/Ad-hoc-Empfehlungen/deutsch/ad-hoc-empfehlung-corona-krise.pdf (Zugriff: 04.11.2021)

Deutscher Ethikrat (Hrsg.) (2022). Vulnerabilität und Resilienz in der Krise – Ethische Kriterien für Entscheidungen in einer Pandemie. Stellungnahme. Deutscher Ethikrat: Berlin. https://www.ethikrat.org/fileadmin/Publikationen/Stellungnahmen/deutsch/stellungnahme-vulnerabilitaet-und-resilienz-in-der-krise.pdf (Zugriff: 16.07.2022)

Deutscher Hospiz- und PalliativVerband e. V. (Hrsg.) (2016). Advance Care Planning (ACP) in stationären Pflegeeinrichtungen. Eine Einführung auf Grundlage des Hospiz- und Palliativgesetzes (HPG). Deutscher Hospiz- und PalliativVerband e. V.: Berlin. https://www.dhpv.de/files/public/themen/20160223_Handreichung_ACP.pdf (Zugriff: 04.11.2021)

Deutsches Institut für Menschenrechte (2020). Corona-Krise: Menschenrechte müssen das politische Handeln leiten. Stellungnahme. https://www.institut-fuer-menschenrechte.de/fileadmin/user_upload/Publikationen/Stellungnahmen/Stellungnahme_Coronakrise_Menschenrechte_muessen_das_politische_Handeln_leiten.pdf (Zugriff: 16.07.2022)

Deutsches Referenzzentrum für Ethik in den Biowissenschaften (DRZE) (2019). Organtransplantation. https://www.drze.de/im-blickpunkt/organtransplantation (Zugriff: 03.07.2022)

Domenig, D. (Hrsg.) (2007). Transkulturelle Kompetenz. Lehrbuchbuch für Pflege-, Gesundheits- und Sozialberufe: Lehrbuch für Pflege-, Gesundheits- und Sozialberufe. 2., vollständig überarbeitete und erweiterte Aufl. Huber: Bern.

Domin, H. (2022). Unterricht. http://www.hospizgruppeschopfheim.de/hospiz-schopfheim-texte1-domin.pdf (Zugriff: 31.05.2022)

Dufner, A. (2021). Nutzen und Gerechtigkeit im Rahmen einer Corona-Triage. In: Bundeszentrale für politische Bildung. https://www.bpb.de/themen/umwelt/bioethik/327159/nutzen-und-gerechtigkeit-im-rahmen-einer-corona-triage/ (Zugriff: 06.07.2022)

Eisold, A. et al. (2009). Hoffnung als Pflegephänomen im Rahmen psychiatrischer Pflege. Ein systematischer Literaturüberblick. In: Zeitschrift für Pflegewissenschaft und psychische Gesundheit 03/2009, S. 12–28.

Elsbernd, A./Heidecker, L. (2021). Aus der Krise lernen. Studie zur aktuellen Lage in Einrichtungen der stationären und ambulanten Langzeitpflege in Baden-Württemberg während der Corona-Pandemie. Laufzeit 2020–2021. Jacobs Verlag: Detmold.

Engelhardt, Jr. H. T. (2004). Rechte auf Gesundheitsversorgung, soziale Gerechtigkeit und Fairness in der Allokation von Gesundheitsfürsorge: Enttäuschungen im Angesicht der Endlichkeit. In: Wiesing, U. (Hrsg.) (2004). 2., überarbeitete und erweiterte Aufl. Reclam Verlag: Stuttgart, S. 286–288.

Engelke, E. (2015). Die Wahrheit über das Sterben. Wie wir besser damit umgehen. Rowohlt Taschenbuch Verlag: Reinbek bei Hamburg.

ER/aerzteblatt.de (2019). Bundestag beschließt Organspendegesetz. Donnerstag, 14. Februar 2019. https://www.aerzteblatt.de/nachrichten/101134/Bundestag-beschliesst-Organspendegesetz (Zugriff: 03.07.2022)

Esslinger Initiative vorsorgen – selbst bestimmen e.V. (2020). Patientenverfügung. http://esslinger-initiative.ocular.de/index.php/downloads/send/3-vorsorge-dokumente/15-b-patientenverfuegung (Zugriff: 22.07.2022)

Feldmann, K. (2010). Tod und Gesellschaft. Sozialwissenschaftliche Thanatologie im Überblick. 2., überarbeitete Aufl. VS Verlag für Sozialwissenschaften: Wiesbaden.

Feyerabend, E. (2016). „Advance Care Planning": Zwischen Lebensklugheit und Planungszwang. Vortragsmanuskript zum Workshop beim 11. Kongress der Deutschen Gesellschaft für Palliativmedizin in Leipzig. https://www.bioskop-forum.de/media/erika_feyerabend___workshop____advance_care_planning____-_zwischen_lebensklugheit_und_planungszwang.pdf   (Zugriff: 02.11.2021)

Feyerabend, E. (2017). Moderne Planungsspezialisten – kritische Analyse einer Praxis. In: Praxis PalliativeCare 37/2017, S. 14–17.

Fölsch, D. (2017). Ethik in der Pflegepraxis. Anwendung moralischer Prinzipien auf den Pflegealltag. 3., überarbeitete Aufl. facultas: Wien.

Frewer, A. et al. (Hrsg.) (2010). Hoffnung und Verantwortung. Herausforderungen für die Medizin. Jahrbuch Ethik in der Klinik. Bd. 3. Verlag Königshausen & Neumann: Würzburg.

Frewer, A./Fahr, U./Rascher, W. (Hrsg.) (2009). Patientenverfügung und Ethik. Beiträge zur guten klinischen Praxis. Reihe: Jahrbuch Ethik in der Klinik (JEK) 2. Verlag Königshausen & Neumann: Würzburg.

Fromm, C. (2012a). Konzeption und Moderation von interdisziplinären Ethik-Cafés im Gesundheitswesen. Masterarbeit. Freiburg. (unveröffentlicht)

Fromm, C. (2020). Moralische Probleme und Dilemmata in der Corona-Krise. In Pandemiezeiten verändern sich die ethischen Fragestellungen im Sozial- und Gesundheitswesen. In: Pflegewissenschaft Sonderausgabe: Die Corona-Pandemie 2020, S. 106–108.

Fromm, C. (2021). Konzept Advance Care Planning – was ist der Nutzen für die palliative Praxis? Vortrag: Pflegefachtagung Palliative Care RKH Akademie Markgröningen.   https://www.pflegeundethik.de/dokumente/Palliative_Care_ RKH.pdf (Zugriff: 27.07.2022)

Früh, M./Gasser, A. (2018). Erfahrungen aus dem Einsatz von Pflegerobotern für Menschen im Alter. In: Bendel, O. (Hrsg.) (2018). Pflegeroboter. Springer Gabler: Wiesbaden, S. 37–62.

Fry, S. T. (1995). Ethik in der Pflegepraxis. Anleitung für ethische Entscheidungs-findung. Deutscher Berufsverband für Krankenpflege (DBfK): Eschborn.

Gärtner, H. W. (2015). „Nur damit Du es weißt: Ich werde nicht leiden und mein Ende selbst bestimmen…" Die Geschichte eines angekündigten, aber nicht voll-zogenen Suizids einer Frau mit Hirnmetastasen. In: Niederschlag, H./Proft, I. (Hrsg.) (2015). Recht auf Sterbehilfe? Politische, rechtliche und ethische Positionen. Reihe: Ethische Herausforderungen in Medizin und Pflege Bd. 7. Matthias Grünewald Verlag: Ostfildern, S. 73–85.

Geisler, L. S. (2008). Ist die Hirntod-Definition aus biologisch-medizinischer Sicht plausibel? Vortrag am 19. Januar 2008 in Bonn anlässlich der Tagung der Evangelischen Akademie im Rheinland zum Thema: Die Seele und der Tod. Was sagt die Hirnforschung? II. Forum Neuroethik. http://www.linus-geisler.de/ vortraege/dd/0801evak_hirntod-plausibilitaet.pdf (Zugriff: 03.07.2022)

George, W. M./Banat, G.-A. (2015a). Sterbeort Hospiz. In: Deutsche Zeitschrift für Onkologie 47/2015, S. 1–3.

George, W. M./Banat, G.-A. (2015b). Sterbesituation in stationaren Pflegeein-richtungen. In: das Krankenhaus 04/2015, S. 330–336.

Glaser, J./Höge, T. (2005). Probleme und Lösungen in der Pflege aus Sicht der Arbeits- und Gesundheitswissenschaften. Bundesanstalt für Arbeitsschutz und Arbeitsmedizin (BAUA): Dortmund/Berlin/Dresden. https://d-nb. info/1010621394/34 (Zugriff: 22.05.2022)

Goller, H. (2017). Das Rätsel Seele. Was sagt uns die Wissenschaft? Butzon & Bercker: Kevelaer.

Graefe, S. (2008). Im Gewand von Autonomie. In: BIOSKOP 44/2008, S. 4 f. https://www.bioskop-forum.de/files/downloads/graefe-bioskop44-s4-5.pdf (Zugriff: 19.06.2022)

Graumann, S. (2010). Pränataldiagnostik und Fragen der Anerkennung. In: Remmers, H./Kohlen, H. (2010). Bioethics, Care and Gender. Herausforderungen für Medizin, Pflege und Politik. Reihe: Pflegewissenschaft und Pflegebildung Bd. 4. V & R unipress: Göttingen, S. 133–145.

Gronemeyer, R. (2007). Von der Lebensplanung zur Sterbeplanung. Eine Perspektive der kritischen Sozialforschung. In: Gehring, P./Rölli, M./Saborowski, M. (Hrsg.) (2007). Ambivalenzen des Todes. wbg Academic: Darmstadt, S. 51–59.

Gronemeyer, R. (2012). Projekt Lebensende. Wo ist die Kunst des Sterbens geblieben. Essay von Reimer Gronemeyer. In: SPIEGEL WISSEN 04/2012, S. 124–127.

Gronemeyer, R./Rothe, V. (2014). Demenz: eine gesellschaftliche Herausforderung – und Chance? Neue Chancen für eine kommunale Sorgekultur. In: Praxis PalliativeCare 23/2014, S. 4–5.

Gröschner, R./Kapust, A./Lembcke, O. W. (2013). Wörterbuch der Würde. Wilhelm Fink: München.

Großmaß, R. (2006). Die Bedeutung der Care-Ethik für die Soziale Arbeit. In: Dungs, S. et al. (Hrsg.) (2006). Soziale Arbeit und Ethik im 21. Jahrhundert. Evangelische Verlagsanstalt: Leipzig, S. 319–328.

Guerre, N. (2015). Pflege als Hoffnungsträger. In: Die Schwester Der Pfleger 54(07)/2015, S. 30–33.

Habekuß, F. (2013). Im Dorf des Vergessens. Dorf für Demente. In: ZEIT ONLINE. DIE ZEIT 05/2013. https://www.alzheimer-bw.de/fileadmin/AGBW_Medien/AGBW-Dokumente/Presseartikel/Demenzdorf-De-Hogeweyk-Alzey.pdf (Zugriff: 02.11.2021)

Haller, S./Schnell, M. (2016). Advance Care Planning (ACP) in der Palliativversorgung. Die Entwicklung und Bewertung eines Gesprächsleitfadens als Instrument für ACP anhand einer Delphi-Studie. In: Pflegezeitschrift 69(02)/2016, S. 103 g-o.

Hamburger, K. (1985). Das Mitleid. Klett Cotta: Stuttgart.

Hastedt, H. (1996). Gerechtigkeit. In: Hastedt, H./Martens, E. (Hrsg.) (1996). Ethik. Ein Grundkurs. 2. Aufl. Rowohlt Taschenbuch Verlag: Reinbek bei Hamburg, S. 198–214.

Hax-Schoppenhorst, T. (Hrsg.) (2018a). Das Einsamkeits-Buch. Wie Gesundheitsberufe einsame Menschen verstehen, unterstützen und integrieren können. Hogrefe Verlag: Bern.

Hax-Schoppenhorst, T. (2018b). „Einsamkeit – eine zentrale Herausforderung an das Gesundheitswesen". Vortrag in Wien am 19. Oktober 2018. https://dreilaenderkongress.at/wp-content/uploads/2018/10/Hax-Schoppenhorst.pdf (Zugriff: 30.07.2022)

Heiermann, A. et al. (2020). Auf ein Sterbenswort. Wie die alternde Gesellschaft dem Tod begegnen will. Berlin-Institut für Bevölkerung und Entwicklung: Berlin.

Heinemann, G. (2022). coronarchiv. https://coronarchiv.geschichte.uni-hamburg.de/projector/s/coronarchiv/item/13216 (Zugriff: 03.07.2022)

Heller, A. et al. (Hrsg.) (2014). Patientenverfügung? Beraten und vorsorgen! Praxis PalliativeCare 22/2014.

Heller, A./Knipping, C. (2006). Palliative Care – Haltungen und Orientierungen. In: Knipping, C. (Hrsg.) (2006). Lehrbuch Palliative Care. Huber Verlag: Bern, S. 39–47.

Heller, A./Pleschberger, S. (2017). Editorial. Unplanbares planen. In: Praxis PalliativeCare 37/2017, S. 1.

Heller, A./Schuchter, P. (2017). Patientenverfügungen und Planungseuphorie oder: Die politische Dimension der Vorsorge als ACD (Advance Care Dialogue). In: Praxis PalliativeCare 37/2017, S. 43–45.

Hiemetzberger, M. (2006). Leben und Tod – Pflegende als Grenzgänger. Eine Studie zur Pflege hirntoter Menschen. Facultas Verlag: Wien.

Hülsken-Giesler, M./Daxberger, S. (2018). Robotik in der Pflege aus pflegewissenschaftlicher Perspektive. In: Bendel, O. (Hrsg.) (2018). Pflegeroboter. Springer Gabler: Wiesbaden, S. 125–139.

Hüther, G. (2018). Würde. Was uns stark macht – als Einzelne und als Gesellschaft. 4. Aufl. Albrecht Knaus Verlag: München.

Immenschuh, U. (2018). Scham und Würde in der Pflege. In: GGP 03/2018, S. 115–119. https://www.thieme-connect.com/products/ejournals/pdf/https://doi.org/10.1055/a-0598-9813.pdf (Zugriff: 30.07.2022)

Immenschuh, U./Marks, S. (2014). Würde und Scham – ein Thema für die Pflege. Mabuse Verlag: Frankfurt am Main.

Institut für Sozialarbeit und Sozialpädagogik e. V. (ISS) (Hrsg.) (2014). Sorgende Gemeinschaften – Vom Leitbild zu Handlungsansätzen. Dokumentation. Fachgespräch am 16.12.2013 in Frankfurt am Main. Reihe. ISS im Dialog. ISS: Frankfurt am Main.

International Council of Nurses (ICN) (2021). Der ICN-Ethikkodex für Pflegefachpersonen. Überabreitet 2021. https://www.dbfk.de/media/videos/rvno/ICN_Ethikkodex_2021.pdf (Zugriff: 04.01.2022)

Jankélévitch, V. (2017). Der Tod. Suhrkamp Verlag: Frankfurt am Main.

Jox, R. (2017). Streitpunkt „Natürlicher Wille". Wie sind Äußerungen Demenzkranker für die ethische Entscheidungsfindung zu bewerten? http://docplayer.org/66875018-Streitpunkt-natuerlicher-wille.html (Zugriff: 16.04.2019)

Jox, R./Ach, J./Schöne-Seifert, B. (2014). „Der natürliche Wille" und seine ethische Einordnung. In: Deutsches Ärzteblatt 111(10)/2014, S. 394–396.

Kalitzkus, V. (2007). Postmortale Organspende im Erleben der Angehörigen. In: Graumann, S./Grüber, K. (Hrsg.) (2007). Grenzen des Lebens. LIT: Berlin, S. 153–164.

Keel, D./Volanthen, I. (Hrsg.) (2008). Über den Tod. Poetische und philosophische Texte. Diogenes Verlag: Zürich.

Kehl, C. (2018). Wege zu verantwortungsvoller Forschung und Entwicklung im Bereich der Pflegerobotik. Die ambivalente Rolle der Ethik. In: Bendel, O. (Hrsg.) (2018). Pflegeroboter. Springer Gabler: Wiesbaden, S. 141–160.

Kellehear, A. (2014). Sorgende Gemeinschaften. Sterbebegleitung als Verantwortung jedes Einzelnen. In: Praxis PalliativeCare 23/2014, S. 14–19.

Kellehear, A. (2017). Current social trends and challenges for the dying person. In: Jakoby, N./Thönnes, M. (Hrsg.) (2017). Zur Soziologie des Sterbens. Aktuelle theoretische und empirische Beiträge. Springer VS: Wiesbaden, S. 11–28.

Kittay, E. F. (2004). Behinderung und das Konzept der Care Ethik. In: Graumann, S. et al. (Hrsg.) (2004). Ethik und Behinderung. Ein Perspektivenwechsel. Campus Verlag: Frankfurt am Main/New York, S. 67–80.

Kittay, E. F. (2006). Die Suche nach einer bescheideneren Philosophie. Mentalen Beeinträchtigungen begegnen – herausfinden, was wichtig ist. Dankesrede anlässlich der Verleihung des ersten IMEW-Preises am 23. Oktober 2006 in der Urania, Berlin. http://www.imew.de/de/imew-preis/imew-preis-2006/die-suche-nach-einer-bescheideneren-philosophie/ (Zugriff: 30.06.2015)

Klein, U./Fringer, A. (2013). Freiwilliger Verzicht auf Nahrung und Flüssigkeit in der Palliative Care: ein Mapping Review. In: Pflege 26/2013, S. 411–420.

Klie, T. (2014). Sorgende Gemeinschaften – Blick zurück nach vorn? Geteilte Verantwortung oder Deprofessionalisierung? Was steckt hinter Caring Communities? In: Praxis PalliativeCare 23/2014, S. 2022.

Klinisches Ethikkomitee des Robert-Bosch-Krankenhauses und der Klinik Schillerhöhe (KEK) (2010/2011). Einladung Ethik-Café. Eine Veranstaltungsreihe des Klinischen Ethikkomitees. Programm 2010. Stuttgart.

Klinisches Ethikkomitee des Robert-Bosch-Krankenhauses und der Klinik Schillerhöhe (KEK) (2012). Einladung Ethik-Café. Eine Veranstaltungsreihe des Klinischen Ethikkomitees. Programm 2012. Stuttgart.

Klinisches Ethikkomitee des Robert-Bosch-Krankenhauses und der Klinik Schillerhöhe (KEK) (2013). Einladung Ethik-Café. Eine Veranstaltungsreihe des Klinischen Ethikkomitees. Programm 2013. Stuttgart.

Klinisches Ethikkomitee des Robert-Bosch-Krankenhauses und der Klinik Schillerhöhe (KEK) (2015). Einladung Ethik-Café. Eine Veranstaltungsreihe des Klinischen Ethikkomitees. Programm 2015. Stuttgart.

Klinisches Ethikkomitee des Robert-Bosch-Krankenhauses und der Klinik Schillerhöhe (KEK) (2016). Einladung Ethik-Café. Eine Veranstaltungsreihe des Klinischen Ethikkomitees. Programm 2016. Stuttgart.

Klinisches Ethikkomitee des Robert-Bosch-Krankenhauses und der Klinik Schillerhöhe (KEK) (2017). Einladung Ethik-Café. Eine Veranstaltungsreihe des Klinischen Ethikkomitees. Programm 2017. Stuttgart.

Klinisches Ethikkomitee des Robert-Bosch-Krankenhauses und der Klinik Schillerhöhe (KEK) (2018). Einladung Ethik-Café. Eine Veranstaltungsreihe des Klinischen Ethikkomitees. Programm 2018. Stuttgart.

Klinisches Ethikkomitee des Robert-Bosch-Krankenhauses und der Klinik Schiller-höhe (KEK) (2019). Einladung Ethik-Café. Eine Veranstaltungsreihe des Klinischen Ethikkomitees. Programm 2019. Stuttgart.

Klinisches Ethikkomitee des Robert-Bosch-Krankenhauses und der Klinik Schiller-höhe (KEK) (2020). Einladung Ethik-Café. Eine Veranstaltungsreihe des Klinischen Ethikkomitees. Programm 2020. Stuttgart.

Klinisches Ethikkomitee des Robert-Bosch-Krankenhauses und der Klinik Schiller-höhe (KEK) (2021). Einladung Ethik-Café. Eine Veranstaltungsreihe des Klinischen Ethikkomitees. Programm 2021. Stuttgart.

Klinisches Ethikkomitee des Robert-Bosch-Krankenhauses und der Klinik Schiller-höhe (KEK) (2022). Einladung Ethik-Café. Eine Veranstaltungsreihe des Klinischen Ethikkomitees. Programm 2022. Stuttgart.

Knipper, M./Bilgin, Y. (2009). Migration und Gesundheit. Konrad-Adenauer-Stiftung e. V.: Berlin. https://www.kas.de/c/document_library/get_file?uuid=4a662078-1cdb-347a-9f80-d21698900d2d&groupId=252038 (Zugriff: 04.11.2021)

Koch, H.-G. (2010). Der rechtliche Status des menschlichen Embryos – Rechtsver-gleich und Rechtspolitik. In: Remmers, H./Kohlen, H. (2010). Bioethics, Care and Gender. Herausforderungen für Medizin, Pflege und Politik. Reihe: Pflege-wissenschaft und Pflegebildung Bd. 4. V & R unipress: Göttingen, S. 163–177.

Kock, F. (2014). Eingezäunte Freiheit. 05.09.2014. 11:12 Uhr. Deutschlands erstes Demenzdorf. In: Süddeutsche.de. https://www.sueddeutsche.de/leben/deutschlands-erstes-demenzdorf-eingezaeunte-freiheit-1.2116704 (Zugriff: 02.11.2021)

Kohlen, H. (2015a). Care-Ethik in der klinischen Praxis. In: LER 01/2015, S. 14–17.

Kohlen, H. (2015b). Ein Plädoyer für eine Ethik der Care-Praxis. In: Praxis Palliative Care, 28/2015, S. 28–31.

Kohlen, H. (2016). Sterben als Regelungsbedarf, Palliative Care und die Sorge um das Ganze. Editorial. In: Ethik in der Medizin 01/2016, S. 1–4.

Kohlen, H./Kumbruck, C. (2008). Zur Entwicklung der Care (Ethik) und das Ethos fürsorglicher Praxis (Literaturstudie). Artec-paper Nr. 151. Bremen. www.uni-bremen.de/fileadmin/user_upload/single_sites/artec/artec_Dokumente/artec-paper/151_paper.pdf (Zugriff: 26.11.2017)

König, A. (2018). „Wir helfen Patienten, ihre Menschenwürde zu bewahren." www.bundesgesundheitsministerium.de (Zugriff: 16.07.2022)

Körtner, U. H. J. (2012). Grundkurs Pflegeethik. 2., überarbeitete und erweiterte Aufl. Facultas: Wien.

Körtner, U. H. J. (2020). Ethik in Zeiten von Corona. Eine diakonisch-ethische Perspektive. In: Kröll, W. et al. (2020). Die Corona-Pandemie. Ethische, gesellschaftliche und theologische Reflexionen einer Krise. Reihe: Bioethik in Wissenschaft und Gesellschaft. Bd. 10. Nomos Verlag: Baden-Baden, S. 341–358.

Kränzle, S. (2018). Hoffnung. In: Riedel, A./Linde, A. C. (Hrsg.) (2018). Ethische Reflexion in der Pflege. Springer Verlag: Deutschland, S. 99–110.

Kreis, J. (2018). Umsorgen, überwachen, unterhalten – sind Pflegeroboter ethisch vertretbar? In: Bendel, O. (Hrsg.) (2018). Pflegeroboter. Springer Gabler: Wiesbaden, S. 213–228.

Kriesen, U. et al. (2021). Freiwilliger Verzicht auf Nahrung und Flüssigkeit und die Suiziddiskussion… nur akademisch oder auch relevant? In: Zeitschrift für Palliativmedizin 01/2021, S. 12–17.

Kröll, W. et al. (2020). Die Corona-Pandemie. Ethische, gesellschaftliche und theologische Reflexionen einer Krise. Reihe: Bioethik in Wissenschaft und Gesellschaft. Bd. 10. Nomos Verlag: Baden-Baden.

Krüger-Brand, H. E. (2020). Robotik in der Pflege. Ethikrat sieht großes Potenzial. In: Deutsches Ärzteblatt 117(12)/2020. https://www.aerzteblatt.de/archiv/213177/Robotik-in-der-Pflege-Ethikrat-sieht-grosses-Potenzial (Zugriff: 05.07.2022)

Kutzer, K. (2009). Rechtslage und Entwicklung des parlamentarischen Verfahrens zur Patientenverfügung. In: Frewer, A./Fahr, U./Rascher, W. (Hrsg.) (2009). Patientenverfügung und Ethik. Beiträge zur guten klinischen Praxis. Reihe: Jahrbuch Ethik in der Klinik (JEK) 2. Verlag Königshausen & Neumann: Würzburg, S. 139–155.

Lauber, A. (2017). Ethik und Pflege. In: Lauber, A. (Hrsg.) (2017). Grundlagen beruflicher Pflege. Reihe: verstehen & pflegen 1. 4., aktualisierte Aufl. Thieme Verlag: Stuttgart, S. 248–282.

Lazzarin, P. et al. (2020). Management strategies adopted by a pediatric palliative care network in northern Italy during the COVID-19 pandemic. In: Acta Paediatrica 109/2020, S. 1897–1898.

Leget, C. (2021). Der innere Raum. Wie wir erfüllt leben und gut sterben können. Eine Ars moriendi für unsere Zeit. Patmos Verlag: Ostfildern.

Leisenberg, D. et al. (2019). Die klinisch-ethische Falldiskussion. Zwischen Loyalität und Standesrecht. In: zm online 22/2019, S. 28–33. https://www.drestascher.de/images/tascher/Veroeffentlichungen/Seiten-aus-ZM_22_Online-2.pdf (Zugriff: 16.07.2022)

Lin-Hi, N. (2022). Gerechtigkeit. In: Gabler Wirtschaftslexikon. https://wirtschaftslexikon.gabler.de/definition/gerechtigkeit-34985 (Zugriff: 06.07.2022)

Macho, T. H. (1987). Todesmetaphern. Zur Logik der Grenzerfahrung. Suhrkamp Verlag: Frankfurt am Main.

Maio, G. (2011). Zur inneren Aushöhlung der Medizin durch das Paradigma der Ökonomie. In: ÄBW 04/2011, S. 240–243.

Maio, G. (2014). Medizin ohne Maß? Vom Diktat des Machbaren zu einer Ethik der Besonnenheit. TRIAS Verlag: Stuttgart.

Maio, G. (2017). Mittelpunkt Mensch. Lehrbuch der Ethik in der Medizin. 2., überarbeitete und erweiterte Aufl. Schattauer: Stuttgart.

Manzei, A. (2012). Der Tod als Konvention. Die (neue) Kontroverse um Hirntod und Organtransplantation. In: Anderheiden, M./Eckart, W. U. (Hrsg.) (2012). Handbuch Sterben und Menschenwürde. Bd. 1. De Gruyter: Berlin/Boston, S. 137–173.

Manzeschke, A. (2010). Das ökonomisch dominierte Spiel – Diakonie zwischen Glaubwürdigkeit und Wirtschaftlichkeit. In: Heller, A./Kittelberger, F. (Hrsg.) (2010). Hospizkompetenz und Palliative Care im Alter. Eine Einführung. Lambertus Verlag: Freiburg im Breisgau, S. 293–306.

Marckmann, G. (2021). Ökonomisierung im Gesundheitswesen als organisations-ethische Herausforderung. In: Ethik in der Medizin 33/2021, S. 189–201.

Marckmann, G./In der Schmitten, J. (2016). Advance Care Planning. Mit vorausschauender Behandlungsplanung zu effektiven Patientenverfügung. In: Bayerisches Ärzteblatt 04/2016, S. 152–153.

Marckmann, G./Wiesing, U. (2004). Humangenetik. Einführung. In: Wiesing, U. (Hrsg.) (2004). Ethik in der Medizin. Ein Studienbuch. Reclam Verlag: Stuttgart, S. 354–366.

Marks, S. (2010). Die Würde des Menschen oder der blinde Fleck in unserer Gesellschaft. Gütersloher Verlagshaus: Gütersloh. Frankfurt am Main.

Marks, S. (2017). Die Würde des Menschen ist verletzlich. Was uns fehlt und wie wir es wiederfinden. Patmos Verlag: Düsseldorf.

Mayer, H. (1986). Das mitleidlose Mitleid. Käte Hamburgers Bilanz einer uralten Frage. In: ZEIT online 14/1986. https://www.zeit.de/1986/14/das-mitleidlose-mitleid?utm_referrer=https%3A%2F%2Fwww.google.com%2F (Zugriff: 22.05.2022)

Mc Neil, M. J. et al. (2021). Global Experiences of Pediatric Palliative Care Teams During the First 6 Months of the SARS-CoV-2 Pandemic. In: jpainsymman 2021 (Epub), S. 1–9. https://www.ncbi.nlm.nih.gov/pmc/articles/PMC8007190/pdf/main.pdf (Zugriff: 11.07.2021)

Michel, K. (2017). Vorsorgediagnose. Zu den juristischen, institutionellen und sozialen Dimensionen von Patientenverfügungen. In: Praxis PalliativeCare 37/2017, S. 18–20.

Moskopp, D. (2015). Hirntod. Konzept – Kommunikation – Verantwortung. Thieme Verlag: Stuttgart.

Müller, S. (2011). Wie tot sind Hirntote? Alte Fragen – neue Antworten. In: Aus Politik und Zeitgeschichte 20–21/2011, S. 3–9.

Neitzke, G. (2015). Gesellschaftliche und ethische Herausforderungen des Advance Care Plannings. In: Coors, M./Jox, R. J./In der Schmitten, J. (Hrsg.) (2015). Advance Care Planning. Von der Patientenverfügung zur gesundheitlichen Vorausplanung. Kohlhammer: Stuttgart, S. 152–163.

Oduncu, F. (2010). Grundlagen und Konzepte. Hirntod. Hirntod – medizinisch. In: Wittwer, H./Schäfer, D./Frewer, A. (Hrsg.) (2010). Sterben und Tod. Geschichte – Theorie – Ethik. Ein interdisziplinäres Handbuch. J. B. Metzler Verlag: Stuttgart/Weimar, S. 98–103.

Olsman, E. (2015). Hope in Palliative Care. A Longitudinal Qualitative Study. Ridderprint BV: Amsterdam.

Pawletko, K. W./Gronemeyer, R. (2014). Demenzdörfer. Pro – Contra. In: Dr. med. Mabuse (209) 05–06/2014, S. 18–19.

Peters, T. et al. (2014). Grundsätze zum Umgang mit Interkulturalität in Einrichtungen des Gesundheitswesens. Positionspapier der Arbeitsgruppe Interkulturalität in der medizinischen Praxis in der Akademie für Ethik in der Medizin. In: Ethik in der Medizin 26(03)/2014, S. 65–75.

Pijetlovic, D. (2020). Das Potential der Pflege-Robotik. Eine systemische Erkundungsforschung. Reihe: Systemaufstellungen in Wissenschaft und Praxis. Springer Gabler: Wiesbaden.

Pleschberger, S. (2005). „Bloß nicht zur Last fallen!" Leben und Sterben in Würde aus der Sicht alter Menschen in Pflegeheimen. Lambertus-Verlag: Freiburg im Breisgau.

Pleschberger, S. (2017). Von Sinn und Unsinn der Vorausplanung. Advance Care Planning. In: Universum Innere Medizin 03/2017, S. 90–91.

Prat, E. H. (2020). 15 ethische Fragen zur Corona-Krise. In: Imago Hominis 27(2)/2020, S. 82–96. https://www.imabe.org/imagohominis/2/2020-personalisierte-medizin-ii/15-ethische-fragen-zur-corona-krise (Zugriff: 04.11.2021)

Rabe, M. (2009). Ethik in der Pflegeausbildung. Beiträge zur Theorie und Didaktik. Verlag Hans Huber: Bern.

Rabe, M. (2017). Ethik in der Pflegeausbildung. Beiträge zur Theorie und Didaktik. 2., überarbeitete und ergänzte Aufl. Hogrefe Verlag: Bern.

Red, F. C. (2013). Pflegekonzept Leiden. Leiden erkennen, lindern und verhindern. Praxishandbuch für Pflegende. Deutschsprachige Ausgabe hrsg. von Diana Staudacher. Huber Verlag: Bern.

Remmers, H. (2018). Pflegeroboter: Analyse und Bewertung aus Sicht pflegerischen Handelns und ethischer Anforderungen. In: Bendel, O. (Hrsg.) (2018). Pflegeroboter. Springer Gabler: Wiesbaden, S. 161–179.

Remmers, H./Kohlen, H. (2010). Bioethics, Care and Gender. Herausforderungen für Medizin, Pflege und Politik. Reihe: Pflegewissenschaft und Pflegebildung Bd. 4. V & R unipress: Göttingen.

Richter-Kuhlmann, E. (2019). Kontroverse Sterbefasten. In: Deutsches Ärzteblatt 41/2019, S. 1826.

Riedel, A./Linde, A.-C. (2018). Herausforderndes Verhalten. In: Riedel, A./Linde, A.-C. (Hrsg.) (2018). Ethische Reflexion in der Pflege. Konzepte – Werte – Phänomene. Springer Verlag: Berlin, S. 137–150.

Ritzmann, I. (2012). Vom gemessenen zum angemessenen Körper – Human Enhancement als historischer Prozess. In: Akademien der Wissenschaften Schweiz (Hrsg.) (2012). Medizin für Gesunde? Analysen und Empfehlungen zum Umgang mit Human Enhancement. Bericht der Arbeitsgruppe «Human Enhancement» im Auftrag der Akademien der Wissenschaften Schweiz. Akademien der Wissenschaft Schweiz: Köniz, S. 27–37.

Rosa, H. (2005). Beschleunigung. Die Veränderung der Zeitstrukturen in der Moderne. Suhrkamp Verlag: Frankfurt am Main.

Rosenberg, A. R. et al. (2021). Exploring the Impact of the Coronavirus Pandemic on Pediatric Palliative Care Clinician Personal and Professional Well-Being: A Qualitative Analysis of U.S. Survey Data. In: jpainsymman 2021 (Epub), S. 1–7. https://www.ncbi.nlm.nih.gov/pmc/articles/PMC7525352/pdf/main.pdf (Zugriff: 11.07.2021)

Schaider, A. et al. (2015). Ermittlung des mutmaßlichen Patientenwillens: eine Interviewstudie mit Klinikern. In: Ethik in der Medizin 27/2015, S. 107–121. https://link.springer.com/article/https://doi.org/10.1007/s00481-013-0285-1 (Zugriff: 16.07.2022)

Schneider, W./Manzei, A. (2006). Einleitung: Transplantationsmedizin – Kulturelles Wissen und gesellschaftliche Praxis. In: Manzei, A./Schneider, W. (Hrsg.) (2006). Transplantationsmedizin. Kulturelles Wissen und Gesellschaftliche Praxis. Darmstädter interdisziplinäre Beiträge 11. agenda Verlag: Münster, S. 7–25.

Schnell, M. W. (2011). Anerkennung und Gerechtigkeit im Zeichen einer Ethik als Schutzbereich. In: Dederich, M./Schnell, M. W. (Hrsg.) (2011). Anerkennung und Gerechtigkeit in Heilpädagogik, Pflegewissenschaft und Medizin. Auf dem Weg zu einer nichtexklusiven Ethik. transcript Verlag: Bielefeld, S. 23–46.

Schweizer Berufsverband der Pflegefachfrauen und Pflegefachmänner SBK – ASI (2013). Ethik und Pflegepraxis. SBK-Publikationen. https://www.sbk.ch/online-shop/sbk-publikationen (Zugriff: 09.06.2022)

Schweppenhäuser, G. (2006). Grundbegriffe der Ethik zur Einführung. 2., überarbeitete Aufl. Junius Verlag: Hamburg.

Sen, A. (2019). Gleichheit? Welche Gleichheit? 2. Aufl. Reclam Verlag: Stuttgart.

Siegmann-Würth, L. (2011). Ethik in der Palliative Care. Theologische und medizinische Erkundungen. Reihe: Interdisziplinärer Dialog – Ethik im Gesundheitswesen. Bd. 10. Verlag Peter Lang: Bern.

Simon, A. (2017). Freiwilliger Verzicht auf Nahrung und Flüssigkeit („Sterbefasten"). Ein Ausweg am Lebensende? In: Wege zum Menschen. Zeitschrift für Seelsorge und Beratung, heilendes Handeln und soziales Handeln 06/2017, S. 487–497.

Singer, P. (2013). Praktische Ethik. 3. Aufl. Reclam Verlag: Stuttgart.

Sommer, S. et al. (2012). Patientenverfügungen in stationären Einrichtungen der Seniorenpflege. Vorkommen, Validität, Aussagekraft und Beachtung durch das Pflegepersonal. In: Deutsches Ärzteblatt 109(37)/2012, S. 577–583. https://www.aerzteblatt.de/pdf.asp?id=129545 (Zugriff: 16.07.2022)

Spiewak, M. (2019). Gegen die Einsamkeit. In ZEIT ONLINE 03.04.2019.

Spitzer, M. (2018). Einsamkeit – die unerkannte Krankheit: schmerzhaft, ansteckend, tödlich. Droemer Knaur GmbH: München.

Stadler, P. (2006). Psychische Belastungen am Arbeitsplatz – Ursachen, Folgen und Handlungsfelder der Prävention, Bayerisches Landesamt für Gesundheit und Lebensmittelsicherheit. November 2000. Aktualisiert September 2006. In: http://www.lgl.bayern.de/arbeitsschutz/arbeitspsychologie/doc/psybel_arbeits-platz.pdf (Zugriff: 12.07.2011)

Statistisches Bundesamt (Destatis) (2017). Gesundheit. Diagnosedaten der Patienten und Patientinnen in Krankenhäusern (einschl. Sterbe- und Stunden-fälle). Fachserie 12. Reihe 6.2.1. https://www.destatis.de/DE/Themen/ Gesellschaft-Umwelt/Gesundheit/Krankenhaeuser/Publikationen/Downloads-Krankenhaeuser/diagnosedaten-krankenhaus2120621167004.pdf?__ blob=publicationFile (Zugriff: 12.05.2020)

Statistisches Bundesamt (Destatis) (2023). Sterbefälle. Fallzahlen nach Tagen, Wochen, Monaten, Altersgruppen, Geschlecht und Bundesländern für Deutsch-land. 2016–2023. Sonderauswertung. https://www.destatis.de/DE/Themen/ Gesellschaft-Umwelt/Bevoelkerung/Sterbefaelle-Lebenserwartung/Tabellen/ sonderauswertung-sterbefaelle.html (Zugriff: 12.05.2020)

Staudacher, D. (2017). Leiden – verletztes Menschsein und seelisches Trauma. In: Steffen-Bürgi, B. et al. (Hrsg.) (2017). Lehrbuch Palliative Care. Hogrefe Verlag: Bern, S. 396–405.

Steffensky, F. (2018). Fassen, was nicht zu fassen ist. Vortrag 19. Süddeutsche Hospiztage, 4.–6.Juli 2018, Hohenheim. Kooperationsveranstaltung der Akademie der Diözese Rottenburg-Stuttgart, der Evangelischen Akademie Bad Boll, des Caritasverbandes Rottenburg-Stuttgart, des Diakonischen Werks Württemberg und des Hospiz-und PalliativVerband Baden-Württemberg. https://docplayer.org/105932805-Fassen-was-nicht-zu-fassen-ist.html (Zugriff: 19.06.2022)

Steudter, E. (2013). Hommage an die Menschlichkeit in der Pflege. www.hogrefe. com (Zugriff: 16.07.2022)

Stoecker, R. (2010). Grundlagen und Konzepte. Hirntod. Hirntod – philosophisch. In: Wittwer, H./Schäfer, D./Frewer, A. (Hrsg.) (2010). Sterben und Tod. Geschichte – Theorie – Ethik. Ein interdisziplinäres Handbuch. J. B. Metzler Verlag: Stuttgart/Weimar, S. 103–109.

Streeck, N. (2017). Sterben, wie man gelebt hat. Die Optimierung des Lebens-endes. In: Jakoby, Nina/Thönnes, Michaela. (Hrsg.) (2017). Zur Soziologie des Sterbens. Aktuelle theoretische und empirische Beiträge. Wiesbaden, S. 29–48.

Stronegger, W. J./Attems, K. (Hrsg.) (2020). Altersbilder und Sorgestrukturen: 3. Goldegger Dialogforum Mensch und Endlichkeit. Bd. 8. Nomos Verlagsgesell-schaft: Baden-Baden.

Student, J.-C. (2013). Palliative Care versus aktive Sterbehilfe. 10 Thesen zur aktiven Sterbehilfe. In: Praxis Palliative Care 19/2013, S. 35 f.

Thieme, F. (2019). Sterben und Tod in Deutschland. Eine Einführung in die Thanatosoziologie. Springer VS: Wiesbaden.

Thöns, M. (2018). Patient ohne Verfügung. Das Geschäft mit dem Lebensende. Piper Verlag: München.

Timmermans, S. (2010). There's More to Dying than Death: Qualitative Research on the End-of-Life. In: Bourgeault, I. et al. (Hrsg.) (2010). The SAGE Handbook of Qualitative Methods in Health Research. SAGE Publications: London et al., S. 19–33.

UniversitätsSpital Zürich, Zentrum für Entwicklung und Forschung Pflege (2005). Anhang II: Pflegediagnosenliste (Stand: 01. Dezember 2005). http://www.samby.de/pflege/Liste%20aller%20Pflegediagnosen%20ZEFP%20und%20NANDA.pdf (Zugriff: 26.05.2022)

Verrel, T./Schmidt, K. W. (2012). Sterbehilfe und Sterbebegleitung. Eine Orientierungshilfe zur ärztlichen Entscheidungsfindung aus juristischer und medizinethischer Sicht. In: Hessisches Ärzteblatt 08/2012, S. 501–502; 512–516.

Viehöver, W./Wehling, P. (Hrsg.) (2011). Entgrenzung der Medizin. Von der Heilkunst zur Verbesserung des Menschen? Transcript Verlag: Bielefeld.

Von Wolff-Metternich, B.-S. (2012). Philosophische Konzepte der „Menschenwürde" und ihre Bedeutung für die Debatte um menschenwürdiges Sterben. In: Anderheiden, M./Eckart, W. U. (Hrsg.) (2012). Handbuch Sterben und Menschenwürde. Bd. 1. Berlin/Boston, S. 201–212.

Walser, M. (2022). Interview: „Worauf freuen Sie sich nach dem Tod?" In: ZEIT 30/21.07./2022, S. 45.

Walther, C. (2014). Ein sanfter, kein grausamer Tod. In: Dr. med. Mabuse 07-082014, S. 36–38.

Weaver, M. S. et al. (2021). The Impact of the Coronavirus Pandemic on Pediatric Palliative Care Team Structures, Services, and Care Delivery. In: Journal of Palliative Medicine (Epub), S. 1–8. https://www.liebertpub.com/doi/pdf/https://doi.org/10.1089/jpm.2020.0589 (Zugriff: 11.07.2021)

Wegleitner, K./Heller, A. (2014). Public Care: Die Demokratisierung der Sorge. Public Health und Palliative Care. In. Praxis PalliativeCare 23/2014, S. 10–13.

Wehkamp, K-H. (2021). Medizinethik und Ökonomie im Krankenhaus – die Kluft zwischen Anspruch und Wirklichkeit. Ergebnisse einer qualitativen Studie. In: Ethik in der Medizin 33/2021, S. 177–187.

Wehling, P. (2014). Kinderwunsch als genetisches Risiko? Gesellschaftliche Implikationen erweiterter präkonzeptioneller Anlageträgerscreenings. In: medizinische genetik 04/2014, S. 411–416.

Wetz, F. J. (2002). Die Würde des Menschen: antastbar? NLPB: Hannover.

Wetz, F. J. (Hrsg.) (2011). Texte zur Menschenwürde. Reclam Verlag: Stuttgart.

Wiener, L. et al. (2021a). Navigating the terrain of moral distress: Experiences of pediatric End-of-life care and bereavement during COVID-19. In: Palliative and Supportive Care 2021 (Epub), S. 1–6. https://www.ncbi.nlm.nih.gov/pmc/articles/PMC7985909/pdf/S1478951521000225a.pdf (Zugriff: 11.07.2021)

Wiener, L. et al. (2021b). The impact of COVID-19 on the professional and personal lives of pediatric oncology social workers. In: Journal of Psychosocial

Oncology 39(03)/2021 (Epub), S. 1–17. https://www.ncbi.nlm.nih.gov/pmc/articles/PMC8324039/pdf/nihms-1719241.pdf (Zugriff: 11.07.2021)

Wittwer, H. (Hrsg.) (2014). Der Tod. Philosophische Texte von der Antike bis zur Gegenwart. Reclam Verlag: Stuttgart.

Wosko, P. (2017). Das EPAC White Paper on Advance Care Planning – ein internationales Konsenspapier. In: Praxis PalliativeCare 37/2017, S. 36–37.

Wurmser, L. (1997). Die Maske der Scham. Zur Psychoanalyse von Schamaffekten und Schamkonflikten. 3. Aufl. Springer Verlag: Berlin.

Zur Nieden, C. (2016). Sterbefasten. Freiwilliger Verzicht auf Nahrung und Flüssigkeit. Eine Fallbeschreibung. Mabuse-Verlag: Frankfurt am Main.

Zwick, M. M./Hampel, J. (2019). Cui bono? Zum Für und Wider von Robotik in der Pflege. Ergebnisse einer Repräsentativbefragung. In: Zeitschrift für Technikfolgenabschätzung in Theorie und Praxis 28(02)/2019, S. 52–57.

Anlage

A1. Übersicht der evaluierten Ethik-Cafés

Datum	Thema	Standort	Teilnehmer*innen	Rücklauf Fragebögen
14. Oktober 2009	1. Entscheidungen	1	16	16
11. November 2009	2. Belastungen/Entlastungen	1	5	4
14. Dezember 2009	3. Umgang mit Ansprüchen in der Pflege und Medizin	1	8	8
16. April 2010	4. Wahrheit und Wahrhaftigkeit	1	3	1
6. Mai 2010	5. Wahrheit und Wahrhaftigkeit	2	6	6
15. Juli 2010	6. Gerechtigkeit	1	11	7
5. August 2010	7. Gerechtigkeit	2	11	9
14. Oktober 2010	8. Würde	1	12	10
4. November 2010	9. Würde	2	9	8
27. Januar 2011	10. Sinn	1	19	10
Insgesamt			**100**	**79**

M. Baumann und C. Fromm, *Ethik-Cafés im Sozial- und Gesundheitswesen*, https://doi.org/10.1007/978-3-662-66178-9

A2. Kompetenzpyramide Rösch (2011)

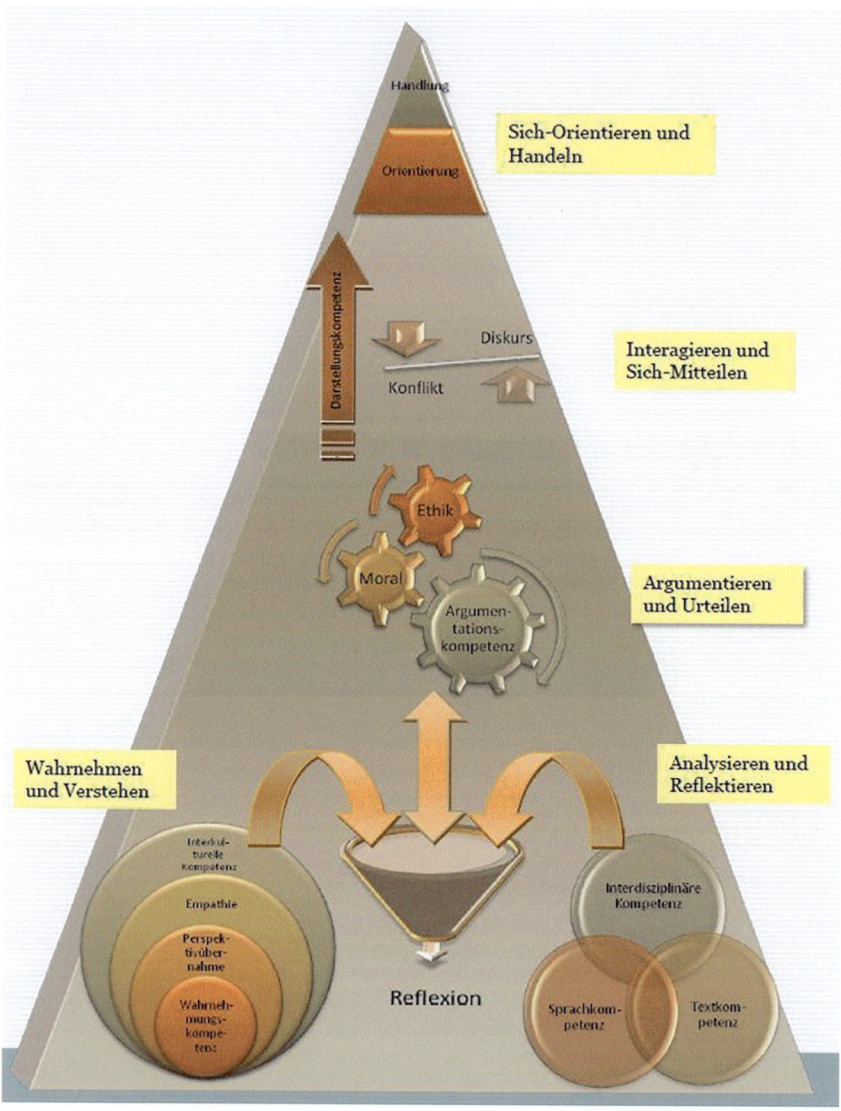

Quelle: https://docplayer.org/198291286-Didaktischer-kommentar-
i-allgemeine-didaktische-ueberlegungen-1-kern-der-kompetenzorientierung-
wissen-instrumental-nutzen.html (Zugriff: 15.07.2022)

A3. Flyer – Beispiel

Moderation

Die Veranstaltungen werden moderiert von Carola Fromm, M.A. Angewandte Ethik im Sozial- und Gesundheitswesen, Dipl.-Pflegepädagogin (FH) und Manfred Baumann, Gesundheits- und Krankenpfleger, Dipl.-Theologe, Ethikberater, M.A. Pflegewissenschaft.

Klinisches Ethikkomitee

Das Klinische Ethikkomitee des Robert-Bosch-Krankenhauses und der Klinik Schillerhöhe ist ein unabhängiges Gremium, in dem Mitarbeitende verschiedener Berufsgruppen und Disziplinen des Krankenhauses vertreten sind. Es steht Mitarbeitenden, Angehörigen sowie Patient*innen beratend zur Seite und bietet ein Forum des Austausches und der gemeinsamen Abwägung. Beispielsweise werden bei ethischen Beratungen im Einzelfall die verschiedenen Aspekte einer Anfrage zunächst von möglichst vielen Seiten betrachtet und erörtert, bevor darauf aufbauend eine Empfehlung ausgesprochen wird. Das Klinische Ethikkomitee leistet somit Entscheidungshilfe und unterstützt dabei, eine ausgewogene und fundierte Wertentscheidung bei Fragen zu treffen, die mit Fachwissen alleine nicht zu beantworten sind.

Kontakt

Irmgard-Bosch-Bildungszentrum
Margot Knoblauch
Telefon 0711/8101-2854
bildungszentrum@rbk.de

Zur Veranstaltung werden Kaffee, Tee und Gebäck angeboten.

Eine Anmeldung ist nicht erforderlich.

Auf Wunsch erhalten Sie eine Teilnahmebescheinigung und die Bestätigung über zwei Fortbildungspunkte pro Veranstaltung.

Anfahrt zum Robert-Bosch-Krankenhaus

Robert-Bosch-Krankenhaus
Auerbachstraße 110, 70376 Stuttgart
info@rbk.de, www.rbk.de

Eine Einrichtung der Robert Bosch Stiftung

Anfahrt zur Klinik Schillerhöhe

Klinik Schillerhöhe
Solitudestraße 18, 70839 Gerlingen
info@klinik-schillerhoehe.de, www.klinik-schillerhoehe.de
Ein Unternehmen der Robert-Bosch-Krankenhaus GmbH

Einladung
Ethik-Café
Eine Veranstaltungsreihe des Klinischen Ethikkomitees

Programm 2020

Robert-Bosch-Krankenhaus

NBR 8759S/01.20

Sehr geehrte Damen und Herren,

im Klinikalltag werden wir zunehmend mit Fragen konfrontiert, auf die es keine eindeutigen Antworten gibt. Zudem ist es wichtig, bei Entscheidungen die individuellen Bedürfnisse des Menschen zu berücksichtigen. Betroffene, seien es Patient*innen, Angehörige, Ehrenamtliche, Mitarbeitende, Pflegende oder Ärzt*innen, wünschen sich einen Austausch über die unterschiedlichen Perspektiven und Wahrnehmungen.

Die Veranstaltungsreihe „Ethik-Café" des Klinischen Ethikkomitees im Robert-Bosch-Krankenhaus und in der Klinik Schillerhöhe sowie des Irmgard-Bosch-Bildungszentrums bildet ein offenes, moderiertes Forum, in dem interessierte an ethischen Fragen arbeiten können, die sie beschäftigen. Es versteht sich als transparenter Verständigungsprozess zu Themen, die das Leben allgemein und im Zusammenhang mit einem Krankenhausaufenthalt betreffen.

Für 2020 haben wir vier aktuelle gesamtgesellschaftliche Phänomene aufgegriffen, die wir mit Ihnen diskutieren möchten. Wir wollen mit Ihnen einen Blick in die Zukunft, Gegenwart und in die Vergangenheit werfen und die Themen u.a. aus diesen Perspektiven ethisch beleuchten. Wenn wir in die Zukunft schauen, spielt nicht nur im Gesundheitswesen zunehmend die Digitalisierung und die Robotik eine Rolle. Schauen wir in die Gegenwart, lässt sich die Macht der Sprache exemplarisch beleuchten, was hat sich hier verändert? Bei dem 3. Thema ist es interessant zu ergründen, wie sich das Gewalterleben und die Entwicklungen im Gesundheitswesen aufzeigen. Und zum Schluss des Jahres werfen wir traditionell einen Blick auf das Sterben, dürfen wir das überhaupt noch? Diese Frage erlangt im Sozial- und Gesundheitswesen immer mehr an Bedeutung. Warum ist das so?

Wir laden Sie dazu herzlich ein. Die Veranstaltungsreihe richtet sich an alle Interessierte, die sich mit ethischen Themen auseinandersetzen und in den Dialog treten möchten.

Wir freuen uns auf anregende Diskussionen.

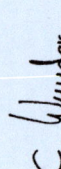

Prof. Dr. Christian Wunder
Chefarzt der Abteilung für Anästhesie
und operative Intensivmedizin
Vorsitzender des Klinischen Ethikkomitees

Themen und Termine der Veranstaltungsreihe

1. Robotik in der Pflege alter und kranker Menschen

Das Thema Robotik gewinnt in Deutschland an Bedeutung. Die gesellschaftliche Debatte um die Herausforderungen der demografischen Entwicklung wird genutzt, um technologische Lösungsoptionen für soziale Problemlagen zu erproben. Was sind die Potenziale und Risiken von Pflegerobotik? Was meinen die potenziellen Zielgruppen von morgen dazu? Was bedeutet Robotik für die Idee einer professionellen Pflege als personenbezogene Dienstleistung und für die Idee einer sorgenden Gesellschaft?

10. Februar 2020, 14.30 – 16 Uhr
Klinik Schillerhöhe, Aufenthaltsraum C1/C2

17. Februar 2020, 14.30 – 16 Uhr
Robert-Bosch-Krankenhaus, Atrium, Raum E.101

2. Die Macht der Sprache

Sprache beeinflusst unser Denken – sie kann uns manipulieren und unsere Muttersprache beeinflusst sogar, wie wir die Welt sehen, so Hinweise aus der Hirnforschung und Psychologie. Welche Macht hat das gesprochene und das nicht gesprochene Wort für meine Situation als Patient*in? Welche Bedeutung hat Sprache in Behandlungsteams?

18. Mai 2020, 14.30 – 16 Uhr
Klinik Schillerhöhe, Aufenthaltsraum C1/C2

25. Mai 2020, 14.30 – 16 Uhr
Robert-Bosch-Krankenhaus, Atrium, Raum E.102

3. Gewalt in Einrichtungen des Gesundheitswesens

Gewalterfahrungen in Einrichtungen des Gesundheitswesens sind keine Seltenheit. Studien zeigen, dass Maßnahmen gegen den Willen von Patient*innen und Bewohner*innen alltäglich sind. Pflegebedürftige ältere Menschen sind besonders gefährdet. Manchmal üben auch Pflegebedürftige Gewalt gegenüber Ärzt*innen, Pflegenden oder pflegenden Angehörigen aus. Welche Formen der Gewalt gibt es? Welche Möglichkeiten haben wir, mit Gewalt umzugehen?

21. September 2020, 14.30 – 16 Uhr
Klinik Schillerhöhe, Aufenthaltsraum C1/C2

28. September 2020, 14.30 – 16 Uhr
Robert-Bosch-Krankenhaus, Atrium, E.102

4. Ist Sterben noch legitim?

Der Umgang mit Sterbenden im Gesundheitswesen im Kontext des technisch und medikamentös Machbaren wirft viele Fragen auf. Hängt das sterben Dürfen vom Ort unseres Sterbens ab oder soll Sterben unabhängig davon in unserer Gesellschaft künftig nicht mehr vorgesehen sein? Was bedeutet es, Sterben aus dem Blick zu verlieren – für Sterbende und deren Angehörige und schließlich für das Behandlungsteam im Sozial- und Gesundheitswesen?

9. November 2020, 14.30 – 16 Uhr
Klinik Schillerhöhe, Aufenthaltsraum C1/C2

16. November 2020, 14.30 – 16 Uhr
Robert-Bosch-Krankenhaus, Atrium, Raum E.101

A4. Planungsmatrix

Planungsmatrix zum Ethik-Café:			
Datum:	Moderator*in-nen:	Standort:	Material:
Uhrzeit:		Raum:	Catering:
Einführungstext im Flyer			

Zeitfaktor Modera-tor*in	Begrüßung
1	Planung nach Phasen 1- 4 Impulse aufnehmen
2	Ideen einbringen
3	Ethisch reflektieren- abstrakt denken
4	Erkenntnisse gewinnen
	Abschluss

Literatur
Reflexion anhand der Phasen 1-4

Evaluation: Anzahl der Teilnehmer*innen	

Kollegialer Austausch der Moderator*innen

A5. Evaluationsbogen

Befragung der Teilnehmer*innen des Ethik- Cafés in der KSH/ RBK

Liebe Teilnehmer*innen des Ethik- Cafés,
das Ethik- Café findet im Rahmen eines Projektes zunächst an drei Terminen statt. Die Veranstalter sind daran interessiert, ob dieses interdisziplinäre, multiprofessionelle Angebot auf Interesse stößt und zum Regelangebot werden soll. Wir möchten Sie daher bitten unser Anliegen, das Ethik- Café zu verbessern bzw. zu etablieren, durch Ihre Mitarbeit zu unterstützen. Die Fragen beziehen sich ausschließlich auf diese Veranstaltung.
Zur Wahrung der Anonymität der Befragungsteilnehmer*innen wird der Erhebungsbogen nicht von den Moderator*innen eingesammelt. Die Auswertung der Fragen erfolgt anonymisiert. Vielen Dank für Ihre Unterstützung.

Bitte kreuzen Sie auf der nachstehenden Skala an, was für Sie an diesem Ethik- Café am ehesten zugetroffen hat.

(**++** = trifft vollständig zu, **+** = trifft zum Teil zu, **0** = trifft weder noch zu, **--** = trifft nicht zu, **-- --** = trifft überhaupt nicht zu)

	++	+	0	--	-- --	Bemerkungen
Die Ziele der Veranstaltung waren mir klar						
Der Aufbau der Veranstaltung war für mich nachvollziehbar						
Ich fühlte mich frei, Fragen, Ansichten und Kommentare einzubringen						
Die Behandlung des Themas war für mich gewinnbringend						
Die ethische Relevanz für die Praxis wurde mir deutlich						
Durch die Diskussion habe ich neue Perspektiven kennen gelernt						
Ohne realen Entscheidungsdruck zu diskutieren ermöglicht neue Denkweisen						
Mein Lernzuwachs durch diese Veranstaltung schätze ich hoch ein						
Die Moderation war kompetent						
Der Termin/ die Uhrzeit war für mich passend						

An dem Ethik- Café hat mir besonders gefallen:

_____

Ich habe folgende Tipps und Wünsche an weitere Ethik- Cafés:

_____

Weitere Themenwünsche:

_____

Ich gehöre folgender Berufs- bzw. Personengruppe an (z.B. Pflegende, Ärzt*innen, Patient*innen, An- und Zugehörige, ethisch Interessierte, Ehrenamtlicher etc.):

Vielen Dank für Ihre Antworten!!!

A6. Plakat-Beispiel

Ethik-Café

in der Klinik Schillerhöhe

Das Ethik-Café bildet ein offenes moderiertes
Forum, in dem ethische Themen aufgegriffen
und diskutiert werden. Alle Mitarbeiter, Ehrenamtlichen, Patienten, Angehörige und Besucher
sind herzlich eingeladen, ihre Fragen und
Meinungen einzubringen. Zu den Veranstaltungen
werden Kaffee, Tee und Gebäck angeboten.

Moderation

Carola Fromm, Dipl. Pflegepädagogin (FH), cand. M.A. Angewandte
Ethik im Sozial- und Gesundheitswesen
Manfred Baumann, Gesundheits- und Krankenpfleger,
Dipl. Theologe, Ethikberater

Ort

Klinik Schillerhöhe, Solitudestraße 18, Gerlingen
Aufenthaltsraum C1/C2

Kontakt

Bildungszentrum des Robert-Bosch-Krankenhauses
Gudrun Blessing
Telefon 0711/8101-2850
E-Mail gudrun.blessing@rbk.de

Themen und Termine

Wahrheit und Wahrhaftigkeit

Freitag, 16. April 2010, 14.30 – 16 Uhr

Welche Rolle spielen Wahrheit und Wahrhaftigkeit in
meinem beruflichen Handlungsfeld und für mich als
Patient oder Angehöriger? Worin besteht der Unterschied?
Gilt für mich: „Wahrheit um jeden Preis?"
Gibt es überhaupt eine absolute Wahrheit?

Gerechtigkeit

Donnerstag, 15. Juli 2010 , 14.30 – 16 Uhr

Welche Bedeutung hat Gerechtigkeit für meinen Alltag
und für mich im Krankenhaus? Welche Behandlungen
sind gerecht? Verhalte ich mich gerecht und wenn ja,
woran mache ich diese Aussage fest? Gibt es überhaupt
die eine Gerechtigkeit?

Würde

Donnerstag, 14. Okt. 2010, 14.30 – 16 Uhr

„Die Würde des Menschen ist unantastbar". Was meine
ich damit, wenn ich von Würde spreche? Meint mein
Gegenüber dann das gleiche? Wie verständige ich mich
im Alltag über diesen Begriff und wie spiegelt er sich
in meinem Handeln wider?

Sinn

Donnerstag, 27. Jan. 2011, 14.30 – 16 Uhr

Was bedeutet Sinn in meinem Leben und beruflichen
Handeln? Wer entscheidet beispielsweise über den
Sinn einer Behandlung im Krankenhaus und auf Basis
welcher Kriterien? Wo gibt es Kollisionen von
Sinndeutungen und wie gehe ich damit um?

RBK
Robert-Bosch-Krankenhaus
Klinik Schillerhöhe

If you have any concerns about our products,
you can contact us on
ProductSafety@springernature.com

In case Publisher is established outside the EU,
the EU authorized representative is:
Springer Nature Customer Service Center GmbH
Europaplatz 3, 69115 Heidelberg, Germany

Printed by Libri Plureos GmbH
in Hamburg, Germany